水利水电工程监理文件资料档案编制与管理指南

李太军 主编

中国水利水电出版社
www.waterpub.com.cn
·北京·

内 容 提 要

本书以国家相关法律法规、部门规章和水利行业标准、规程规范以及相关文件为依据，以规范性、实用性、可操作性为宗旨，采用专用表格、填表说明、文本示范、典型案例等形式，对水利水电工程监理文件资料编制与档案管理等工作进行了较为详细的阐述，内容丰富，资料翔实。

本书共分11章，内容包括：监理文件资料的相关规定及要求、编制类资料、签发类资料、审验类资料、记录类资料、台账类资料、缺陷责任期的监理文件资料、监理文件资料管理与归档、监理工作程序、工程建设监理实例、监理机构常用表格填写示例。

本书由贵州龙源工程管理咨询有限公司组织具有实践经验的水利水电工程专家和项目总监及监理工程师编写，可供水利水电工程监理单位借鉴以指导水利水电工程监理工作，也可以作为水利行业工程监理培训教材使用，可供工程管理、工程监理、档案管理等单位工程技术从业人员参考使用。

图书在版编目（CIP）数据

水利水电工程监理文件资料档案编制与管理指南 / 李太军主编. -- 北京：中国水利水电出版社，2025.7. ISBN 978-7-5226-3482-1

Ⅰ. TV512-62

中国国家版本馆CIP数据核字第20250HF831号

书　　名	**水利水电工程监理文件资料档案编制与管理指南** SHUILI SHUIDIAN GONGCHENG JIANLI WENJIAN ZILIAO DANG'AN BIANZHI YU GUANLI ZHINAN
作　　者	李太军　主编
出版发行	中国水利水电出版社 （北京市海淀区玉渊潭南路1号D座　100038） 网址：www.waterpub.com.cn E-mail：sales@mwr.gov.cn 电话：（010）68545888（营销中心）
经　　售	北京科水图书销售有限公司 电话：（010）68545874、63202643 全国各地新华书店和相关出版物销售网点
排　　版	中国水利水电出版社微机排版中心
印　　刷	天津嘉恒印务有限公司
规　　格	184mm×260mm　16开本　19.5印张　481千字
版　　次	2025年7月第1版　2025年7月第1次印刷
印　　数	0001—3000册
定　　价	**107.00元**

凡购买我社图书，如有缺页、倒页、脱页的，本社营销中心负责调换

版权所有·侵权必究

《水利水电工程监理文件资料档案编制与管理指南》编写人员名单

主　　编　李太军

副 主 编　李太英　吴鲁良

编写人员　李太军　李太英　吴鲁良　杨　飞　王亚方
　　　　　王水兰　项　虎　张宇平　李太勇　刘春蝶

编写单位　贵州龙源工程管理咨询有限公司

前　言

　　我国自1996年全面实行工程建设监理制度以来，随着我国水利水电工程建设规模的不断扩大和项目管理水平的持续提升，工程监理作为工程建设质量、安全、进度和投资控制的重要环节，其规范化、标准化要求日益凸显。水利工程作为国家重要基础设施工程之一，监理文件资料档案作为监理工作的核心载体，不仅是监理过程的重要记录，也是监理工作的最终成果，更是工程竣工验收、运营维护及后续追溯的关键依据。科学编制、系统管理监理文件资料档案，对保障工程质量、提升管理效率、防范工程风险具有重要意义。

　　为适应新时代水利水电工程高质量发展的需求，进一步规范监理文件资料的编制、归档与管理工作，提高监理资料档案管理的标准化和信息化水平，确保工程顺利通过档案验收和竣工验收，确保工程完工后向建设单位移交合格的监理档案，本书依据《中华人民共和国档案法》、《水利工程建设项目档案管理规定》（水办〔2021〕200号）、《水利工程建设项目档案验收办法》（水办〔2023〕132号）、《水利工程施工监理规范》（SL 288—2014）等法律法规和行业标准，结合水利水电工程监理实践，系统总结了监理文件资料档案编制与管理的技术要求、操作方法和典型案例。

　　本书内容涵盖监理文件资料的分类与组成、编制要求、归档流程、信息化管理等方面，旨在为监理单位提供实用性强、操作性强的指导，助力提升水利工程监理行业档案管理水平。

　　本书共分11章，内容包括：监理文件资料的相关规定及要求、编制类资料、签发类资料、审验类资料、记录类资料、台账类资料、缺陷责任期的监理文件资料、监理文件资料管理与归档、监理工作程序、工程建设监理实例、监理机构常用表格填写示例。

　　贵州龙源工程管理咨询有限公司主要从事水利水电工程、水土保持、环境保护、市政公用工程、房屋建筑工程监理业务，工程造价咨询和工程项目管理及招标采购代理业务。所监理的工程获得"贵州省黄果树杯优质工程奖"，在监理方面积累了丰富的实际经验，组织编写本书，一是总结监理工作积累多年的好经验、好做法；二是规范水利水电工程监理文件资料编制，以便更好地规范监理工作，从而为保证监理文件资料档案质量发挥规范指导作用。

本书在公司内部试运用两年多时间，为全面提升公司监理能力和核心竞争力，打造公司优质监理品牌发挥了积极良好作用，部分填补了行业空白。

本书由贵州龙源工程管理咨询有限公司董事长李太军担任主编，李太军编写了第1章、第10章第1节、第11章，共153千字；李太英编写了第4章第4.1~4.27节，共33千字；吴鲁良编写了第3章第3.1~3.24节，共33千字；杨飞编写了第2章、第10章第3节，共37千字；王亚方编写了第5章、第10章第7节，共35千字；王水兰编写了第6章、第10章第8节，共34千字；项虎编写了第7章、第10章第2节、第10章第4节，共38千字；张宇平编写了第8章、第10章第6节，共34千字；李太勇编写了第10章第5节、第10章第9节，共34千字。刘春蝶编写了第9章、第3章第3.25~3.31节、第4章第4.28~4.41节，共31千字。

本书主要以贵州省水利建设项目监理的实践为例，在编写过程中，得到了行业专家、一线监理工程师及档案管理同仁的指导与支持，在此深表感谢。本书既可作为水利水电工程监理人员的工具手册，也可供建设管理、工程监理、档案管理及相关专业技术人员参考。

由于水利水电工程技术与管理要求不断更新，书中难免存在不足之处，恳请广大读者提出宝贵意见，以便后续修订完善，共同推动水利水电工程监理文件资料档案的编制管理水平。

编者

2025年5月

目 录

前言

第1章 监理文件资料的相关规定及要求 ········· 1
1.1 相关规定 ········· 1
1.2 基本要求 ········· 3
1.3 监理文件资料的内容 ········· 4
1.4 监理文件资料的分类 ········· 5
1.5 施工监理工作常用表格 ········· 6
1.6 监理文件资料体系 ········· 11

第2章 编制类资料 ········· 12
2.1 监理规划 ········· 12
2.2 监理实施细则 ········· 15
2.3 跟踪检测和平行检测监理计划 ········· 17
2.4 旁站监理工作方案 ········· 19
2.5 监理月报 ········· 21
2.6 监理专题报告 ········· 22
2.7 监理工作报告 ········· 23
2.8 监理工作总结 ········· 24

第3章 签发类资料 ········· 26
3.1 监理机构组建（成立）文件 ········· 26
3.2 总监理工程师任命书及变更申请 ········· 27
3.3 总监理工程师授权书、承诺书 ········· 27
3.4 副总监理工程师授权书 ········· 28
3.5 监理工程师变更通知书 ········· 29
3.6 合同工程开工通知 ········· 29
3.7 合同工程开工批复 ········· 30
3.8 分部工程开工批复 ········· 31
3.9 工程预付款支付证书 ········· 32
3.10 监理批复表 ········· 33
3.11 监理通知 ········· 35
3.12 监理报告 ········· 36
3.13 计日工工作通知 ········· 37

3.14	工程现场书面通知	38
3.15	警告通知	38
3.16	整改通知	39
3.17	变更指示	39
3.18	变更项目价格审核表	41
3.19	变更项目价格/工期确认单	41
3.20	暂停施工指示	42
3.21	复工通知	43
3.22	索赔审核表	44
3.23	索赔确认单	45
3.24	工程进度付款证书	46
3.25	合同解除付款核查报告	47
3.26	完工付款/最终结清证书	48
3.27	质量保证金退还证书	49
3.28	施工图纸核查意见单	49
3.29	施工图纸签发表	50
3.30	监理机构联系单	51
3.31	监理机构备忘录	51
第4章	**审验类资料**	**52**
4.1	施工技术方案申报表	52
4.2	施工进度计划申报表	53
4.3	施工用图计划申报表	54
4.4	资金流计划申报表	54
4.5	施工分包申报表	55
4.6	现场组织机构及主要人员报审表	56
4.7	原材料/中间产品进场报验单	56
4.8	施工设备进场报验单	58
4.9	工程预付款申请单	58
4.10	材料预付款报审表	59
4.11	施工放样报验单	60
4.12	联合测量通知单	60
4.13	施工测量成果报验单	61
4.14	合同工程开工申请表	61
4.15	分部工程开工申请表	62
4.16	工程设备采购计划报审表	63
4.17	混凝土浇筑开仓报审表	63
4.18	工序/单元工程施工质量报验单	64

4.19	施工质量缺陷处理方案报审表	65
4.20	施工质量缺陷处理措施计划报审表	66
4.21	事故报告单	67
4.22	暂停施工报审表	68
4.23	复工申请报审表	69
4.24	变更申请表	69
4.25	施工进度计划调整申报表	71
4.26	延长工期申报表	71
4.27	变更项目价格申报表	72
4.28	索赔意向通知	73
4.29	索赔申请报告	74
4.30	工程计量报验单	74
4.31	计日工单价报审表	75
4.32	计日工工程量签证单	76
4.33	工程进度付款申请单	77
4.34	施工月报表	78
4.35	验收申请报告	78
4.36	报告单	81
4.37	回复单	81
4.38	确认单	81
4.39	完工付款/最终结清申请单	81
4.40	工程交接申请表	82
4.41	质量保证金退还申请表	83

第5章 记录类资料 84

5.1	旁站监理值班记录	84
5.2	监理巡视记录	86
5.3	工程质量平行检测记录	87
5.4	工程质量跟踪检测（见证取样）记录	89
5.5	安全检查记录	90
5.6	工程设备进场开箱验收单	91
5.7	监理日记	92
5.8	监理日志	93
5.9	会议纪要	95
5.10	收文发文记录	96

第6章 台账类资料 97

6.1	台账类资料的管理要求	97
6.2	台账类资料管理	97

第 7 章 缺陷责任期的监理文件资料 101

第 8 章 监理文件资料管理与归档 102
8.1 项目信息管理 102
8.2 项目档案管理 107
8.3 监理文件资料日常管理 109
8.4 工程档案立卷归档 110
8.5 监理文件资料保存期限 112
8.6 监理文件资料档案核查与移交 113

第 9 章 监理工作程序 117

第 10 章 工程建设监理实例 121
10.1 监理规划实例 121
10.2 专业工程监理实施细则实例 169
10.3 专业工作监理实施细则实例 185
10.4 安全监理实施细则实例 195
10.5 跟踪检测和平行检测监理计划实例 203
10.6 旁站监理工作方案实例 215
10.7 监理月报实例 222
10.8 监理工作报告实例 232
10.9 签发类资料填写实例 250

第 11 章 监理机构常用表格填写示例 260

参考文献 301

第1章　监理文件资料的相关规定及要求

1.1　相　关　规　定

1.1.1　《水利档案工作规定》（水办〔2020〕195号）

［条文摘录］第二条　水利档案是指水利系统各单位在从事水利工作及相关活动中直接形成的，对国家、社会和本单位具有保存价值的各种文字、图表、声像等不同形式的历史记录，是国家档案资源的重要组成部分。

1.1.2　《水利工程建设项目档案管理规定》（水办〔2021〕200号）

［条文摘录］第二条　项目档案是指水利工程建设项目在前期、实施、竣工验收等各阶段过程中形成的，具有保存价值并经过整理归档的文字、图表、音像、实物等形式的水利工程建设项目文件。

［条文摘录］第十三条　参建单位主要履行以下职责任务：

（一）建立符合项目法人要求且规范的项目文件管理和档案管理制度，报项目法人确认后实施。

（二）负责本单位所承担项目文件收集、整理和归档工作，接受项目法人的监督和指导。

（三）监理单位负责对所监理项目的归档文件的完整性、准确性、系统性、有效性和规范性进行审查，形成监理审核报告。

［条文摘录］第十五条　项目文件内容必须真实、准确，与工程实际相符；应格式规范、内容准确、文字清晰、页面整洁、编号规范、签字及盖章完备，满足耐久性要求。

［条文摘录］第二十八条　项目法人档案管理机构应依据保管期限表对项目档案进行价值鉴定，确定其保管期限，同一卷内有不同保管期限的文件时，该卷保管期限应从长。项目档案保管期限分为永久、30年和10年。

1.1.3　《水利工程建设项目档案验收办法》（水办〔2023〕132号）

［条文摘录］第二条　档案验收是水利工程建设项目档案工作的重要组成部分，是保证项目档案完整、准确、系统、规范和安全的重要手段，是水利工程建设项目竣工验收的重要内容。档案验收接受档案主管部门的监督指导。

［条文摘录］第十条　档案验收按照《水利工程建设项目档案验收评分标准》（详见附件1，以下简称《评分标准》）逐项评分，满分为100分。总分达到90分以上的为优良等级；达到70～89.9分的为合格等级；未达到70分，或达到70分以上但"档案收集整理质量与移交保管"项未达到60分的为不合格。

1.1.4　《水利工程建设项目档案验收办法》解读辅导材料的通知（办档〔2025〕15号）

［条文摘录］第三条第（一）款第3小条　验收前，监理单位应按要求审核施工单位档案

质量，形成《×××工程建设项目档案专项审核报告》，内容包括：(1) 工程概况；(2) 审核依据及范围；(3) 审核工作组织；(4) 审核工作内容（包括施工单位档案审核情况、监理单位档案审核情况、竣工图编制审核情况等）；(5) 发现问题及时整改；(6) 综合性评价；(7) 审核结果。

1.1.5 SL/T 824—2024《水利工程建设项目文件收集与归档规范》

[条文摘录] 3.1　项目文件

在项目建设全过程中形成的文字、图表、音像、实物等形式的文件。

[条文摘录] 3.5　监理文件

工程监理单位在履行建设工程监理（监造）合同过程中形成或获取的，以一定形式记录、保存的文件。

[条文摘录] 3.6　项目文件归档

建设单位工程管理相关部门及参建单位将办理完毕且具有保存价值的项目文件经系统整理交建设单位档案管理机构的过程。

[条文摘录] 3.7　项目档案

经过鉴定、整理并归档的项目文件。

[条文摘录] 3.8　项目电子文件

在数字设备及环境中生成，以数码形式存储于磁带、磁盘、光盘等载体，依赖计算机等数字设备阅读、处理，记录和反映项目建设和管理各项活动的文件。包括文本电子文件、图像电子文件、图形电子文件、视频电子文件、音频电子文件等。

[条文摘录] 3.9　项目音像文件

项目建设过程中形成的、具有保存价值并归档的照片、音频、视频等。

[条文摘录] 3.10　项目实物材料

项目建设过程中产生的以物质实体为载体，具有保存价值的特定有形物品。

[条文摘录] 3.11　项目档案管理卷

档案管理机构在管理某一项目过程中形成的有关说明项目档案管理情况材料组成的专门案卷，包括项目概况、项目划分、标段划分、参建单位归档情况说明、档案收集整理情况说明、交接清册等。

[条文摘录] 6.1.2　项目文件应内容准确、格式规范、清晰整洁、编号规范、签字及盖章手续完备；应满足耐久性要求，不应使用易褪色的书写材料（如：红墨水、纯蓝墨水、圆珠笔、铅笔、复写纸、光敏纸等）进行书写和绘制；文字材料幅面尺寸规格宜为A4幅面（297 mm×210mm），图纸尺寸规格宜采用国家标准图幅。

[条文摘录] 6.1.3　用于记录项目建设的表格格式，应符合相关标准要求，未填写内容的空白格应划线或加盖"以下空白"章。

[条文摘录] 6.2.8　竣工图编制完成后，监理单位应对竣工图编制的完整、准确、系统和规范情况进行审核。竣工图章、竣工图审核章应使用红色印泥盖在标题栏附近空白处，并填写齐全、清楚，由相关责任人签字，不应代签；经建设单位同意，可使用执业资格印章代替签字。

[条文摘录] 7.1.1　项目建设过程中形成的、具有查考利用价值的各种形式和载体的项目

文件均应收集齐全完整。

[条文摘录] 7.1.4　项目音像文件收集范围应包括项目重要活动及事件，原始地形地貌，工程形象进度，隐蔽工程，关键节点工序，重要部位，地质、施工及设备的缺陷处理，工程质量或安全事故，重要芯样，工程验收等内容。

[条文摘录] 7.1.5　项目实物材料收集范围应包括项目建设过程中的印章、题词、奖牌、奖章、奖杯、证书、岩芯及其他有保存价值的实物。

[条文摘录] 7.2.2　档案保管期限分为永久和定期两种，定期分为30年和10年，自归档之日起算。

[条文摘录] 7.3.1　项目文件宜由文件形成单位进行收集。

[条文摘录] 7.3.2　项目文件在办理完毕后应及时收集，并实行预立卷制度。

[条文摘录] 7.3.3　归档的项目文件应为原件。因故用复制件归档时，应加盖复制件提供单位公章或档案证明章。质量证明文件（如原材料质量证明文件）等重要文件用复制件归档时，应加盖供应单位印章，保证与原件一致，并在备考表中备注复制件归档原因。

[条文摘录] 8.2.2.4　监理文件应以监理（监造）合同为单位，按监理的合同标段结合事由、文种组卷。

[条文摘录] 8.3.5　监理文件应按综合管理文件、所监理施工标段的工作文件顺序排列。其中综合管理文件按监理项目部成立、监理规划、监理实施细则、监理会议文件、监理月（周）报等顺序排列，所监理施工标段的工作文件按开（停、复、返）工、监理通知、旁站记录、监理日志、平行检测、质量检查评估、质量缺陷、事故处理等顺序排列。卷内文件按事由结合时间顺序排列。

1.1.6　SL 288—2014《水利工程施工监理规范》

[条文摘录] 3.2.5　监理机构应在完成监理合同约定的全部工作后，按有关档案管理规定，移交合同履行期间的监理档案资料。

[条文摘录] 6.8.6　档案资料管理应符合下列规定：

1　监理机构应要求承包人安排专人负责工程档案资料的管理工作，监督承包人按照有关规定和施工合同约定进行档案资料的预立卷和归档。

2　监理机构对承包人提交的归档材料应进行审核，并向发包人提交对工程档案内容与整体质量情况审核的专题报告。

3　监理机构应按有关规定及监理合同约定，安排专人负责监理档案资料的管理工作。凡要求立卷归档的资料，应按照规定及时预立卷和归档，妥善保管。

4　在监理服务期满后，监理机构应对要求归档的监理档案资料逐项清点、整编、登记造册，移交发包人。

1.2　基　本　要　求

1.2.1　监理单位应建立项目监理文件管理和档案管理制度及管理体系，并定期对项目监理机构的监理文件资料编制、收集、整理、组卷和归档工作进行监督检查。

1.2.2　监理单位应按有关资料管理规定和监理合同约定，及时向发包人移交需要归档的监理档案资料，并办理移交手续。

1.2.3 总监理工程师是项目监理文件资料管理的第一责任人。

1.2.4 总监理工程师应安排专人（熟悉档案管理业务的人员）负责监理档案资料的管理工作，并明确其岗位职责。

1.2.5 总监理工程师应指导、检查项目监理机构档案管理人员的工作。

1.2.6 总监理工程师应审核项目监理文件资料，并按规定向监理单位移交。

1.2.7 项目监理机构应建立健全监理文件资料管理制度，落实监理文件资料管理职责，应做到"明确责任，专人负责"。

1.2.8 监理文件资料的签字人员是监理文件资料的直接责任人，应对所编制、记录、签发的监理文件资料的真实性负责。

1.2.9 签字人员应对报送文件资料进行审核，对文件资料有疑义的，应向文件资料报送单位进行核实，经审核符合要求后方可签字，必要时应告知相关监理人员。

1.2.10 签字文件资料有时效规定的，签字人员在接到文件资料的第一时间审查时效性是否符合规定要求。

1.2.11 签字人员应配合资料管理人员及时整理和归档监理文件资料。

1.2.12 监理文件资料的编制和形成须具有可追溯性，应客观真实反映监理工作实际情况以及参建各方合同履约情况。

1.2.13 监理文件资料应真实、准确、有效和完整；严禁伪造、涂改、故意撤换和损坏文件资料。

1.2.14 项目监理机构应随工程进度及时、准确完整地收集、整理、组卷、归档监理文件资料。

1.2.15 监理文件资料应字迹清晰，内容完整，数据准确，结论明确，并有相关人员签字，需要加盖印章的应有相关印章。相关证明文件资料应为原件，若为复印件应加盖报送单位的印章，并注明原件存放处，经办人签字及日期。

1.2.16 监理文件资料应保证时效性，及时签认和传递。

1.2.17 监理文件资料分为纸质文件资料和电子文件资料，其中：
（1）需加盖印章的工程资料应采用纸质资料。
（2）其他监理文件资料宜采用电子文件资料（如：影像资料等）。

1.2.18 涉及项目重要活动及事件，原始地形地貌，工程形象进度，隐蔽工程，关键节点工序，重要部位，地质、施工及设备的缺陷处理，工程质量或安全事故，重要芯样，工程验收等内容，应留置相关影像资料，并附相应文字说明。

1.2.19 所有工程文件资料中工程名称应与建设工程施工许可证保持一致，相关参建单位名称应为全称。

1.3 监理文件资料的内容

1.3.1 监理文件资料的主要内容

（1）勘察设计文件，水利工程施工监理合同及其他合同文件。

(2) 监理规划，监理实施细则。
(3) 设计交底和图纸会审。
(4) 施工组织设计、(专项) 施工方案、施工进度计划报审文件资料。
(5) 分包人资格报审文件资料。
(6) 施工控制测量成果报验文件资料。
(7) 总监理工程师任命书，合同工程开工通知、暂停施工指示、复工通知，开工或复工报审文件资料。
(8) 原材料、中间产品、工程设备报验文件资料。
(9) 跟踪检测（见证取样）和平行检测文件资料。
(10) 工程质量检查报验资料及工程有关验收资料。
(11) 工程变更、费用索赔及工程延期文件资料。
(12) 工程计量、工程款支付文件资料。
(13) 监理通知单、工作联系单与监理报告。
(14) 第一次工地会议、监理例会、专题会议等会议纪要。
(15) 监理月报，监理日志，旁站值班记录。
(16) 工程质量或生产安全事故处理文件资料。
(17) 工程建设监理工作报告及竣工验收监理文件资料。
(18) 监理工作总结等。

1.3.2 其他文件资料

(1) 项目监理单位营业执照、资质证书。
(2) 项目监理机构组建（成立）文件。
(3) 总监工程师授权书及《承诺书》。
(4) 副总监理工程师授权书（如有）。
(5) 总监理工程师变更申请（如有）。
(6) 监理工程师变更通知书。
(7) 总监理工程师及监理工程师注册证书。
(8) 监理人员劳动合同、社保证明、职称证书、业务培训证书等。

1.4 监理文件资料的分类

在工程项目实施监理过程中所产生的信息与文件资料，依据文件资料形成的属性，可分为以下类别：

(1) 编制类资料：包括由监理机构编制的监理规划，监理实施细则、跟踪检测和平行检测监理计划、旁站监理工作方案、监理月报、监理专题报告、监理工作报告及监理工作总结等文件资料。

(2) 签发类资料：包括由监理单位签发的监理机构组建（成立）文件、印章启用函、总监理工程师任命书等，以及监理机构签发的各种监理指示、通知、批复及监理报告、监理机构联系单等文件资料。

(3) 审验类资料：包括由监理机构审查、核验施工单位报送的各种报审报验表及其附件等文件资料。

(4) 记录类资料：包括监理机构在监理过程中形成的旁站监理值班记录、监理巡视记录、平行检测记录、跟踪检测记录、见证取样跟踪记录、安全检查记录、监理日记、监理日志，会议纪要等文件资料。

(5) 台账类资料：包括项目监理机构结合监理项目具体情况对原材料/中间产品、工程设备进场验收、跟踪检测（见证取样送检）、抽样测量（联合测量），平行检测、不合格项（质量/安全）处理、工程进度款支付、工程变更、分包单位资质、施工机械设备管理、工程技术文件报审等建立的工作台账。

(6) 相关服务类资料：包括工程勘察阶段、工程设计阶段、缺陷责任期服务的相关文件资料。

1.5 施工监理工作常用表格

1.5.1 表格说明

1.5.1.1 表格可分为以下两种类型：

(1) 承包人用表，以CB××表示。

(2) 监理机构用表，以JL××表示。

1.5.1.2 表的标题（表名）应采用如下格式：

CB11	施工放样报验单
	（承包 [ ] 放样 号）

注1："CB11"——表格类型及序号。

注2："施工放样报验单"——表格名称。

注3："承包 [ ] 放样 号"——表格编号。其中①"承包"：指该表以承包人为填表人，当填表人为监理机构时，即以"监理"代之。②当监理工程范围包括两个以上承包人时，为区分不同承包人的用表，"承包"可用其简称表示。③ [ ]：年份，[2003] 表示2003年的表格。④"放样"：表格的使用性质，即用于"放样"工作。⑤" 号"：一般为3位数的流水号。

如：承包人简称为"龙源"，则2024年承包人向监理机构报送的第1次放样报表可表示为：

CB11	施工放样报验单
	（龙源 [2014] 放样 001号）

1.5.2 表格使用说明

1.5.2.1 监理机构可根据施工项目的规模和复杂程度，采用其中的部分或全部表格；如果表格不能满足工程实际需要时，可调整或增加表格。

1.5.2.2 各表格脚注中所列单位和份数为基本单位和推荐份数，工作中应根据具体情况和要求予以具体指定各类表格的报送单位和份数。

1.5.2.3 相关单位都应明确文件的签收人。

1.5.2.4 "CB01 施工技术方案申报表"可用于承包人向监理机构申报关于施工组织设计、施工措施计划、专项施工方案、度汛方案、灾害应急预案、施工工艺试验方案、专项检测试验方案、工程测量施测方案、工程放样计划和方案、变更实施方案等需报请监理机构批准的方案。

1.5.2.5 承包人的施工质量检验月汇总表、工程事故月报表除作为施工月报附表外,还应按有关要求另行单独填报。

1.5.2.6 表格中凡属部门负责人签名的,项目经理都可签署;凡属监理工程师签名的,总监理工程师都可签署。表格中签名栏为"总监理工程师/副总监理工程师""总监理工程师/监理工程师""项目经理/技术负责人"的可根据工程特点和管理要求视具体授权情况由相应人员签署。

1.5.2.7 监理用表中的合同名称和合同编号指所监理的施工合同名称和编号。

1.5.2.8 各类表格的签发、报送、回复应当依照合同文件、法律法规、标准规范等规定的程序和时限进行。

1.5.2.9 各类表格中施工项目经理部用章的样章,应在项目监理机构和建设单位备案,项目监理机构用章的样章,应在建设单位和施工单位备案。

1.5.2.10 各类表中所涉及有关工程质量方面的附表,由于各行业、各部门的专业要求不同,各类工程质量验收附表应符合相关专业验收规范及相关表式的要求。若没有相应表式,在工程开工前,项目监理机构应与建设单位、施工单位,根据工程特点、质量要求、竣工及资料归档要求进行协商,制定工程质量验收相应表式,并在使用前明确其使用要求。

1.5.2.11 承包人常用表格目录见表1.5.1。

表1.5.1 承包人常用表格目录

序号	表格名称	表格类型	表格编号
1	施工技术方案申报表	CB01	承包 [ ] 技案 号
2	施工进度计划申报表	CB02	承包 [ ] 进度 号
3	施工图用图计划报告	CB03	承包 [ ] 图计 号
4	资金流计划申报表	CB04	承包 [ ] 资金 号
5	施工分包申报表	CB05	承包 [ ] 分包 号
6	现场组织机构及主要人员报审表	CB06	承包 [ ] 机构 号
7	原材料/中间产品进场报验单	CB07	承包 [ ] 报验 号
8	施工设备进场报验单	CB08	承包 [ ] 设备 号
9	工程预付款申请单	CB09	承包 [ ] 工预付 号
10	材料预付款报审表	CB10	承包 [ ] 材预付 号
11	施工放样报验单	CB11	承包 [ ] 放样 号
12	联合测量通知单	CB12	承包 [ ] 联测 号
13	施工测量成果报验单	CB13	承包 [ ] 测量 号

续表

序号	表格名称	表格类型	表格编号
14	合同项目开工申请表	CB14	承包 [ ] 合开工 号
15	分部工程开工申请表	CB15	承包 [ ] 分开工 号
	施工安全交底记录	CB15 附件1	承包 [ ] 安交 号
	施工技术交底记录	CB15 附件2	承包 [ ] 技交 号
16	工程设备采购计划申报表	CB16	承包 [ ] 设采 号
17	混凝土浇筑开仓报审表	CB17	承包 [ ] 开仓 号
18	____工序/单元工程施工质量报验单	CB18	承包 [ ] 质报 号
19	施工质量缺陷处理方案报审表	CB19	承包 [ ] 缺方 号
20	施工质量缺陷处理措施计划报审表	CB20	承包 [ ] 缺陷 号
21	事故报告单	CB21	承包 [ ] 事故 号
22	暂停施工申请	CB22	承包 [ ] 暂停 号
23	复工申请报审表	CB23	承包 [ ] 复工 号
24	变更申报表	CB24	承包 [ ] 变更 号
25	施工进度计划调整申报表	CB25	承包 [ ] 进调 号
26	延长工期申报表	CB26	承包 [ ] 延期 号
27	变更项目价格申报表	CB27	承包 [ ] 变价 号
28	索赔意向通知	CB28	承包 [ ] 赔通 号
29	索赔申请报告	CB29	承包 [ ] 赔报 号
30	工程计量报验单	CB30	承包 [ ] 计报 号
31	计日工单价报审表	CB31	承包 [ ] 计审 号
32	计日工工程量签证单	CB32	承包 [ ] 计签 号
33	工程进度付款申请单	CB33	承包 [ ] 进度付 号
34	工程进度付款汇总表	CB33 附表1	承包 [ ] 进度总 号
35	已完工程量汇总表	CB33 附表2	承包 [ ] 量总 号
36	合同分类分项项目进度付款明细表	CB33 附表3	承包 [ ] 分类付 号
37	合同措施项目进度付款明细表	CB33 附表4	承包 [ ] 措施付 号
38	变更项目进度付款明细表	CB33 附表5	承包 [ ] 变更付 号
39	计日工项目月支付明细表	CB33 附表6	承包 [ ] 计付 号
40	施工月报表（ 年 月）	CB34	承包 [ ] 月报 号
41	原材料/中间产品使用情况月报表	CB34 附表1	承包 [ ] 材料月 号
42	原材料/中间产品检验月报表	CB34 附表2	承包 [ ] 检验月 号
43	主要施工设备情况月报表	CB34 附表3	承包 [ ] 设备月 号
44	现场人员情况月报表	CB34 附表4	承包 [ ] 人员月 号

续表

序号	表格名称	表格类型	表格编号
45	施工质量检验月汇总表	CB34 附表 5	承包 [ ] 质检月 号
46	施工质量缺陷月报表	CB34 附表 6	承包 [ ] 缺陷月 号
47	工程事故月报表	CB34 附表 7	承包 [ ] 事故月 号
48	合同完成额月汇总表	CB34 附表 8	承包 [ ] 完成额 号
49	（一级项目）合同完成额月汇总表	CB34 附表 8	承包 [ ] 完成额月 号
50	主要实物工程量月汇总表	CB34 附表 9	承包 [ ] 实物月 号
51	验收申请报告	CB35	承包 [ ] 验报 号
52	报告单	CB36	承包 [ ] 报告 号
53	回复单	CB37	承包 [ ] 回复 号
54	确认单	CB38	承包 [ ] 确认 号
55	完工付款/最终结清申请单	CB39	承包 [ ] 付结 号
56	工程交接申请表	CB40	承包 [ ] 交接 号
57	质量保证金退还申请表	CB41	承包 [ ] 保退 号

1.5.2.12 监理机构常用表格目录见表 1.5.2。

表 1.5.2　　　　　　　　　　监理机构常用表格目录

序号	表格名称	表格类型	表格编号
1	合同工程开工通知	JL01	监理 [ ] 开工 号
2	合同工程开工批复	JL02	监理 [ ] 合开工 号
3	分部工程开工批复	JL03	监理 [ ] 分开工 号
4	工程预付款支付证书	JL04	监理 [ ] 工预付 号
5	批复表	JL05	监理 [ ] 批复 号
6	监理通知	JL06	监理 [ ] 通知 号
7	监理报告	JL07	监理 [ ] 报告 号
8	计日工工作通知	JL08	监理 [ ] 计通 号
9	工程现场书面通知	JL09	监理 [ ] 现通 号
10	警告通知	JL10	监理 [ ] 警告 号
11	整改通知	JL11	监理 [ ] 整改 号
12	变更指示	JL12	监理 [ ] 变指 号
13	变更项目价格审核表	JL13	监理 [ ] 变价审 号
14	变更项目价格/工期确认单	JL14	监理 [ ] 变确 号
15	暂停施工指示	JL15	监理 [ ] 停工 号

续表

序号	表格名称	表格类型	表格编号
16	复工通知	JL16	监理〔　〕复工　号
17	索赔审核表	JL17	监理〔　〕索赔审　号
18	索赔确认单	JL18	监理〔　〕索赔确　号
19	工程进度付款证书	JL19	监理〔　〕进度付　号
20	工程进度付款审核汇总表	JL19附表1	监理〔　〕付款审　号
21	合同解除付款核查报告	JL20	监理〔　〕解付　号
22	完工付款/最终结清证书	JL21	监理〔　〕付结　号
23	质量保证金退还证书	JL22	监理〔　〕保退　号
24	施工图纸核查意见单	JL23	监理〔　〕图核　号
25	施工图纸签发表	JL24	监理〔　〕图发　号
26	监理月报	JL25	监理〔　〕月报　号
27	合同完成额月统计表	JL25附表1	监理〔　〕完成统　号
28	工程质量评定月统计表	JL25附表2	监理〔　〕评定统　号
29	工程质量平行检测试验月统计表	JL25附表3	监理〔　〕平行统　号
30	变更月报表	JL25附表4	监理〔　〕变更统　号
31	监理发文月统计表	JL25附表5	监理〔　〕发文统　号
32	监理收文月统计表	JL25附表6	监理〔　〕收文统　号
33	旁站监理值班记录	JL26	监理〔　〕旁站　号
34	监理巡视记录	JL27	监理〔　〕巡视　号
35	工程质量平行检测记录	JL28	监理〔　〕平行　号
36	工程质量跟踪检测记录	JL29	监理〔　〕跟踪　号
37	见证取样跟踪记录	JL30	监理〔　〕见证　号
38	安全检查记录	JL31	监理〔　〕安检　号
39	工程设备进场开箱验收单	JL32	监理〔　〕设备　号
40	监理日记	JL33	监理〔　〕日记　号
41	监理日志	JL34	监理〔　〕日志　号
42	监理机构内部会签单	JL35	监理〔　〕内签　号
43	监理发文登记表	JL36	监理〔　〕监发　号
44	监理收文登记表	JL37	监理〔　〕监收　号
45	会议纪要	JL38	监理〔　〕纪要　号
46	监理机构联系单	JL39	监理〔　〕联系　号
47	监理机构备忘录	JL40	监理〔　〕备忘　号

1.6 监理文件资料体系

监理文件资料体系如图1.6.1所示。

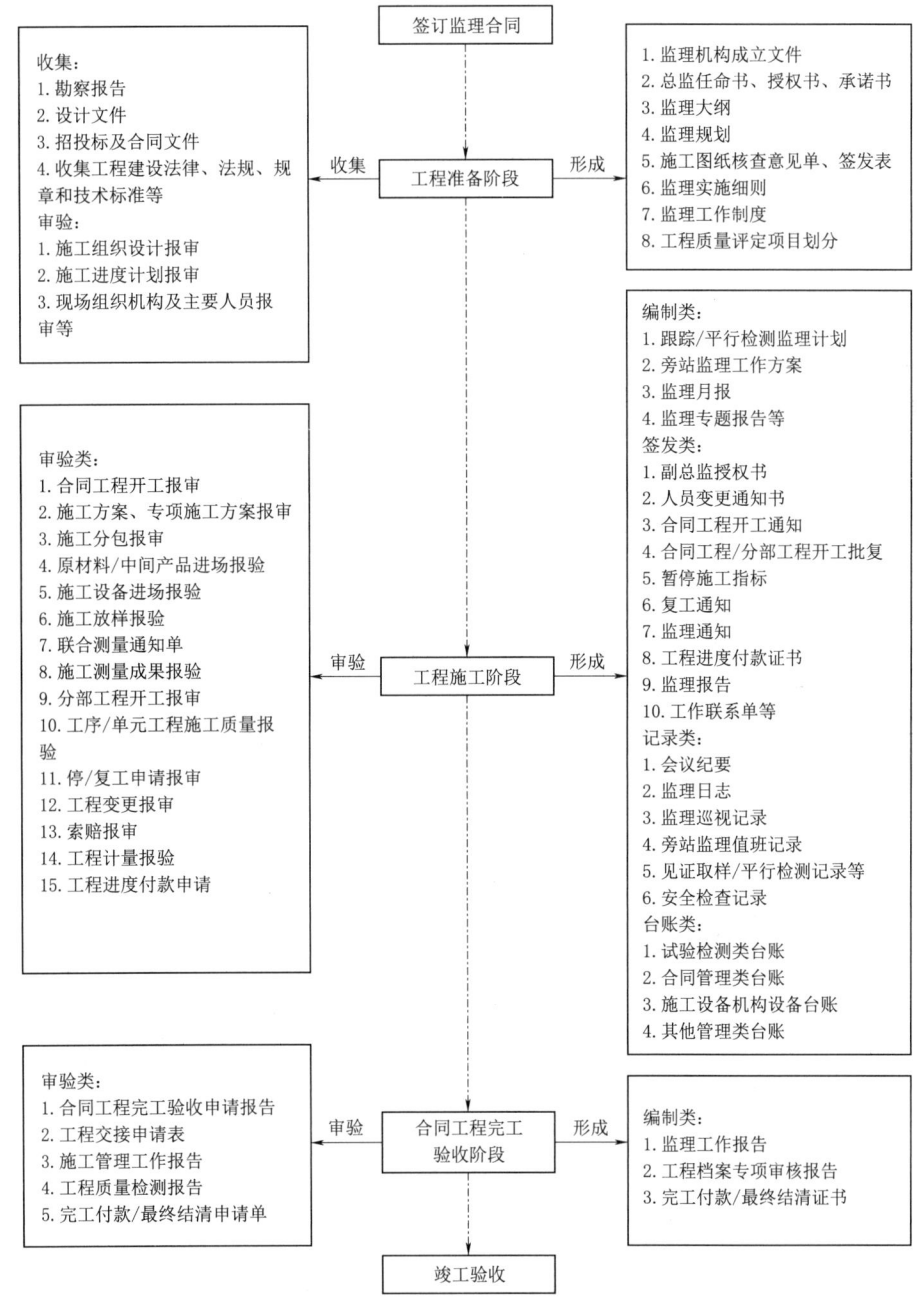

图 1.6.1 监理文件资料体系

第2章 编制类资料

2.1 监理规划

2.1.1 相关规定
SL 288—2014《水利工程施工监理规范》
[条文摘录] 2.0.11 监理规划

在监理单位与发包人签订监理合同之后，由总监理工程师主持编制，并经监理单位技术负责人批准的，用以指导监理机构全面开展施工监理工作的指导性文件。

[条文摘录] 5.1.5 组织编制监理规划，在约定的期限内报送发包人。

2.1.2 基本要求
（1）监理规划应在合同约定的期限内，在监理大纲的基础上，结合承包人报批的施工组织设计、施工总进度计划编制。

（2）监理规划在签订监理合同及收到工程设计文件后由总监理工程师主持编制，并应在召开第一次监理工地会议前报送发包人。

（3）编制监理规划前，总监理工程师应组织各专业监理工程师收集并熟悉合同文件、设计文件和相关资料。

（4）总监理工程师应针对工程实际情况，明确监理规划的编制深度、各专业监理工程师的工作职责和内容，使监理规划内容完整，具有针对性、可行性和指导性。

（5）监理规划编制要点如下：

1）监理规划的具体内容应根据不同工程项目的性质、规模、工作内容等情况编制，格式和条目可有所不同。

2）监理规划的基本作用是指导监理机构全面开展监理工作。监理规划应对项目监理的计划、组织、程序、方法等做出表述。

3）总监理工程师应主持监理规划的编制工作，所有监理人员应熟悉监理规划的内容。

4）监理规划应在监理大纲的基础上，结合承包人报批的施工组织设计、施工总进度计划编制，并报监理单位技术负责人批准后实施。

5）监理规划应根据其实施情况、工程建设的重大调整或合同重大变更等对监理工作要求的改变进行修订。

（6）监理单位技术负责人应组织技术、质量、安全等相关部门对监理规划完整性、深度、主要工作方法和措施、工作程序、工作制度、各专业之间的衔接等进行审核和把关。

（7）监理规划中，对技术复杂、专业性较强、危险性较大的分部工程或单元工程，应制定监理实施细则编制计划。

(8) 在实施监理过程中，实际情况或条件发生变化而需要调整监理规划时，应由总监理工程师组织各专业的监理工程师按原编审程序进行修改后报建设单位。

(9) 监理规划经总监理工程师签字，报监理单位技术负责人审批签字，并加盖监理单位公章。

(10) 监理规划一式三份，监理单位、项目监理机构、建设单位各一份。

2.1.3 基本格式

(1) 封面。封面内容应包括：工程名称；"监理规划"（标题）；工程监理单位名称（加盖监理单位公章）、编制时间。

(2) 审批表。编制人（专业监理工程师签字）、审核人（总监理工程师签字）；审批人（监理单位技术负责人签字）。

(3) 目录。

(4) 正文。

2.1.4 监理规划的主要内容

1. 总则

(1) 工程项目基本概况。简述工程项目的名称、性质、等级、建设地点、自然条件与外部环境；工程项目建设内容及规模、特点；工程项目建设目的。

(2) 工程项目主要目标。工程项目总投资及组成、计划工期（包括阶段性目标的计划开工日期和完工日期）、质量控制目标。

(3) 工程项目组织。列明工程项目主管部门、质量监督机构、发包人、设计单位、承包人、监理单位、工程设备供应单位等。

(4) 监理工程范围和内容。发包人委托监理的工程范围和服务内容等。

(5) 监理主要依据。列出开展监理工作所依据的法律、法规、规章，国家及部门颁发的有关技术标准，批准的工程建设文件和有关合同文件、设计文件等的名称、文号等。

(6) 监理组织。现场监理机构的组织形式与部门设置，部门职责，主要监理人员的配置和岗位职责等。

(7) 监理工作基本程序。

(8) 监理工作主要制度。包括技术文件审核与审批、会议、紧急情况处理、监理报告、工程验收等方面。

(9) 监理人员守则和奖惩制度。

2. 工程质量控制

(1) 质量控制的内容。

(2) 质量控制的制度。

(3) 质量控制的措施。

3. 工程进度控制

(1) 进度控制的内容。

(2) 进度控制的制度。

(3) 进度控制的措施

4. 工程资金控制

(1) 资金控制的内容。

(2) 资金控制的制度。

(3) 资金控制的措施。

5. 施工安全及文明施工监理

(1) 施工安全监理的范围和内容。

(2) 施工安全监理的制度。

(3) 施工安全监理的措施。

(4) 文明施工监理。

6. 合同管理的其他工作

(1) 变更的处理程序和监理工作方法。

(2) 违约事件的处理程序和监理工作方法。

(3) 索赔的处理程序和监理工作方法。

(4) 分包管理的监理工作内容。

(5) 担保及保险的监理工作。

7. 协调

(1) 协调工作的主要内容。

(2) 协调工作的原则与方法。

8. 工程质量评定与验收监理工作

(1) 工程质量评定。

(2) 工程验收。

9. 缺陷责任期监理工作

(1) 缺陷责任期的监理内容。

(2) 缺陷责任期的监理措施。

10. 信息管理

(1) 信息管理程序、制度及人员岗位职责。

(2) 文档清单、编码及格式。

(3) 计算机辅助信息管理系统。

(4) 文件资料预立卷和归档管理。

11. 监理设施

(1) 制定现场监理办公和生活设施计划。

(2) 制定现场交通、通信、办公和生活设施使用管理制度。

12. 监理实施细则编制计划

(1) 监理实施细则文件清单。

(2) 监理实施细则编制工作计划。

13. 其他

2.1.5 监理规划实例

详见第10章10.1监理规划实例。

2.2 监理实施细则

2.2.1 相关规定

SL 288—2014《水利工程施工监理规范》

[条文摘录] **2.0.12** 监理实施细则

由监理工程师负责编制,并经总监理工程师批准,用以实施某一专业工程或专业工程监理的操作性文件。

2.2.2 基本要求

(1) 编制监理实施细则前,监理机构应组织各专业监理人员熟悉图纸,对本专业的重点、难点进行分析,并制定监理工作方法和应对措施。

(2) 监理实施细则的编制应依据下列资料:

1) 监理规划。

2) 工程建设标准、工程设计文件。

3) 施工组织设计、(专项)施工方案。

(3) 监理实施细则编制要点如下:

1) 在施工措施计划批准后、专业工程(或作业交叉特别复杂的专项工程)施工前或专业工作开始前,负责相应工作的监理工程师应组织相关专业监理人员编制监理实施细则,并报总监理工程师批准。

2) 监理实施细则应符合监理规划的基本要求,充分体现工程特点和监理合同约定的要求,结合工程项目的施工方法和专业特点,明确具体的控制措施、方法和要求,具有针对性、可行性和可操作性。

3) 监理实施细则应针对不同情况制订相应的对策和措施,突出监理工作的事前审批、事中监督和事后检验。

4) 监理实施细则可根据实际情况按进度、分阶段编制,但应注意前后的连续性、一致性。

5) 总监理工程师在审核监理实施细则时,应注意各专业监理实施细则间的衔接与配套,以组成系统、完整的监理实施细则体系。

6) 在监理实施细则条文中,应具体写明引用的规程、规范、标准及设计文件的名称、文号;文中涉及采用的报告、报表时,应写明报告、报表所采用的格式。

7) 在监理工作实施过程中,监理实施细则应根据实际情况进行补充、修改和完善。

(4) 依据监理规划和工程进展,结合批准的施工措施计划,及时编制监理实施细则。

(5) 监理实施细则应由负责相应工作的监理工程师和总监理工程师签字,并加盖监理机构章。

(6) 在监理工作实施过程中,监理实施细则可根据实际情况进行补充、修改和完善。修改后的监理实施细则按原编审程序,经总监理工程师批准后实施。

(7) 监理实施细则一式四份,监理单位、项目监理机构、承包人、建设单位各一份。

2.2.3 基本格式

（1）封面内容应包括：项目名称，"专业工程名称＋监理实施细则"（标题），监理机构名称（加盖监理机构章），编制时间。

（2）审批表。编制人（负责相应工作的监理工程师签字）；审批人（总监理工程师签字）。

（3）目录。

（4）正文。

2.2.4 监理实施细则的主要内容

2.2.4.1 专业工程监理实施细则的编制应包括下列内容：

（1）适用范围。

（2）编制依据。

（3）专业工程特点。

（4）专业工程开工条件检查。

（5）现场监理工作内容、程序和控制要点。

（6）检查和检验项目、标准和工作要求。一般应包括：巡视、检查要点；旁站监理的范围（包括部位和工序）、内容、控制要点和记录；检测项目、标准和检测要求，跟踪检测和平行检测的数量和要求。

（7）资料和质量评定工作要求。

（8）采用的表式清单。

2.2.4.2 专业工作监理实施细则的编制应包括下列内容：

（1）适用范围。

（2）编制依据。

（3）专业工作特点和控制要点。

（4）监理工作内容、技术要求和程序。

（5）采用的表式清单。

2.2.4.3 安全监理实施细则应包括下列内容：

（1）适用范围。

（2）编制依据。

（3）施工安全特点。

（4）安全监理工作内容和控制要点。

（5）安全监理的方法和措施。

（6）安全检查记录和报表格式。

2.2.4.4 原材料、中间产品和工程设备进场核验和验收监理实施细则，应包括下列内容：

（1）适用范围。

（2）编制依据。

（3）检查、检测、验收的特点。

（4）进场报验程序。

（5）原材料、中间产品检验的内容、技术指标、检验方法与要求。包括原材料、中间产品的进场检验内容和要求，检测项目、标准和检测要求，跟踪检测和平行检测的数量要求。

（6）工程设备交货验收的内容和要求。

（7）检验资料和报告。

（8）采用的表式清单。

2.2.5 监理实施细则实例

详见第10章10.2专业工程监理实施细则实例，10.3专业工作监理实施细则实例，10.4安全监理实施细则实例。

2.3 跟踪检测和平行检测监理计划

2.3.1 相关规定

SL 288—2014《水利工程施工监理规范》

[条文摘录] 4.2.5 跟踪检测。监理机构对承包人在质量检测中的取样和送样进行监督。跟踪检测费用由承包人承担。

[条文摘录] 4.2.6 平行检测。在承包人对原材料、中间产品和工程质量自检的同时，监理机构按照监理合同约定独立进行抽样检测，核验承包人的检测结果。平行检测费用由发包人承担。

2.3.2 基本要求

（1）监理机构应审查承包人的检测试验方案，并应根据《检测试验方案》的施工检测试验计划，在相应项目实施见证取样前完成《跟踪检测和平行检测监理计划》的编制。

（2）跟踪检测和平行检测监理计划的内容应满足对原材料、中间产品等实施见证取样和平行检测的要求，具有针对性和可操作性。

（3）跟踪检测应符合下列规定：

1）实施跟踪检测的监理人员应监督承包人的取样、送样以及试样的标记和记录，并与承包人送样人员共同在送样记录上签字。发现承包人在取样方法、取样代表性、试样包装或送样过程中存在错误时，应及时要求予以改正。

2）跟踪检测的项目和数量（比例）应在监理合同中约定。其中，混凝土试样应不少于承包人检测数量的7%，土方试样应不少于承包人检测数量的10%。施工过程中，监理机构可根据工程质量控制工作需要和工程质量状况等确定跟踪检测的频次分布，但应对所有见证取样进行跟踪。

（4）平行检测应符合下列规定：

1）监理机构可采用现场测量手段进行平行检测。

2）需要通过实验室进行检测的项目，监理机构应按照监理合同约定通知发包人委托或认可的具有相应资质的工程质量检测机构进行检测试验。

3）平行检测的项目和数量（比例）应在监理合同中约定。其中，混凝土试样应不少于承包人检测数量的3%，重要部位每种标号的混凝土至少取样1组；土方试样应不少于承包人检测数量的5%，重要部位至少取样3组。施工过程中，监理机构可根据工程质量控制工作需要和工程质量状况等确定平行检测的频次分布。根据施工质量情况要增加平行检测项目、数量时，监理机构可向发包人提出建议，经发包人同意增加的平行检测费用由发包人承担。

4）当平行检测试验结果与承包人的自检试验结果不一致时，监理机构应组织承包人及有关各方进行原因分析，提出处理意见。

（5）监理机构应审查承包人报送的用于工程的原材料、中间产品、设备的质量证明文件，并应按有关规定、监理合同约定，对用于工程的材料进行见证取样、平行检测。

（6）为了保证承包人送检的试样的代表性和真实性，在承包人进行自检的同时，监理机构按照一定比例对试样（试样是指样品、试件、试块等）的取样、标记、包装等实施监督并记录，并与承包人送样人员共同在送样记录上签字。

（7）平行检测是由监理机构组织实施的与承包人测量、试验等质量检测结果的对比性检测。根据《水利工程质量检测管理规定》和水利工程施工监理实际情况，对不同类别的检测，平行检测实施如下：

1）监理机构复核施工控制网、地形、施工放样，以及工序和工程实体的位置、高程和几何尺寸时，可以独立进行抽样测量，也可以与承包人进行联合测量，核验承包人的测量成果。

2）需要通过实验室试验检测的项目，如水泥物理力学性能检验、砂石骨料常规检验、混凝土强度检验、砂浆强度检验、混凝土掺加剂检验、土工常规检验、砂石反滤料（垫层）常规检验、钢筋（含焊接与机械连接）力学性能检验、预应力钢绞线和锚夹具检验、沥青及其混合料检验等，由发包人委托或认可的具有相应资质的工程质量检测机构进行检测，但试样的选取由监理机构确定。现场取样一般由工程质量检测机构实施，也可以由监理机构实施。

3）工程需要进行的专项检测试验（专项检测试验一般包括：地基及复合地基承载力静载检测、桩的承载力检测、桩的抗拔检测、桩身完整性检测、金属结构设备及机电设备检测、电气设备检测、安全监测设备检测、锚杆锁定力检测、管道工程压水试验、过水建筑物充水试验、预应力锚具检测、预应力锚索与管壁的摩擦系数检测等），监理机构不进行平行检测。

4）单元工程（工序）施工质量检测可能对工程实体造成结构性破坏的，监理机构不做平行检测，但对承包人的工艺试验进行平行检测。施工过程中监理机构要监督承包人严格按照工艺试验确定的参数实施。

（8）在实施监理过程中，当工程发生变化导致《跟踪检测和平行检测监理计划》需要调整时，总监理工程师应根据实际情况组织对见证取样计划进行补充、修改。

（9）跟踪检测和平行检测监理计划应经总监理工程师审批签字，并盖项目监理机构章。

（10）跟踪检测和平行检测监理计划一式四份，监理单位、承包人、监理机构、建设单位各一份。

2.3.3 基本格式

（1）封面内容应包括：项目名称；"跟踪检测和平行检测监理计划"（标题）；监理机构名称、编制时间。

(2) 审批表。编制人（监理工程师签字）；审批人（总监理工程师签字）。
(3) 目录。
(4) 正文。

2.3.4 主要内容
1 工程概况
2 编制目的
3 编制依据
4 监理跟踪检测和平行检测制度
5 监理跟踪检测和平行检测规定
6 监理跟踪检测和平行检测计划
7 监理跟踪检测和平行检测工作职责
8 跟踪检测平行检测表格

2.3.5 跟踪检测和平行检测监理计划实例
详见第10章10.5跟踪检测和平行检测监理计划实例。

2.4 旁站监理工作方案

2.4.1 相关规定
SL 288—2014《水利工程施工监理规范》
[条文摘录] 4.2.3 旁站监理。监理机构按照监理合同约定和监理工作需要，在施工现场对工程重要部位和关键工序的施工作业实施连续性的全过程监督、检查和记录。

2.4.2 基本要求
(1) 需要旁站监理的工程重要部位和关键工序一般包括下列内容，监理机构可视工程具体情况从中选择或增加：
 1) 土石方填筑工程的土料、砂砾料、堆石料、反滤料和垫层料压实工序。
 2) 普通混凝土工程、碾压混凝土工程、混凝土面板工程、防渗墙工程、钻孔灌注桩工程等的混凝土浇筑工序。
 3) 沥青混凝土心墙工程的沥青混凝土铺筑工序。
 4) 预应力混凝土工程的混凝土浇筑工序、预应力筋张拉工序。
 5) 混凝土预制构件安装工程的吊装工序。
 6) 混凝土坝坝体接缝灌浆工程的灌浆工序。
 7) 安全监测仪器设备安装埋设工程的监测仪器安装埋设工序，观测孔（井）工程的率定工序。
 8) 地基处理、地下工程和孔道灌浆工程的灌浆工序。
 9) 锚喷支护和预应力锚索加固工程的锚杆工序、锚索张拉锁定工序。
 10) 堤防工程堤基清理工程的基面平整压实工序，填筑施工的所有碾压工序，防冲体护脚工程的防冲体抛投工序，沉排护脚工程的沉排铺设工序。

11）金属结构安装工程的压力钢管安装、闸门门体安装等工程的焊接检验。

12）启闭机安装工程的试运行调试。

13）水轮机和水泵安装工程的导水机构、轴承、传动部件安装等。

监理机构在监理工作过程中可结合批准的施工措施计划和质量控制要求，通过编制或修订监理实施细则，具体明确或调整需要旁站监理的工程部位和工序。

（2）旁站监理应符合下列规定：

1）监理机构应依据监理合同和监理工作需要，结合批准的施工措施计划，在监理实施细则中明确旁站监理的范围、内容和旁站监理人员职责，并通知承包人。

2）监理机构应严格实施旁站监理，旁站监理人员应及时填写旁站监理值班记录。

3）除监理合同约定外，发包人要求或监理机构认为有必要并得到发包人同意增加的旁站监理工作，其费用应由发包人承担。

（3）旁站监理工作方案应在施工组织设计审批完成后，在监理规划编制时由总监理工程师组织各专业的监理工程师编写。

（4）旁站监理工作方案内容应符合监理规划的要求，并应结合专业工程特点，使其具有针对性和可操作性。

（5）旁站监理工作方案单独编制时，应有编制人（专业监理工程师签字）、审批人（总监理工程师签字）并盖项目监理机构章。

（6）单独编制的旁站监理工作方案一式四份，监理单位、项目监理机构、建设单位、施工单位各一份。

2.4.3 基本格式

（1）封面内容应包括：项目名称；"旁站监理工作方案"（标题）；项目监理机构名称并加盖项目监理机构章，编制时间。

（2）审批表。编制人（负责相应工作的监理工程师签字）；审批人（总监理工程师签字）。

（3）目录。

（4）正文。

2.4.4 主要内容

1 工程概况

2 编制目的

3 旁站监理编制依据

4 旁站监理范围和监理内容

5 旁站监理工作内容与方法

6 旁站监理程序

7 旁站监理人员岗位职责

8 旁站监理记录

2.4.5 旁站监理工作方案实例

详见第10章10.6旁站监理工作方案实例。

2.5 监 理 月 报

2.5.1 相关规定
SL 288—2014《水利工程施工监理规范》
[条文摘录] 4.3.8 监理报告制度。监理机构应及时向发包人提交监理月报、监理专题报告；在工程验收时，应提交工程建设监理工作报告。

2.5.2 基本要求
1 在施工监理实施过程中，监理机构应按时提交监理月报。
2 项目监理机构每月均应编制监理月报，所含内容应符合规范要求。应规定月报内容的统计周期，一般为上月 26 日至本月 25 日，在下月 5 日前报建设单位和监理单位。
3 监理月报内容应全面真实反映工程现状和监理工作情况，做到数据准确、重点突出、文字简练、内容完整，并附必要的图表和照片。
4 监理月报应全面反映当月的监理工作情况，编制周期与支付周期宜同步，在约定时间前报送发包人和监理单位。
5 监理月报中应有分析、有比较、有措施，具有可追溯性。
6 监理月报应由总监理工程师组织编制，经总监理工程师审核签字，并加盖项目监理机构章。
7 监理月报是监理机构履行监理职责的体现，监理月报必须按月报送不得因工程中途临时停工或局部停工而中断报送。除非已下达书面的停工通知超过一整月以上，监理人员已按照建设单位的书面通知退场。只要有监理人员在工地现场履行职责，就得按月报送监理月报。
8 监理月报一式三份，建设单位、监理单位、项目监理机构各一份。

2.5.3 基本格式
（1）封面内容应包括：工程名称；"监理月报"（标题）；年份、期数；总监理工程师签字；项目监理机构名称并加盖项目监理机构章，编制时间。
（2）目录。
（3）正文。

2.5.4 监理月报的主要内容
1 本月工程施工概况
2 工程质量控制情况
3 工程进度控制情况
4 工程资金控制情况
5 施工安全监理情况
6 文明施工监理情况
7 合同管理的其他工作情况
8 监理机构运行情况
9 监理工作小结
10 存在问题及有关建议

11 下月工作安排

12 监理大事记

13 附表

14 工程迹象照片

监理月报附表应按 SL 288—2014《水利工程施工监理规范》附录 E.5 表 JL25 填写。

2.5.5 监理月报实例

详见第 10 章 10.7 监理月报实例。

2.6 监 理 专 题 报 告

2.6.1 相关规定

SL 288—2014《水利工程施工监理规范》

[条文摘录] 4.3.8 监理报告制度。监理机构应及时向发包人提交监理月报、监理专题报告；在工程验收时，应提交工程建设监理工作报告。

2.6.2 基本要求

（1）专题事件发生后，监理机构应及时（事后不超过 24 小时）向发包人提交监理专题报告，同时报告监理单位。

（2）监理专题报告应针对施工监理中某项特定的专题编制。专题事件持续时间较长时，监理机构可提交关于该专题事件的中期报告。

（3）监理专题报告内容应全面真实反映工程或事件状况、监理工作情况，做到数据准确、重点突出、文字简练、内容完整，并附必要的图表和照片。

（4）监理专题报告由总监理工程师组织编制，经总监理工程师审核签字，并加盖项目监理机构章。

（5）监理专题报告一式三份，发包人、监理单位、项目监理机构各一份。

2.6.3 基本格式

（1）封面内容应包括：工程名称；"事件＋监理专题报告"（标题）；总监理工程师签字；项目监理机构名称并加盖项目监理机构章，报告时间。

（2）目录。

（3）正文。

2.6.4 监理专题报告的主要内容

2.6.4.1 用于汇报专题事件实施情况的监理专题报告主要包括下列内容：

1 事件描述

2 事件分析

（1）事件发生的原因及责任分析。

（2）事件对工程质量影响分析。

（3）事件对施工进度影响分析。

（4）事件对工程资金影响分析。

（5）事件对工程安全影响分析。

3 事件处理

(1) 承包人对事件处理的意见。

(2) 发包人对事件处理的意见。

(3) 设代机构对事件处理的意见。

(4) 其他单位或部门对事件处理的意见。

(5) 监理机构对事件处理的意见。

(6) 事件最后处理方案和结果（如果为中期报告，应描述截至目前为止事件处理的现状）。

4 对策与措施

为避免此类事件再次发生或其他影响合同目标实现事件的发生，监理机构提出的意见和建议。

5 其他

其他应提交的资料和说明事项等。

2.6.4.2 用于汇报专题事件情况并建议解决的监理专题报告主要包括下列内容：

1 事件描述

2 事件分析

(1) 事件发生的原因及责任分析。

(2) 事件对工程质量影响分析。

(3) 事件对施工进度影响分析。

(4) 事件对工程资金影响分析。

(5) 事件对工程安全影响分析。

3 事件处理建议

4 其他

2.7 监理工作报告

2.7.1 相关规定

SL 288—2014《水利工程施工监理规范》

[条文摘录] **4.3.8** 监理报告制度。监理机构应及时向发包人提交监理月报、监理专题报告；在工程验收时，应提交工程建设监理工作报告。

2.7.2 基本要求

1 在各类（各阶段）工程验收时，监理机构应按规定提交相应的监理工作报告。监理工作报告应在验收工作开始前完成。

2 监理机构应参加发包人主持的单位工程验收，并在验收前提交工程建设监理工作报告，准备相应的监理备查资料。

3 监理机构应参加发包人主持的合同工程完工验收，并在验收前提交工程建设监理工作报告，准备相应的监理备查资料。

4 各项阶段验收之前，监理机构应协助发包人检查阶段验收具备的条件，并提交阶段验收工程建设监理工作报告，准备相应的监理备查资料。

5 在竣工技术预验收和竣工验收之前，监理机构应提交竣工验收工程建设监理工作报告，并准备相应的监理备查资料。

6 监理工作报告内容应全面真实反映工程或事件状况、监理工作情况，做到数据准确、重点突出、文字简练、内容完整，并附必要的图表和照片。

7 监理工作报告由总监理工程师组织编制，经总监理工程师审核签字，并加盖项目监理机构章。

8 监理工作报告一式三份，发包人、监理单位、监理机构各一份，可根据验收工作需要的数量提交。

2.7.3 基本格式

（1）封面内容应包括：工程名称；"单位工程验收/合同工程完工验收/阶段验收/竣工验收＋工程建设监理工作报告"（标题）；总监理工程师签字；项目监理机构名称并加盖项目监理机构章，编制时间。

（2）目录。

（3）正文。

2.7.4 监理工作报告的主要内容

1 工程概况

2 监理规划

3 监理过程

4 监理效果

（1）质量控制监理工作成效。

（2）进度控制监理工作成效。

（3）资金控制监理工作成效。

（4）施工安全监理工作成效。

（5）文明施工监理工作成效。

5 工程评价

6 经验与建议

7 附件

（1）监理机构的设置与主要工作人员情况表。

（2）工程建设监理大事记。

（3）施工照片。

2.7.5 监理工作报告实例

详见第10章10.8监理工作报告实例。

2.8 监理工作总结

2.8.1 相关规定

1.《水利工程建设项目档案管理规定》（水办〔2021〕200号）

[条文摘录] 附件2 水利工程建设项目文件归档范围和档案保管期限表，"监理工作总结"

永久保存。

2. SL/T 824—2024《水利工程建设项目文件收集与归档规范》

[条文摘录] 附录 A 水利工程建设项目文件归档范围和档案保管期限表，"监理总结"永久保存。

2.8.2 基本要求

（1）监理工作总结应在工程竣工验收合格、监理工作结束后编写，并经总监理工程师审核签字后报工程监理单位和建设单位。

（2）监理工作总结内容应全面反映工程监理单位在本工程的监理合同履行情况及监理工作成效，针对监理工作中遗留问题或后续工作作出说明并提出监理建议。

（3）监理工作总结应由总监理工程师组织项目监理机构人员编写，应内容完整、重点突出、文字简练、数据准确、结论明确。

（4）监理工作总结应有编制人、总监理工程师签字，盖项目监理机构章。

（5）监理工作总结一式三份，发包人、监理单位、监理机构各一份。

2.8.3 基本格式

（1）封面内容应包括：

项目名称；"监理工作总结"（标题）；编制人（签字）；审核人（总监理工程师签字）；项目监理机构名称及加盖项目监理机构章、编制时间。

（2）目录。

（3）正文。

2.8.4 监理工作总结的主要内容

1 工程概况。

2 项目监理机构。

3 建设工程监理合同履行情况。

4 监理工作成效。

5 监理工作中发现的问题及其处理情况。

6 说明和建议。

第3章 签发类资料

3.1 监理机构组建（成立）文件

3.1.1 相关规定
SL 288—2014《水利工程施工监理规范》
[条文摘录] 2.0.5 监理机构

监理单位依据监理合同派驻工程现场，由监理人员和其他工作人员组成，代表监理单位履行监理合同的机构。

3.1.2 基本要求

（1）监理单位应依据监理合同组建监理机构，选派总监理工程师、监理工程师、监理员和其他工作人员。

（2）工程监理单位应按照投标文件的承诺，组建项目监理机构。项目监理机构的人员配置及人员进退场计划，应编入该项目的监理规划。

（3）总监理工程师需取得《水利工程建设监理工程师资格证书或监理工程师（水利工程）职业资格证书》，并按规定注册，取得《中华人民共和国监理工程师注册证书（水利工程）》，同时具有水利行业高级职称证书，受监理单位委派，全面负责监理机构施工监理工作的监理工程师。

（4）监理工程师需取得《水利工程建设监理工程师资格证书或监理工程师（水利工程）职业资格证书》，并按规定注册，取得《中华人民共和国监理工程师注册证书（水利工程）》，在监理机构中承担施工监理工作的人员。

（5）工程监理单位在建设工程监理合同签订后、项目监理机构进场前，应及时将监理机构的组织形式、人员构成及对总监理工程师的任命书面报送发包人。

（6）监理机构应将总监理工程师和其他主要监理人员的姓名、监理业务分工和授权范围报送发包人并通知承包人。

（7）总监理工程师任命书格式详见第10章10.9.1总监理工程师任命文件实例。

（8）项目监理机构组建（成立）文件书面通知，可以采用致建设单位公函形式的监理机构组建（成立）文件。格式见第10章10.9.2项目监理部组建（成立）文件实例。

（9）监理项目部项目章启用文件格式详见第10章10.9.3监理项目部项目章启用文件实例。

（10）监理机构组成形式可使用组织结构图表示，项目监理机构人员构成可使用《项目监理部人员名单表》表示。

（11）项目监理部组织机构及人员构成格式见第10章10.9.4 监理机构的设置与监理

人员构成实例。

（12）监理机构组建（成立）文件需盖监理单位公章后按发文程序签发。

（13）监理机构组建（成立）文件、项目章启用文件、总监理工程师任命文件、项目监理部组织机构及人员构成，除报送建设单位外，尚应抄送施工单位，并在项目监理机构保存一份备查，监理单位保存一份。

3.2 总监理工程师任命书及变更申请

3.2.1 相关规定

《水利工程质量管理规定》（2023年1月12日水利部令第52号）

［条文摘录］第四十三条 监理单位应当建立健全质量管理体系，按照工程监理需要和合同约定，在施工现场设置监理机构，配备满足工程建设需要的监理人员，落实质量责任制。

现场监理人员应当按照规定持证上岗。总监理工程师和监理工程师一般不得更换；确需更换的，应当经项目法人书面同意，且更换后的人员资格不得低于合同约定的条件。

3.2.2 基本要求

（1）总监理工程师需取得《水利工程建设监理工程师资格证书或监理工程师（水利工程）职业资格证书》，并按规定注册，取得《中华人民共和国监理工程师注册证书（水利工程）》，同时具有水利行业高级职称证书，受监理单位委派，全面负责监理机构施工监理工作的监理工程师。

（2）监理单位应依照监理合同约定，组建监理机构，配置满足监理工作需要的监理人员，并根据工程进展情况及时调整。更换总监理工程师和其他主要监理人员应符合监理合同约定。

（3）《总监理工程师任命书》应由工程监理单位法定代表人在签订《水利工程施工监理合同》后签署，任命合同约定的注册监理工程师担任建设工程项目的总监理工程师。

（4）《总监理工程师任命书》应写明总监理工程师的姓名、注册监理工程师注册号、任命时间。

（5）如总监理工程师需变更，需向建设单位上报《变更总监理工程师申请》，征得建设单位书面同意，重新签发《总监理工程师任命书》。

（6）《总监理工程师任命书》应由工程监理单位法定代表人任命，加盖工程监理单位公章，及时送达建设单位。

（7）《总监理工程师任命书》和《变更总监理工程师申请》一式五份，工程质量监督机构、建设单位、施工单位、项目监理机构和监理单位各一份。

（8）《总监理工程师任命书》宜按表第10章10.9.1总监理工程师任命书实例填写。

（9）变更总监理工程师申请宜按表第10章10.9.5变更总监理工程师申请实例填写。

3.3 总监理工程师授权书、承诺书

3.3.1 相关规定

《水利工程责任单位责任人质量终身责任追究管理办法（试行）》（水监督〔2021〕

335号)

[条文摘录] 第四条 责任单位责任人包括责任单位的法定代表人、项目负责人和直接责任人等。

项目负责人是指承担水利工程项目建设的建设单位(项目法人)项目负责人、勘察单位项目负责人、设计单位项目负责人、施工单位项目经理、监理单位总监理工程师等。水利工程开工建设前,建设、勘察、设计、施工、监理等单位应明确项目负责人及其职责。

建设、勘察、设计、施工、监理等单位直接责任人是指项目负责人以外的,按各自职责承担质量责任的人员。

3.3.2 基本要求

(1)监理单位总监理工程师应当按照法律法规、有关技术标准、设计文件和监理合同进行监理,及时制止各种违法违规施工行为,对施工质量承担监理责任。

(2)监理单位与建设单位签订《水利工程施工监理合同》后,在办理工程质量监督手续前,监理单位法定代表人应当签署《法定代表人授权书》,明确本单位在该建设工程项目的监理单位项目负责人。

(3)在办理工程质量监督手续前,监理单位总监理工程师应签署《工程质量终身责任承诺书》。

(4)总监理工程师发生变更时,应当在现有《法定代表人授权书》和《工程质量终身责任承诺书》的基础上,明确划分有关工作责任范围,重新签署授权书、承诺书,签署时间应涵盖整个工程建设周期。

(5)填写要求:

1)建设单位名称应为《水利工程施工监理合同》的签订单位全称。

2)工程名称应与建设工程施工许可证上的名称一致。

(6)《法定代表人授权书》《工程质量终身责任承诺书》须由本人亲笔手写签名,签名应清楚,不得代签。加盖监理单位公章。

(7)《法定代表人授权书》和《工程质量终身责任承诺书》一式四份,工程质量监督机构、建设单位、监理单位、项目监理机构各一份。

(8)法定代表人授权书应按照第10章10.9.6格式填写。

(9)监理单位项目总监理工程师工程质量终身责任承诺书应按照第10章10.9.7格式填写。

3.4 副总监理工程师授权书

3.4.1 相关规定

SL 288—2014《水利工程施工监理规范》

[条文摘录] 2.0.8 副总监理工程师

由总监理工程师书面授权,代表总监理工程师行使总监理工程师部分职责和权力的监理工程师。

3.4.2 基本要求

（1）项目监理机构的监理人员应由总监理工程师、各专业的监理工程师和监理员组成，且专业配套、数量应满足建设工程监理工作需要，必要时可设副总监理工程师。

（2）总监理工程师应签发副总监理工程师授权书，明确副总监理工程师的职责和权力。总监理工程师应在授权书上签字。

（3）项目监理机构应将副总监理工程师授权书以及相应的授权范围书面通知建设单位和施工单位。

（4）副总监理工程师须在授权书上签字，表示接受授权，签名应清楚，不得代签。

（5）《副总监理工程师授权书》应及时送达建设单位。如当地工程质量安全监督机构或其他政府管理部门有要求，可增加制作份数，按相关部门单位的要求上报、分送。项目监理机构须保存一份。

（6）《副总监理工程师授权书》宜按第 10 章 10.9.8 格式填写。

3.5 监理工程师变更通知书

3.5.1 相关要求

《水利工程质量管理规定》（2023 年 1 月 12 日水利部令第 52 号）

[条文摘录] 第四十三条　监理单位应当建立健全质量管理体系，按照工程监理需要和合同约定，在施工现场设置监理机构，配备满足工程建设需要的监理人员，落实质量责任制。

现场监理人员应当按照规定持证上岗。总监理工程师和监理工程师一般不得更换；确需更换的，应当经项目法人书面同意，且更换后的人员资格不得低于合同约定的条件。

3.5.2 基本要求

（1）监理单位应依照监理合同约定，组建监理机构，配置满足监理工作需要的监理人员，并根据工程进展情况及时调整。更换监理工程师应符合监理合同约定。

（2）项目监理机构各专业的监理工程师变更，应由总监理工程师签署《监理工程师变更通知书》，加盖监理机构章后，报建设单位签收。

（3）新进场的监理工程师，应在《监理工程师变更通知书》亲笔签字。项目监理机构须保存一份备查。

（4）《监理工程师变更通知书》一式五份，工程质量监督机构、建设单位、施工单位、项目监理机构和监理单位各一份。

（5）监理工程师变更通知书宜按第 10 章 10.9.9 填写。

3.6 合同工程开工通知

3.6.1 相关要求

SL 288—2014《水利工程施工监理规范》

[条文摘录] 6.1.1　合同工程开工应遵守下列规定：

1 监理机构应经发包人同意后向承包人发出开工通知，开工通知中应载明开工日期。

3.6.2 基本要求

（1）项目监理机构按照合同等相关要求，经发包人同意后，在施工合同约定的开工日期前（一般为开工日期前7天），由总监理工程师签发《合同工程开工通知》，加盖项目监理机构章。工期自总监理工程师发出的《合同工程开工通知》中载明的开工日期起计算。施工单位应在开工日期后尽快施工。

（2）《合同工程开工通知》须明确开工日期，应及时送达施工单位并要求施工单位签收，同时报送建设单位，项目监理机构应保存一份。

（3）《合同工程开工通知》一式四份，发包人、承包人、设代机构、监理机构各一份。

（4）《合同工程开工通知》应按 SL 288—2014《水利工程施工监理规范》附录 E 表 JL01 填写。

3.7 合同工程开工批复

3.7.1 相关规定

SL 288—2014《水利工程施工监理规范》

[条文摘录] 6.1.1 合同工程开工应遵守下列规定：

3 承包人完成合同工程开工准备后，应向监理机构提交合同工程开工申请表。监理机构在检查各项条件满足开工要求后，应批复承包人的合同工程开工申请。

3.7.2 基本要求

（1）承包人完成合同工程开工准备后，应向监理机构提交合同工程开工申请表。

（2）项目监理机构收到承包人项目经理签字并加盖项目章的《合同工程开工申请表》后，应及时对证明文件资料及现场情况进行核查，作出是否满足开工条件的判断。

（3）合同工程开工项目监理机构应核查的主要内容如下：

1）检查开工前发包人应提供的施工条件是否满足开工要求。

2）检查开工前承包人的施工准备情况是否满足开工要求。

3）设计交底是否已经完成。

4）施工组织设计是否已经总监理工程师签认。

5）工程施工所需的施工图纸，是否已经监理机构核查，经核查的施工图纸是否已经总监理工程师签字并加盖监理机构章等。

（4）检查开工前发包人应提供的施工条件是否满足开工要求，应包括下列内容：

1）首批开工项目施工图纸的提供。

2）测量基准点的移交。

3）施工用地的提供。

4）施工合同约定应由发包人负责的道路、供电、供水、通信及其他条件和资源的提供情况。

（5）检查开工前承包人的施工准备情况是否满足开工要求，应包括下列内容：

1) 承包人派驻现场的主要管理人员、技术人员及特种作业人员是否与施工合同文件一致。如有变化，应重新审查并报发包人认可。

2) 承包人进场施工设备的数量、规格和性能是否符合施工合同约定，进场情况和计划是否满足开工及施工进度的要求。

3) 进场原材料、中间产品和工程设备的质量、规格是否符合施工合同约定，原材料的储存量及供应计划是否满足开工及施工进度的需要。

4) 承包人的检测条件或委托的检测机构是否符合施工合同约定及有关规定。

5) 承包人对发包人提供的测量基准点的复核，以及承包人在此基础上完成施工测量控制网的布设及施工区原始地形图的测绘情况。

6) 砂石料系统、混凝土拌和系统或商品混凝土供应方案以及场内道路、供水、供电、供风及其他施工辅助加工厂、设施的准备情况。

7) 承包人的质量保证体系。

8) 承包人的安全生产管理机构和安全措施文件。

9) 承包人提交的施工组织设计、专项施工方案、施工措施计划、施工总进度计划、资金流计划、安全技术措施、度汛方案和灾害应急预案等。

10) 应由承包人负责提供的施工图纸和技术文件。

11) 按照施工合同约定和施工图纸的要求需进行的施工工艺试验和料场规划情况。

12) 承包人在施工准备完成后递交的合同工程开工申请报告。

（6）由于承包人原因使工程未能按期开工，监理机构应通知承包人按施工合同约定提交书面报告，说明延误开工原因及赶工措施。

（7）由于发包人原因使工程未能按期开工，监理机构在收到承包人提出的顺延工期要求后，应及时与发包人和承包人共同协商补救办法。

（8）审核意见应根据施工单位提交的报审资料及现场核查情况明确是否满足开工条件。审核意见由总监理工程师签字，并加盖项目监理机构章。

（9）《合同工程开工批复》一式四份，发包人、承包人、设代机构、监理机构各一份。

（10）《合同工程开工批复》应按 SL 288—2014《水利工程施工监理规范》附录 E 表 JL02 填写。

3.8 分部工程开工批复

3.8.1 相关规定

SL 288—2014《水利工程施工监理规范》

[条文摘录] 6.1.2 分部工程开工。分部工程开工前，承包人应向监理机构报送分部工程开工申请表，经监理机构批准后方可开工。

3.8.2 基本要求

（1）项目监理机构收到承包人项目经理签字并加盖项目章的《分部工程开工申请表》后，应及时对证明文件资料及现场情况进行核查，作出是否满足开工条件的判断。

（2）分部工程开工项目监理机构应核查的主要内容：

1) 施工技术交底和安全交底是否已经进行。
2) 主要施工设备是否到位。
3) 施工安全、质量保证措施是否已经落实。
4) 原材料/中间产品质量及准备是否满足开工条件。
5) 现场施工人员安排是否满足开工条件。
6) 风、水、电等必需的辅助生产设施准备是否满足开工条件。
7) 测量放样情况。
8) 需要进行现场工艺试验的,施工工艺试验方案是否已经审批,现场工艺试验成果是否已经监理工程师确认;
9) 分部工程涉及的施工技术方案和(或)专项施工方案是否已经总监理工程师签认;
10) 工程施工所需的施工图纸,是否已经监理机构核查,经核查的施工图纸是否已经总监理工程师签字并加盖监理机构章等。

(3)审核意见应根据施工单位提交的报审资料及现场核查情况明确是否满足开工条件。审核意见由监理工程师签字,并加盖项目监理机构章。

(4)《分部工程开工批复》一式四份,发包人、承包人、设代机构、监理机构各一份。

(5)《分部工程开工批复》应按 SL 288—2014《水利工程施工监理规范》附录 E 表 JL03 填写。

3.9 工程预付款支付证书

3.9.1 相关规定

SL 288—2014《水利工程施工监理规范》

[条文摘录] 6.4.4 预付款支付应符合下列规定:

1 监理机构收到承包人的工程预付款申请后,应按合同约定核查承包人获得工程预付款的条件和金额,具备支付条件后,签发工程预付款支付证书。监理机构应在核查工程进度付款申请单的同时,核查工程预付款应扣回的额度。

3.9.2 基本要求

(1)承包人提交的《工程预付款申请单》,须经项目经理签字并加盖施工项目经理部章。

(2)监理机构收到承包人的工程预付款申请后,监理工程师应按合同约定核查承包人获得工程预付款的条件和金额。如:核查已具备工程预付款支付条件的证明材料;计算依据及结果等。

(3)经监理工程师核查,具备支付条件后,《工程预付款支付证书》由总监理工程师签发,并加盖项目监理机构章。

(4)《工程预付款支付证书》一式三份,发包人、承包人、监理机构各一份。

(5)《工程预付款支付证书》应按 SL 288—2014《水利工程施工监理规范》附录 E 表 JL04 填写。

3.10 监理批复表

3.10.1 相关规定

SL 288—2014《水利工程施工监理规范》

[条文摘录] 3.3.3 水利工程施工监理实行总监理工程师负责制。总监理工程师应负责全面履行监理合同中约定的监理单位的义务，主要职责应包括以下各项：

5 审批承包人提交的合同工程开工申请、施工组织设计、施工进度计划、资金流计划。

6 审批承包人按有关安全规定和合同要求提交的专项施工方案、度汛方案和灾害应急预案。

[条文摘录] 4.3.1 技术文件核查、审核和审批制度。根据施工合同约定由发包人或承包人提供的施工图纸、技术文件以及承包人提交的开工申请、施工组织设计、施工措施计划、施工进度计划、专项施工方案、安全技术措施、度汛方案和灾害应急预案等文件，均应经监理机构核查、审核或审批后方可实施。

[条文摘录] 6.5.2 监理机构应审查承包人编制的施工组织设计中的安全技术措施、施工现场临时用电方案，以及灾害应急预案、危险性较大的分部工程或单元工程专项施工方案是否符合水利工程建设标准强制性条文及相关规定的要求。

3.10.2 基本要求

（1）承包人提交的各类报表文件，应经"项目经理/技术负责人"签字并加盖项目章。

（2）根据施工合同约定由发包人或承包人提供的施工图纸、技术文件以及承包人提交的开工申请、施工组织设计、施工措施计划、施工进度计划、专项施工方案、安全技术措施、度汛方案和灾害应急预案等文件，均应经监理机构核查、审核或审批后方可实施。

（3）监理机构需另行签发批复意见的报表有：施工技术方案申报表、施工进度计划申报表、施工用图计划申报表、资金流计划申报表、施工分包申报表、变更申请表、施工进度计划调整申报表、延长工期申报表、验收申请报告。

（4）承包人提交的批复事项，监理机构应及时审核，批复意见要有据可依、有针对性，批复结论要明确。如：如果同意，应有"同意按该计划实施"、"同意按该方案实施"等意思明确的通过结论；如果不同意，应提出明确意见，要求修改后重新报审。

（5）一般批复由监理工程师签发，包括施工措施计划、施工质量缺陷处理措施计划、施工控制网和原始地形的施测方案、施工工艺试验方案、专项检测试验方案等。重要批复由总监理工程师签发。

（6）施工组织设计、施工措施计划（施工措施计划可授权副总监理工程师或监理工程师审批）、专项施工方案、度汛方案、灾害应急预案、工程放样计划和方案、变更实施方案等施工技术方案应由总监理工程师审批。施工工艺试验方案、专项检测试验方案、工程测量施测方案可以由监理工程师审批。

（7）审查施工组织设计等技术方案的工作程序及基本要求主要包括：

1）承包人编制及报审。承包人要及时完成技术方案的编制及自审工作，并填写技术方案申报表，报送监理机构。

2）监理机构审核。总监理工程师应在约定时间内,组织监理工程师审查,提出审查意见后,由总监理工程师审定批准。需要承包人修改时,由总监理工程师签发书面意见,退回承包人修改后再报审,总监理工程师要组织重新审定,审批意见由总监理工程师(施工措施计划可授权副总监理工程师或监理工程师)签发。必要时与发包人协商,组织有关专家会审。

3）承包人按批准的技术方案组织施工,实施期间如需变更,需重新报批。

(8) 所有《批复表》均应加盖监理机构章。《批复表》一式三份,发包人一份、监理机构一份、承包人一份。

(9)《批复表》应按 SL 288—2014《水利工程施工监理规范》附录 E 表 JL05 填写。

3.10.3 施工组织设计审查要点

(1) 承包人在《施工合同》约定期限内向监理机构提交施工组织设计,监理机构在约定期限内审查,对其进行确认或提出修改意见。

(2) 监理机构收到承包人报审的施工组织设计后,总监理工程师应及时组织各专业监理工程师依据工程勘察设计文件、施工合同、技术标准、规范与规程等,审查施工组织设计的下列内容:

1) 施工技术方案申报表的形式要件是否真实、完整(项目经理签字,加盖项目章),施工组织设计是否经施工单位技术负责人审批签字并加盖施工单位公章,若为分包单位编制的施工组织设计,施工单位是否按规定完成相关审批手续。

2) 施工进度、施工方案、工程质量保证措施是否合理可行,是否符合施工合同要求。

3) 资金、劳动力、材料、设备等资源供应计划是否满足工程施工需要。

4) 施工组织设计中的安全技术措施、施工现场临时用电方案,以及灾害应急预案、危险性较大的分部工程或单元工程专项施工方案是否符合水利工程建设标准强制性条文及相关规定的要求。

5) 施工总平面布置是否科学合理。

6) 施工组织设计中的安全生产事故应急预案中的应急组织体系、相关人员职责、预警预防制度、应急救援措施是否合理可行。

审查意见为针对上述各项内容的客观评价,由各专业的监理工程师审查,并形成意见,报总监理工程师审核批复。

(3) 总监理工程师进行审核。符合要求的,由总监理工程师签发施工组织设计批复表,明确表示"同意,请按照本施工组织设计执行";需要修改的,由总监理工程师签发书面意见。明确表示"本施工组织设计不可行,修改后重新申报",书面意见作为批复表的附件。批复表由总监理工程师签字并加盖监理机构章。

监理机构若有详细的书面审查意见或建议可以附件方式附在批复表后面。

(4) 已签认的施工组织设计由监理机构报送建设单位。

(5) 施工组织设计需要调整时,项目监理机构应按程序重新审查。

3.10.4 施工方案审查要点

(1) 监理机构应当在需要编制施工方案的分部工程(或单元工程)施工前审查施工单位报送的施工方案。

(2) 总监理工程师应组织各专业监理工程师依据有关工程建设标准、勘察设计文件、合同文件及已批准的施工组织设计，及时认真审查施工方案的下列内容：

1）施工技术方案申报表是否有项目经理签字并加盖施工项目经理部章。
2）施工方案是否有编制人和审批人的签字。
3）施工方案内容是否具有针对性和可操作性，是否符合施工组织设计的要求。
4）施工方案中的工程质量保证措施是否符合有关标准。

项目监理机构的审查意见应为针对上述内容的客观评价。由负责审查的相应专业监理工程师提出审查意见，报总监理工程师批复。

（3）总监理工程师审核后，应给出明确批复意见。符合要求的，应签署包括"同意，请按此方案实施"内容的批复意见。不符合要求的，应签署包括"此方案不可行，请修改后重新报审"内容的批复意见，审查意见作为批复表的附件。总监理工程师在批复表中签字并加盖项目监理机构章。

3.10.5 专项施工方案审查要点

（1）危险性较大的分部工程或单元工程专项施工方案的编制、论证及审查，应参照《水利水电工程施工安全管理导则》（SL721—2015）执行。

（2）项目监理机构应当在危险性较大的分部工程或单元工程施工前审查施工单位报送的专项施工方案并签署批复意见。当需要修改时，应由总监理工程师签署批复意见，要求施工单位修改后按程序重新报审。

（3）项目监理机构的审查意见应为对专项施工方案编审程序、各项措施的符合性以及方案内容的完整性、针对性和可操作性的客观评价。

（4）对超过一定规模的危险性较大的分部工程或单元工程专项施工方案，应检查施工单位组织专家进行论证、审查情况以及是否附具安全验算结果。专业监理工程师应根据专家论证意见结合审查结果，参照如下内容明确处理意见：

1）专家论证意见为"通过"的，要求施工单位严格按专项施工方案实施。
2）专家论证意见为"修改后通过"的，应要求施工单位根据审查论证报告修改完善专项施工方案，经施工单位技术负责人、总监理工程师、项目法人单位负责人审核签字后，方可组织实施。
3）专家论证意见为"不通过"的，应报总监理工程师签署批复意见，要求施工单位重新编制专项施工方案，重新组织专家论证。按程序重新报审。

（5）不需要专家论证的专项施工方案，经施工单位审核合格后报监理机构，由项目总监理工程师审核签字，并报项目法人备案。

（6）批复意见应由总监理工程师签字，并加盖项目监理机构章。

3.11 监 理 通 知

3.11.1 相关规定

SL 288—2014《水利工程施工监理规范》

[条文摘录] 4.2.2 发布文件。监理机构采用通知、指示、批复、确认等书面文件开展施工监理工作。

3.11.2 基本要求

（1）监理单位在实施监理过程中，发现存在生产安全事故隐患的，应当要求施工单位整改；对情况严重的，应当要求施工单位暂时停止施工，并及时向水行政主管部门、流域管理机构或者其委托的安全生产监督机构以及项目法人报告。

（2）监理机构发现由于承包人使用的原材料、中间产品、工程设备以及施工设备或其他原因可能导致工程质量不合格或造成质量问题时，应及时发出指示，要求承包人立即采取措施纠正，必要时，责令其停工整改。监理机构应对要求承包人纠正问题的处理结果进行复查，并形成复查记录，确认问题已经解决。

（3）监理机构发现施工安全隐患时，应要求承包人立即整改；必要时，可按《水利工程施工监理规范》6.3.5条指示承包人暂停施工，并及时向发包人报告。

（4）《监理通知》是针对施工单位在施工过程中出现质量、安全、进度等问题，项目监理机构签发的要求施工单位整改的指令性文件。《监理通知》可由总监理工程师或者相应专业的监理工程师签发，并应加盖项目监理机构章。

（5）项目监理机构应根据施工现场出现问题的影响程度及时签发《监理通知》，必要时可先口头指令，再采用书面《监理通知》予以确认。

（6）《监理通知》填写要求：

1）表中的"事由"应简要写明需要签发《监理通知》的事件及原因。

2）表中的"通知内容"一般应写明该事件发生的时间、部位、问题及后果，整改要求和回复期限。必要时应附工程问题隐患部位的照片或其他影像资料。在整改要求中，不要仅限于对已指出具体部位或具体问题的整改，应要求施工单位全面自查，发现并解决类似问题。

3）问题描述用词应简明扼要、准确，尽量避免使用"基本""一些""少数"等模糊用词。

4）《监理通知》应明确要求施工单位整改时限，回复时间。

（7）项目监理机构应督促施工单位在整改完成并自检合格后，及时向项目监理机构报送《回复单》。监理机构应对要求承包人纠正问题的处理结果进行复查，并形成复查记录，确认问题已经解决后，签字盖章。

（8）《监理通知》一式三份，发包人、承包人、监理机构各一份。

（9）《监理通知》和《回复单》应形成闭环并对应归档保存。

（10）《监理通知》应按 SL 288—2014《水利工程施工监理规范》附录 E 表 JL06 填写。

3.12 监 理 报 告

3.12.1 相关规定

《水利工程建设安全生产管理规定》（2005年7月22日水利部令第26号发布，2014年修正，2017年修正，2019年修正）

[条文摘录] 第十四条

建设监理单位在实施监理过程中，发现存在生产安全事故隐患的，应当要求施工单位整改；对情况严重的，应当要求施工单位暂时停止施工，并及时向水行政主管部门、流域管理机构或者其委托的安全生产监督机构以及项目法人报告。

3.12.2 基本要求

（1）监理报告分为向发包人的监理报告和向水行政主管部门、流域管理机构或者其委托的安全生产监督机构的监理报告。

（2）向有关主管部门报送《监理报告》的前提条件是：在实施监理过程中，项目监理机构发现工程存在安全事故隐患，已签发《监理通知单》；情况严重时，已签发《工程暂停令》，并已及时报告建设单位，施工单位仍拒不整改或不停止施工。

（3）项目监理机构报送《监理报告》的同时，应将已签发的《监理通知单》或《工程暂停令》及反映工程现场安全事故隐患的照片或其他影像资料，作为附件一并报送。

（4）紧急情况下，项目监理机构可通过电话、传真或电子邮件向有关主管部门报告，事后应以书面《监理报告》送达政府有关主管部门，同时抄报建设单位和工程监理单位。

（5）《监理报告》应由总监理工程师签发，并加盖项目监理机构章。

（6）项目监理机构应妥善保存《监理报告》报送的有效证据。

（7）《监理报告》应按 SL 288—2014《水利工程施工监理规范》附录 E 表 JL07 填写。

3.13 计日工工作通知

3.13.1 相关规定

SL 288—2014《水利工程施工监理规范》

[条文摘录] 6.4.7 计日工支付应符合下列规定：

1 监理机构经发包人批准，可指示承包人以计日工方式实施零星工作或紧急工作。

3.13.2 基本要求

（1）必须经发包人批准，监理机构方可指示承包人以计日工方式实施零星工作或紧急工作。

（2）在以计日工方式实施工作的过程中，监理机构应每日审核承包人提交的计日工工程量签证单，包括下列内容：

1）工作名称、内容和数量。

2）投入该工作所有人员的姓名、工种、级别和耗用工时。

3）投入该工程的材料类别和数量。

4）投入该工程的施工设备型号、台数和耗用台时。

5）监理机构要求提交的其他资料和凭证。

（3）计日工由承包人汇总后列入工程进度付款申请单，由监理机构审核后列入工程进度付款证书。

（4）以计日工方式计量的项目，其金额按照施工合同约定的计日工项目及其单价计算。若施工合同无约定，由双方协商确定。

（5）《计日工工作通知》应由总监理工程师签发，并加盖监理机构章。

（6）《计日工工作通知》一式三份，由监理机构填写，承包人签署后，发包人一份、监理机构一份、承包人一份。

（7）《计日工工作通知》应按 SL 288—2014《水利工程施工监理规范》附录 E 表 JL08 填写。

3.14 工程现场书面通知

3.14.1 相关规定
SL 288—2014《水利工程施工监理规范》
[条文摘录] 4.2.2 发布文件。监理机构采用通知、指示、批复、确认等书面文件开展施工监理工作。

3.14.2 基本要求
（1）工程现场书面通知一般情况下应由监理工程师签发；对现场发现的施工人员违反操作规程的行为，监理员可以签发。并加盖监理机构章。

（2）《工程现场书面通知》一式二份，由监理机构填写，承包人签署意见后，监理机构一份、承包人一份。

（3）《工程现场书面通知》应按 SL 288—2014《水利工程施工监理规范》附录 E 表 JL07 填写。

3.15 警 告 通 知

3.15.1 相关规定
SL 288—2014《水利工程施工监理规范》
[条文摘录] 6.7.3 违约管理应符合下列规定：

1 对于承包人违约，监理机构应依据施工合同约定进行下列工作：

2 及时向承包人发出书面警告，限其在收到书面警告后的规定时限内予以弥补和纠正。

3.15.2 基本要求
（1）在履行合同过程中，承包人发生下述行为之一者属承包人违约。

1）承包人无正当理由未按开工通知的要求及时进点组织施工和未按签订协议书时商定的进度计划有效地开展施工准备，造成工期延误。

2）承包人私自将合同或合同的任何部分或任何权利转让给其他人，或私自将工程或工程的一部分分包出去。

3）未经监理人批准，承包人私自将已按合同规定进入工地的工程设备、施工设备、临时工程或材料撤离工地。

4）承包人使用了不合格的材料和工程设备，并拒绝按规定处理不合格的工程、材料和工程设备。

5）由于承包人原因拒绝按合同进度计划及时完成合同规定的工程，而又未采取有效措施赶上进度，造成工期延误。

6）承包人在保修期内拒绝按保修责任的规定和工程移交证书中所列的缺陷清单内容进行修复，或经监理人检验认为修复质量不合格而承包人拒绝再进行修补。

7) 承包人否认合同有效或拒绝履行合同规定的承包人义务，或由于法律、财务等原因导致承包人无法继续履行或实质上已停止履行本合同的义务。

(2) 对于承包人违约，监理机构应在及时进行查证和认定事实的基础上，对违约事件的后果做出判断。及时向承包人发出书面警告，限其在收到书面警告后的规定时限内予以弥补和纠正。

(3) 承包人在收到书面警告的规定时限内仍不采取有效措施纠正其违约行为或继续违约，严重影响工程质量、进度，甚至危及工程安全时，监理机构应限令其停工整改，并要求承包人在规定时限内提交整改报告。

(4)《警告通知》应由总监理工程师签字并加盖监理机构章。

(5)《警告通知》一式三份，由监理机构填写，承包人签收后，发包人一份、监理机构一份、承包人一份。

(6)《警告通知》应按 SL 288—2014《水利工程施工监理规范》附录 E 表 JL10 填写。

3.16 整 改 通 知

3.16.1 相关规定

SL 288—2014《水利工程施工监理规范》

［条文摘录］ 6.5.6 监理机构发现施工安全隐患时，应要求承包人立即整改；必要时，指示承包人暂停施工，并及时向发包人报告。

3.16.2 基本要求

(1) 主要针对施工现场不能立即处理的影响施工质量、安全、进度等，问题比较严重但又达不到停工整改条件时，监理机构应签发整改通知要求施工单位限期整改。

(2) 监理机构发现由于承包人使用的原材料、中间产品、工程设备以及施工设备或其他原因可能导致工程质量不合格或造成质量问题时，应及时发出指示，要求承包人立即采取措施纠正，必要时，责令其停工整改。

(3) 发包人和有关部门组织的安全生产专项检查、建设行政主管部门对项目进行检查等，监理机构也可将存在的问题以整改通知的形式进行签发要求施工单位限期整改。

(4)《整改通知》应由总监理工程师签字并加盖监理机构章。

(5)《警告通知》一式三份，由监理机构填写，承包人签收后，发包人一份、监理机构一份、承包人一份。

(6)《整改通知》应按 SL 288—2014《水利工程施工监理规范》附录 E 表 JL11 填写。

3.17 变 更 指 示

3.17.1 相关规定

SL 288—2014《水利工程施工监理规范》

［条文摘录］ 6.7.1 变更管理应符合下列规定：

1 变更的提出、变更指示、变更报价、变更确定和变更实施等过程应按施工合同约定的程序进行。

3.17.2 基本要求

（1）变更的范围和内容：

1）在履行合同过程中，监理人可根据工程的需要指示承包人进行以下各种类型的变更。没有监理人的指示，承包人不得擅自变更。

a）增加或减少合同中的任何一项工作内容；

b）增加或减少合同中关键项目的工程量超过专用合同条款规定的百分比；

c）取消合同中任何一项工作（但被取消的工作不能转由发包人或其他承包人实施）；

d）改变合同中任何一项工作的标准或性质；

e）改变工程建筑物的形式、基线、标高、位置或尺寸；

f）改变合同中任何一项工程的完工日期或改变已批准的施工顺序；

g）追加为完成工程所需的任何额外工作。

2）变更项目未引起工程施工组织和进度计划发生实质性变动和不影响其原定的价格时，不予调整该项目的单价。

（2）监理机构可依据合同约定向承包人发出变更意向书，要求承包人就变更意向书中的内容提交变更实施方案（包括实施变更工作的计划、措施和完工时间）；审核承包人的变更实施方案，提出审核意见，并在发包人同意后发出变更指示。若承包人提出难以实施此项变更的原因和依据，监理机构应与发包人、承包人协商后确定撤销、改变或不改变原变更意向书。

（3）监理机构收到承包人的变更建议后，应按下列内容进行审查；监理机构若同意变更，应报发包人批准后，发出变更指示。

1）变更的原因和必要性。

2）变更的依据、范围和内容。

3）变更可能对工程质量、价格及工期的影响。

4）变更的技术可行性及可能对后续施工产生的影响。

（4）监理机构应根据监理合同授权和施工合同约定，向承包人发出变更指示。变更指示应说明变更的目的、范围、内容、工程量、进度和技术要求等。

（5）需要设代机构修改工程设计或确认施工方案变化的，监理机构应提请发包人通知设代机构。

（6）变更应在发包人同意后监理机构方可发出变更指示。

（7）《变更指示》应由总监理工程师签字并加盖监理机构章。

（8）《变更指示》一式四份，由监理机构填写，承包人签收后，发包人一份、设代机构一份、监理机构一份、承包人一份。

（9）《变更指示》应按 SL 288—2014《水利工程施工监理规范》附录 E 表 JL12 填写。

3.18 变更项目价格审核表

3.18.1 相关规定
SL 288—2014《水利工程施工监理规范》
[条文摘录] 6.7.1 变更管理应符合下列规定：
1 变更的提出、变更指示、变更报价、变更确定和变更实施等过程应按施工合同约定的程序进行。

3.18.2 基本要求
(1) 监理机构审核承包人提交的变更报价时，变更项目未引起工程施工组织和进度计划发生实质性变动和不影响其原定的价格时，不予调整该项目的单价。

(2) 监理机构审核承包人提交的变更报价时，应依据批准的变更项目实施方案，按下列原则审核承包人提交的变更报价：

1) 若施工合同工程量清单中有适用于变更工作内容的子目时，采用该子目的单价。

2) 若施工合同工程量清单中无适用于变更工作内容的子目，但有类似子目的，可采用合理范围内参照类似子目单价编制的单价。

3) 若施工合同工程量清单中无适用或类似子目的单价，可采用按照成本加利润原则编制的单价。

(3) 当发包人与承包人就变更价格和工期协商一致时，监理机构应见证合同当事人签订变更项目确认单。当发包人与承包人就变更价格不能协商一致时，监理机构应认真研究后审慎确定合适的暂定价格，通知合同当事人执行；当发包人与承包人就工期不能协商一致时，按合同约定处理。

(4)《变更项目价格审核表》应由总监理工程师签字并加盖监理机构章。

(5)《变更项目价格审核表》一式三份，由监理机构填写，发包人签署后，发包人一份、监理机构一份、承包人一份。

(6)《变更项目价格审核表》应按 SL 288—2014《水利工程施工监理规范》附录 E 表 JL13 填写。

3.19 变更项目价格/工期确认单

3.19.1 相关规定
SL 288—2014《水利工程施工监理规范》
[条文摘录] 6.7.1 变更管理应符合下列规定：
1 变更的提出、变更指示、变更报价、变更确定和变更实施等过程应按施工合同约定的程序进行。

3.19.2 基本要求
(1) 当发包人与承包人就变更价格和工期协商一致时，监理机构应见证合同当事人签订变更项目确认单。

(2) 当发包人与承包人就变更价格不能协商一致时，监理机构应认真研究后审慎确定合适的暂定价格，通知合同当事人执行；当发包人与承包人就工期不能协商一致时，按合同约定处理。

(3)《变更项目价格/工期确认单》应由总监理工程师签字并加盖监理机构章。

(4)《变更项目价格/工期确认单》一式三份，由监理机构填写，各方签字后，发包人一份、监理机构一份、承包人一份，办理结算时使用。

(5)《变更项目价格/工期确认单》应按 SL 288—2014《水利工程施工监理规范》附录 E 表 JL14 填写。

3.20 暂停施工指示

3.20.1 相关规定

(1)《水利工程建设安全生产管理规定》(2005 年 7 月 22 日水利部令第 26 号发布，2014 年修正，2017 年修正，2019 年修正)

[条文摘录] 第十四条

建设监理单位在实施监理过程中，发现存在生产安全事故隐患的，应当要求施工单位整改；对情况严重的，应当要求施工单位暂时停止施工，并及时向水行政主管部门、流域管理机构或者其委托的安全生产监督机构以及项目法人报告。

(2) SL 288—2014《水利工程施工监理规范》

[条文摘录] 6.7.7 化石和文物保护监理工作应符合下列规定：

1 一旦在施工现场发现化石、钱币、有价值的物品或文物、古建筑结构以及有地质或考古价值的其他遗物，监理机构应立即指示承包人按有关文物管理规定采取有效保护措施，防止任何人移动或损害上述物品，并立即通知发包人。必要时，可按 6.3.5 条 1 款规定实施暂停施工。

3.20.2 基本要求

(1) 在发生下列情况之一时，监理机构应提出暂停施工的建议，报发包人同意后签发暂停施工指示：

1) 工程继续施工将会对第三者或社会公共利益造成损害。

2) 为了保证工程质量、安全所必要。

3) 承包人发生合同约定的违约行为，且在合同约定时间内未按监理机构指示纠正其违约行为，或拒不执行监理机构的指示，从而将对工程质量、安全、进度和资金控制产生严重影响，需要停工整改。

(2) 监理机构认为发生了应暂停施工的紧急事件时，应立即签发暂停施工指示，并及时向发包人报告。

(3) 在发生下列情况之一时，监理机构可签发暂停施工指示，并抄送发包人：

1) 发包人要求暂停施工。

2) 承包人未经许可即进行主体工程施工时，改正这一行为所需要的局部停工。

3) 承包人未按照批准的施工图纸进行施工时，改正这一行为所需要的局部停工。

4) 承包人拒绝执行监理机构的指示，可能出现工程质量问题或造成安全事故隐患，改正这一行为所需要的局部停工。

5) 承包人未按照批准的施工组织设计或施工措施计划施工，或承包人的人员不能胜任作业要求，可能会出现工程质量问题或存在安全事故隐患，改正这些行为所需要的局部停工。

6) 发现承包人所使用的施工设备、原材料或中间产品不合格，或发现工程设备不合格，或发现影响后续施工的不合格的单元工程（工序），处理这些问题所需要的局部停工。

(4) 监理机构发现施工安全隐患时，应要求承包人立即整改；必要时，可指示承包人暂停施工，并及时向发包人报告。

(5) 施工过程质量控制应符合下列规定：

1) 监理机构发现由于承包人使用的原材料、中间产品、工程设备以及施工设备或其他原因可能导致工程质量不合格或造成质量问题时，应及时发出指示，要求承包人立即采取措施纠正，必要时，责令其停工整改。

2) 监理机构发现施工环境可能影响工程质量时，应指示承包人采取消除影响的有效措施。必要时，按规定要求其暂停施工。

(6) 暂停施工指示须明确工程暂停原因、暂停施工的部位、工序和范围，注明开始暂停施工的时间，明确暂停施工后的工作要求。

(7) 监理机构应分析停工后可能产生影响的范围和程度，确定暂停施工的范围。

(8) 《暂停施工指示》应由总监理工程师签发，并加盖监理机构章。

(9) 《暂停施工指示》一式四份，由监理机构填写，承包人签收后，发包人一份、设代机构一份、监理机构一份、承包人一份。

(10) 《暂停施工指示》应按 SL 288—2014《水利工程施工监理规范》附录 E 表 JL15 填写。

3.21 复 工 通 知

3.21.1 相关规定

SL 288—2014《水利工程施工监理规范》

[条文摘录] 6.3.9 下达暂停施工指示后，监理机构应按下列程序执行：

3 具备复工条件后，若属于6.3.5条1款、2款和3款1)项暂停施工情形，监理机构应明确复工范围，报发包人批准后，及时签发复工通知，指示承包人执行；若属于6.3.5条3款2)~6)项暂停施工情形，监理机构应明确复工范围，及时签发复工通知，指示承包人执行。

3.21.2 基本要求

(1) 因非施工单位原因引起的工程暂停施工的，具备复工条件时，总监理工程师应及时签发复工通知。

(2) 填写要求：

1) 复工通知中，须注明复工的部位、范围、复工日期，并与暂停施工指示相对应。
2) 应附《复工申请报审表》等其他相关说明。
3) 必要时，附复工部位影像资料等相关资料。

(3)《复工通知》应及时送达承包人并要求承包人签收，同时应报送发包人，项目监理机构应留存备查。

(4)《复工通知》应由总监理工程师签发，并加盖监理机构章。

(5)《复工通知》一式四份，由监理机构填写，承包人签收后，发包人一份、设代机构一份、监理机构一份、承包人一份。

(6)《复工通知》应按 SL 288—2014《水利工程施工监理规范》附录 E 表 JL16 填写。

3.22 索赔审核表

3.22.1 相关规定

SL 288—2014《水利工程施工监理规范》

[条文摘录] 6.7.2 索赔管理应符合下列规定：

1　监理机构应按施工合同约定受理承包人和发包人提出的合同索赔。

3.22.2 基本要求

(1) 监理机构在收到承包人的索赔意向通知后，应确定索赔的时效性，查验承包人的记录和证明材料，指示承包人提交持续性影响的实际情况说明和记录。

(2) 监理机构在收到承包人的中期索赔申请报告或最终索赔申请报告后，应进行以下工作：

1) 依据施工合同约定，对索赔的有效性进行审核。
2) 对索赔支持性资料的真实性进行审查。
3) 对索赔的计算依据、计算方法、计算结果及其合理性逐项进行审核。
4) 必要时要求承包人提供进一步的支持性资料。

(3) 监理机构应在施工合同约定的时间内做出对索赔申请报告的处理决定，报送发包人并抄送承包人。若合同双方或其中任一方不接受监理机构的处理决定，则按争议解决的有关约定进行。

(4) 发生合同约定的发包人索赔事件后，监理机构应根据合同约定和发包人的书面要求及时通知承包人，说明发包人的索赔事项和依据，按合同要求商定或确定发包人从承包人处得到赔付的金额和（或）缺陷责任期的延长期。

(5) 项目监理机构应以法律法规、勘察设计文件、施工合同文件、工程建设标准、索赔事件的证据等为主要依据处理索赔。

(6) 项目监理机构应审查《索赔意向通知书》和《索赔申请报告》是否在施工合同约定的期限内发出，签字盖章是否符合要求，是否符合相关合同条款，并应在施工合同约定的时限内完成审核工作。

(7) 项目监理机构处理索赔时，应遵循"谁索赔，谁举证"原则，首先审查索赔理由是否正当，证据是否有效，并及时收集与索赔有关的资料。

(8) 对共同延误下的索赔处理原则：

1) 首先判断造成拖期的哪一种原因是最先发生的，即确定"初始延误"者，它应对工程拖期负责。在初始延误发生作用期间，其他并发的延误者不承担拖期责任。

2) 如果初始延误者是业主，则在业主造成的延误期内，承包商既可得到工期延长，又可得到经济补偿。

3) 如果初始延误者是客观原因，则在客观因素发生影响的时间段内，承包商可以得到工期延长，但很难得到费用补偿。

4) 对由施工合同双方共同责任造成的经济损失或工期延误，应通过协商，公平合理地确定双方分担的比例。

(9) 总监理工程师审核同意承包人索赔费用应同时满足以下条件：

1) 施工单位应在施工合同约定的期限内提出索赔。

2) 索赔事件是非承包人原因引起的，且符合施工合同约定。

3) 索赔事件造成承包人直接经济损失。

(10) 涉及索赔的有关施工和监理文件资料包括：施工合同、采购合同、工程变更、施工组织设计、专项施工方案、施工进度计划、建设单位和施工单位的有关文件、会议纪要、监理记录、监理工作联系单、监理通知单、监理月报及相关监理文件资料等。

(11) 总监理工程师在签发《索赔审核表》时，可附索赔审核意见，索赔审核意见的内容包括受理索赔的日期，索赔要求，索赔过程，确认的索赔理由及合同依据，批准的索赔额及其计算方法等。

(12) 《索赔审核表》的审核意见应明确选择"不同意此项索赔"或"同意此项索赔"并明确同意的索赔金额。同时应阐明同意或不同意索赔的理由。详细依据应作为审核意见的附件。

(13) 《索赔审核表》及审核意见应由总监理工程师签字并加监理机构章。

(14) 《索赔审核表》须报发包人审批。发包人签署审批意见后，应及时反馈施工单位。

(15) 《索赔审核表》一式三份，由监理机构填写，发包人签署后，发包人一份、监理机构一份、承包人一份。

(16) 《索赔审核表》应按 SL 288—2014《水利工程施工监理规范》附录 E 表 JL17 填写。

3.23 索 赔 确 认 单

3.23.1 相关规定

SL 288—2014《水利工程施工监理规范》

[条文摘录] **6.7.2** 索赔管理应符合下列规定：

4 监理机构应在施工合同约定的时间内做出对索赔申请报告的处理决定，报送发包人并抄送承包人。若合同双方或其中任一方不接受监理机构的处理决定，则按争议解决的有关约定进行。

3.23.2 基本要求

(1) 当发包人与承包人就索赔事件认可监理机构的处理决定时，监理机构应见证合同当事人签订《索赔确认单》。

(2) 当发包人与承包人或其中任一方不接受监理机构的处理决定，则按争议解决的有关约定进行。

(3) 在监理机构完成索赔审核工作后，方可签订《索赔确认单》。

(4)《索赔确认单》应由总监理工程师、项目经理和建设单位负责人签字确认，并加盖项目章。

(5)《索赔确认单》一式三份，由监理机构填写，各方签字盖章后，发包人一份、监理机构一份、承包人一份，办理结算时使用。

(6)《索赔确认单》应按 SL 288—2014《水利工程施工监理规范》附录 E 表 JL18 填写。

3.24 工程进度付款证书

3.24.1 相关规定

SL 288—2014《水利工程施工监理规范》

[条文摘录] 6.4.5 工程进度付款应符合下列规定：

1 监理机构应在施工合同约定时间内，完成对承包人提交的工程进度付款申请单及相关证明材料的审核，同意后签发工程进度付款证书，报发包人。

3.24.2 基本要求

(1) 工程进度付款申请单应符合下列规定：

1) 付款申请单填写符合相关要求，支持性证明文件齐全。

2) 申请付款项目、计量与计价符合施工合同约定。

3) 已完工程的计量、计价资料真实、准确、完整。

(2) 工程进度付款申请单应包括以下内容：

1) 截至上次付款周期末已实施工程的价款。

2) 本次付款周期已实施工程的价款。

3) 应增加或扣减的变更金额。

4) 应增加或扣减的索赔金额。

5) 应支付和扣减的预付款。

6) 应扣减的质量保证金。

7) 价格调整金额。

8) 根据合同约定应增加或扣减的其他金额。

(3) 工程进度付款属于施工合同的中间支付。监理机构出具《工程进度付款证书》，不视为监理机构已同意、批准或接受了该部分工作。在对以往历次已签发的《工程进度付款证书》进行汇总和复核中发现错、漏或重复的，监理机构有权予以修正，承包人也有权提出修正申请。

(4) 各专业的监理工程师负责审查相应专业的工程进度付款申请单并提出审查意见。审查意见应明确施工单位应得款、本期应扣款和本期应付款。其依据与计算值的相应支持性材料应作为附件。

(5) 监理机构完成对承包人提交的工程进度付款申请单及相关证明材料审核的,同意后由总监理工程师签发《工程进度付款证书》并加盖监理机构章。

(6)《工程进度付款证书》应及时报发包人审批并反馈承包人。

(7)《工程进度付款证书》一式三份,由监理机构填写,发包人审批后,发包人一份、监理机构一份,承包人一份。

(8)《工程进度付款证书》应按 SL 288—2014《水利工程施工监理规范》附录 E 表 JL19 填写。

3.25 合同解除付款核查报告

3.25.1 相关规定

SL 288—2014《水利工程施工监理规范》

[条文摘录] 6.4.11 施工合同解除后的支付应符合下列规定:

4 发包人与承包人就上述解除合同款项达成一致后,出具最终结清证书,结清全部合同款项;未能达成一致时,按照合同争议处理。

3.25.2 基本要求

(1) 发生施工合同解除后,总监理工程师应组织各专业监理工程师及监理人员进行审核。

(2) 收集合同解除相关文件及证明材料,计算合同解除日之前所完成工作的价款,查清各项付款和已扣款金额等,出具合同解除付款核查报告。

(3) 因承包人违约造成施工合同解除的支付。合同解除后,监理机构应按照合同约定完成下列工作:

1) 商定或确定承包人实际完成工作的价款,以及承包人已提供的原材料、中间产品、工程设备、施工设备和 临时工程等的价款。

2) 查清各项付款和已扣款金额。

3) 核算发包人按合同约定应向承包人索赔的由于解除合同给发包人造成的损失。

(4) 因发包人违约造成施工合同解除的支付。监理机构应按合同约定核查承包人提交的下列款项及有关资料和凭证:

1) 合同解除日之前所完成工作的价款。

2) 承包人为合同工程施工订购并已付款的原材料、中间产品、工程设备和其他物品的金额。

3) 承包人为完成工程所发生的,而发包人未支付的金额。

4) 承包人撤离施工场地以及遣散承包人人员的金额。

5) 由于解除施工合同应赔偿的承包人损失。

6) 按合同约定在解除合同之前应支付给承包人的其他金额。

(5) 因不可抗力致使施工合同解除的支付。监理机构应根据施工合同约定核查下列款项及有关资料和凭证:

1) 已实施的永久工程合同金额,以及已运至施工场地的材料价款和工程设备的损害金额。

2) 停工期间承包人按照监理机构要求照管工程和清理、修复工程的金额。

3）各项已付款和已扣款金额。

（6）解除合同款项达成一致后，出具最终结清证书，结清全部合同款项；未能达成一致时，按照合同争议处理。

（7）《合同解除付款核查报告》应由总监理工程师签字并加盖监理机构章。

（8）《合同解除付款核查报告》一式三份，由监理机构填写，发包人一份、监理机构一份，承包人一份。

（9）《合同解除付款核查报告》应按 SL 288—2014《水利工程施工监理规范》附录 E 表 JL20 填写。

3.26 完工付款/最终结清证书

3.26.1 相关规定

SL 288—2014《水利工程施工监理规范》

[条文摘录] 7.0.1 监理机构应监督承包人按计划完成尾工项目，协助发包人验收尾工项目，并按合同约定办理付款签证。

3.26.2 基本要求

（1）总监理工程师应在施工合同约定期限内，组织各专业的监理工程师对承包人提交的完工付款/最终结清申请单及相关证明材料进行审核，形成审核计算资料，同意后签发完工付款证书/最终结清证书。

（2）完工付款应符合下列规定：

1）监理机构应在施工合同约定期限内，完成对承包人提交的完工付款申请单及相关证明材料的审核，同意后签发完工付款证书，报发包人。

2）监理机构应审核下列内容：

a）完工结算合同总价。

b）发包人已支付承包人的工程价款。

c）发包人应支付的完工付款金额。

d）发包人应扣留的质量保证金。

e）发包人应扣留的其他金额。

（3）最终结清应符合下列规定：

1）监理机构应在施工合同约定期限内，完成对承包人提交的最终结清申请单及相关证明材料的审核，同意后签发最终结清证书，报发包人。

2）监理机构应审核下列内容：

a）按合同约定承包人完成的全部合同金额。

b）尚未结清的名目和金额。

c）发包人应支付的最终结清金额。

3）若发包人和承包人双方未能就最终结清的名目和金额取得一致意见，监理机构应对双方同意的部分出具临时付款证书，只有在发包人和承包人双方有争议的部分得到解决后，方可签发最终结清证书。

(4) 项目监理机构审查竣工结算款时，应重点审查开工报告、支付保函、履约保函等资料；工程变更、洽商、索赔费用批复资料等证明材料，并提出审查意见。

(5)《完工付款/最终结清申请单》须经项目经理签字并加盖施工项目经理部章。

(6)《完工付款/最终结清证书》应及时报送发包人，并反馈承包人。

(7)《完工付款/最终结清证书》及其审核计算资料应由总监理工程师签字并加盖监理机构章。

(8)《完工付款/最终结清证书》一式三份，由监理机构填写，发包人一份、监理机构一份、承包人一份。

(9)《完工付款/最终结清证书》应按 SL 288—2014《水利工程施工监理规范》附录 E 表 JL21 填写。

3.27 质量保证金退还证书

3.27.1 相关规定
SL 288—2014《水利工程施工监理规范》
[条文摘录] **6.4.10** 监理机构应按合同约定审核质量保证金退还申请表，签发质量保证金退还证书。

3.27.2 基本要求
(1) 监理机构收到承包人提交质量保证金退还申请表后，应按合同约定进行审核。

(2) 质量保证金退还申请表须经项目经理签字并加盖施工项目经理部章。

(3) 质量保证金退还的前提是缺陷责任期已经终止，以缺陷责任期终止证书载明的时间为准。

(4) 经审核同意后，签发《质量保证金退还证书》，报发包人。

(5)《质量保证金退还证书》应由总监理工程师签字并加盖监理机构章。

(6)《质量保证金退还证书》一式三份，由监理机构填写，监理机构、发包人签发后，发包人一份，监理机构一份、承包人一份。

(7)《质量保证金退还证书》应按 SL 288—2014《水利工程施工监理规范》附录 E 表 JL22 填写。

3.28 施工图纸核查意见单

3.28.1 相关规定
SL 288—2014《水利工程施工监理规范》
[条文摘录] **3.2.2** 监理机构的基本职责与权限应包括下列各项：
  2 核查并签发施工图纸。

3.28.2 基本要求
(1) 施工图纸的核查与签发应符合下列规定：
  1) 工程施工所需的施工图纸，应经监理机构核查并签发后，承包人方可用于施工。

承包人无图纸施工或按照未经监理机构签发的施工图纸施工,监理机构有权责令其停工、返工或拆除,有权拒绝计量和签发付款证书。

2)监理机构应在收到发包人提供的施工图纸后及时核查并签发。

3)对承包人提供的施工图纸,监理机构应按施工合同约定进行核查,在规定的期限内签发。对核查过程中发现的问题,监理机构应通知承包人修改后重新报审。

(2)核查施工图纸的内容主要包括:

1)施工图纸与招标图纸是否一致。

2)各类图纸之间、各专业图纸之间、平面图与剖面图之间、各剖面图之间有无矛盾,标注是否清楚、齐全、是否有误。

3)总平面布置图与施工图纸的位置、几何尺寸、标高等是否一致。

4)施工图纸与设计说明、技术要求是否一致。

5)其他涉及设计文件及施工图纸的问题。

(3)施工图纸的核查不属于设计监理或施工图纸审查范畴。

(4)监理机构应在收到发包人提供的施工图纸后及时核查并签发。

(5)监理机构不得修改施工图纸,对核查过程中发现的问题,应通过发包人返回设代机构处理。

(6)经核查的施工图纸应由总监理工程师签发,并加盖监理机构章。

(7)《施工图纸核查意见单》一式一份,由监理机构填写并存档。

(8)《施工图纸核查意见单》应按 SL 288—2014《水利工程施工监理规范》附录 E 表 JL23 填写。

3.29 施工图纸签发表

3.29.1 相关规定

SL 288—2014《水利工程施工监理规范》

[条文摘录] 3.2.2 监理机构的基本职责与权限应包括下列各项:

2 核查并签发施工图纸。

3.29.2 基本要求

(1)工程施工所需的施工图纸,应经监理机构核查并签发后,承包人方可用于施工。承包人无图纸施工或按照未经监理机构签发的施工图纸施工,监理机构有权责令其停工、返工或拆除,有权拒绝计量和签发付款证书。

(2)监理机构应在收到发包人提供的施工图纸后及时核查并签发。在施工图纸核查过程中,监理机构可征求承包人的意见,必要时提请发包人组织有关专家会审。监理机构不得修改施工图纸,对核查过程中发现的问题,应通过发包人返回设代机构处理。

(3)对承包人提供的施工图纸,监理机构应按施工合同约定进行核查,在规定的期限内签发。对核查过程中发现的问题,监理机构应通知承包人修改后重新报审。

(4)经核查的施工图纸应由总监理工程师签发,并加盖监理机构章。

(5)施工图纸的签发不属于设计监理或施工图纸审查范畴。

（6）《施工图纸签发表》一式四份，由监理机构填写，发包人一份、设代机构一份、监理机构一份、承包人一份。

（7）《施工图纸签发表》应按 SL 288—2014《水利工程施工监理规范》附录 E 表 JL24 填写。

3.30 监理机构联系单

3.30.1 基本要求

（1）监理机构联系单主要是监理单位为了解决工程施工过程中出现的难以单方面解决，并且需要各方相互协调所需要，由监理机构发给各相关单位的文件。

（2）《监理机构联系单》是监理部发给各个单位的，它可以是发给发包人的，也可以是发给设计单位或者承包人的，也可以是发给勘察单位的。

（3）《监理机构联系单》应写明收文单位、事由、抄送单位和发文日期。

（4）监理机构签发的《监理机构联系单》应要求接收方签收。对其他单位签发的《工作联系单》应签收、登记，并在相关工作处理完毕后归档保存。

（5）《监理机构联系单》应由总监理工程师签字并加盖监理机构章。

（6）《监理机构联系单》用于监理机构与监理工作有关单位的联系，监理机构、被联系单位各一份。

（7）《监理机构联系单》应按 SL 288—2014《水利工程施工监理规范》附录 E 表 JL39 填写。

3.31 监理机构备忘录

3.31.1 基本要求

（1）监理机构备忘录用于监理机构认为由于施工合同当事人原因导致监理职责履行受阻，或参建各方经协商未达成一致意见时应作出的书面记录。

（2）《监理机构备忘录》应写明收文单位、事由、抄送单位和发文日期。

（3）监理机构签发的《监理机构备忘录》应要求接收方签收。

（4）《监理机构备忘录》应由总监理工程师签字并加盖监理机构章。

（5）《监理机构备忘录》表监理机构、关联单位各一份。

（6）《监理机构备忘录》应按 SL 288—2014《水利工程施工监理规范》附录 E 表 JL40 填写。

第4章 审验类资料

4.1 施工技术方案申报表

4.1.1 相关规定
SL 288—2014《水利工程施工监理规范》

[条文摘录] **3.3.3** 水利工程施工监理实行总监理工程师负责制。总监理工程师应负责全面履行监理合同中约定的监理单位的义务,主要职责应包括以下各项:

　　5 审批承包人提交的合同工程开工申请、施工组织设计、施工进度计划、资金流计划。

　　6 审批承包人按有关安全规定和合同要求提交的专项施工方案、度汛方案和灾害应急预案。

[条文摘录] **4.3.1** 技术文件核查、审核和审批制度。根据施工合同约定由发包人或承包人提供的施工图纸、技术文件以及承包人提交的开工申请、施工组织设计、施工措施计划、施工进度计划、专项施工方案、安全技术措施、度汛方案和灾害应急预案等文件,均应经监理机构核查、审核或审批后方可实施。

[条文摘录] **6.5.2** 监理机构应审查承包人编制的施工组织设计中的安全技术措施、施工现场临时用电方案,以及灾害应急预案、危险性较大的分部工程或单元工程专项施工方案是否符合水利工程建设标准强制性条文及相关规定的要求。

4.1.2 基本要求
（1）《施工技术方案申报表》可用于承包人向监理机构申报关于施工组织设计、施工措施计划、专项施工方案、度汛方案、灾害应急预案、施工工艺试验方案、专项检测试验方案、工程测量施测方案、工程放样计划和方案、变更实施方案等需报请监理机构批准的方案。

（2）审查施工组织设计等技术方案的工作程序及基本要求主要包括：

1）承包人编制及报审。承包人要及时完成技术方案的编制及自审工作,并填写技术方案申报表,报送监理机构。

2）监理机构审核。

3）承包人按批准的技术方案组织施工,实施期间如需变更,需重新报批。

（3）《施工技术方案申报表》应按 SL 288—2014《水利工程施工监理规范》附录 E 表 CB01 填写。

4.2 施工进度计划申报表

4.2.1 相关规定

SL 288—2014《水利工程施工监理规范》

[条文摘录] **6.3.1** 施工总进度计划应符合下列规定：

2 施工总进度计划的审批程序应符合下列规定：

1）承包人应按施工合同约定的内容、期限和施工总进度计划的编制要求，编制施工总进度计划，报送监理机构。

4.2.2 基本要求

（1）承包人应在施工合同约定的期限内编制施工总进度计划，报送监理机构。监理机构应在施工合同约定的期限内完成审查并批复或提出修改意见。

（2）项目监理机构对施工总进度计划的审查应包括以下主要内容：

1）是否符合监理机构提出的施工总进度计划编制要求。
2）施工总进度计划与合同工期和阶段性目标的响应性与符合性。
3）施工总进度计划中有无项目内容漏项或重复的情况。
4）施工总进度计划中各项目之间逻辑关系的正确性与施工方案的可行性。
5）施工总进度计划中关键路线安排的合理性。
6）人员、施工设备等资源配置计划和施工强度的合理性。
7）原材料、中间产品和工程设备供应计划与施工总进度计划的协调性。
8）本合同工程施工与其他合同工程施工之间的协调性。
9）用图计划、用地计划等的合理性，以及与发包人提供条件的协调性。
10）其他应审查的内容。

（3）施工总进度计划是否经其企业技术负责人审批，编制、审核、批准人签字及单位公章是否齐全。

（4）项目监理机构应对施工总进度计划/阶段性进度计划根据实际情况进行审查后签署审查意见。审查意见应为对各审查内容的客观评价而非结论性意见。由负责审查的专业监理工程师提出审查意见，报总监理工程师审批。

（5）总监理工程师对专业监理工程师意见进行审核，批复表的批复意见应明确是否同意按此进度计划执行的明确结论，批复表由总监理工程师签字并加盖监理机构章。有修改意见的，承包人应根据监理机构的修改意见，修正施工总进度计划，重新报送监理机构。

（6）监理机构应要求承包人依据施工合同约定和批准的施工总进度计划，分年度编制年度施工进度计划，报监理机构审批。根据进度控制需要，监理机构可要求承包人编制季、月施工进度计划，以及单位工程或分部工程施工进度计划，报监理机构审批。

（7）审核通过的《施工进度计划申报表》应及时反馈施工单位，同时报送建设单位。

（8）《施工进度计划申报表》应按 SL 288—2014《水利工程施工监理规范》附录 E 表 CB02 填写。

4.3 施工用图计划申报表

4.3.1 相关规定
SL 288—2014《水利工程施工监理规范》
[条文摘录] **6.3.1** 施工总进度计划应符合下列规定：

3 施工总进度计划审查应包括下列内容：

9) 用图计划、用地计划等的合理性，以及与发包人提供条件的协调性。

4.3.2 基本要求
(1) 首批施工用图计划应在施工准备阶段完成编制、报审、审批手续，后续施工用图计划可以分阶段报审。

(2) 承包人报审的《施工用图计划申报表》应有项目经理签字并加盖项目公章。

(3) 施工用图计划的审查，监理机构应结合工期总目标、阶段性目标、发包人的控制性总进度计划及发包人提供条件，参照如下内容明确处理意见：

1) 首批施工用图计划与发包人的首批开工项目施工图纸的提供条件的协调性。

2) 施工用图计划与施工总进度计划、阶段性进度计划、年度进度计划等的协调性。

3) 施工用图计划的合理性，以及与发包人提供条件的协调性。

(4) 批复表的批复意见应明确是否同意按此用图计划执行的明确结论，批复表由总监理工程师签字并加盖监理机构章。有修改意见的，承包人应根据监理机构的修改意见，修正用图计划，重新报送监理机构。

(5) 审核通过的《施工用图计划申报表》应及时反馈施工单位，同时报送建设单位。

(6) 《施工用图计划申报表》应按 SL 288—2014《水利工程施工监理规范》附录 E 表 CB03 填写。

4.4 资金流计划申报表

4.4.1 相关规定
SL 288—2014《水利工程施工监理规范》
[条文摘录] **6.4.1** 监理机构应审核承包人提交的资金流计划，并协助发包人编制合同工程付款计划。

4.4.2 基本要求
(1) 承包人报审的资金流计划应有项目经理签字并加盖项目章。监理机构应及时对《资金流计划申报表》及其附件进行核查。

(2) 项目监理机构应核查的主要内容：

1) 资金流计划与发包人编制的合同工程付款计划的协调性。

2) 资金流计划与施工总进度计划、阶段性进度计划、年度进度计划等的协调性。

(3) 批复表的批复意见应明确是否同意按此资金流计划执行的明确结论，批复表由总监理工程师签字并加盖监理机构章。有修改意见的,承包人应根据监理机构的修改意见,修正资金流计划,重新报送监理机构。

(4) 审核通过的《资金流计划申报表》应及时反馈施工单位,同时报送建设单位。

(5)《资金流计划申报表》应按 SL 288—2014《水利工程施工监理规范》附录 E 表 CB04 填写。

4.5 施工分包申报表

4.5.1 相关规定

SL 288—2014《水利工程施工监理规范》

[条文摘录] 3.2.2 监理机构的基本职责与权限应包括下列各项:

1 审查承包人拟选择的分包项目和分包人,报发包人审批。

4.5.2 基本要求

(1) 工程分包管理应符合下列规定:

1) 监理机构在施工合同约定或有关规定允许分包的工程项目范围内,对承包人的分包申请进行审核,并报发包人批准。

2) 只有在分包项目最终获得发包人批准,承包人与分包人签订了分包合同并报监理机构备案后,监理机构方可允许分包人进场。

(2) 项目监理机构应在分包工程开工前,及时审查施工单位报送的由项目经理签字并加盖施工项目经理部章的《施工分包申报表》及其附件。

(3) 分包单位资格审核应包括下列内容:

1) 报审表填写的分包单位名称是否与分包单位营业执照、资质证书、安全生产许可证等文件一致。

2) 分包工程名称(部位)、分包工程量、分包工程合同额等是否填写完整、有无明显错误。

3) 所列附件是否齐全。

4) 分包单位营业执照、企业资质等级证书是否有效,是否满足本项目分包工程要求。

5) 分包单位安全生产许可文件是否真实有效。

6) 分包单位类似工程业绩证明资料是否真实(如有要求)。

7) 分包单位的专职管理人员和特种作业人员资格是否满足要求。

8) 分包单位与施工单位是否签订安全生产管理协议。

9) 施工单位对分包单位的管理制度是否完善。

(4) 分包管理应包括下列工作内容:

1) 监理机构应监督承包人对分包人和分包工程项目的管理,并监督现场工作,但不受理分包合同争议。

2) 分包工程项目的施工技术方案、开工申请、工程质量报验、变更和合同支付等,应通过承包人向监理机构申报。

3) 分包工程只有在承包人自检合格后,方可由承包人向监理机构提交验收申请报告。

第 4 章 审验类资料

（5）审查意见为对资格审核各项基本内容的客观审查结论，由负责审查的监理工程师提出审查意见，报总监审批。

（6）总监理工程师审核后应签署具有明确结论的审核意见，如"同意申报，该分包单位可在拟定的施工范围内开展施工"或"不同意，请施工单位补充材料重新申报或另行选择分包单位"。总监理工程师应签字，加盖项目监理机构章。

（7）经审核并报发包人认可的《施工分包申报表》应及时反馈施工单位，并报送建设单位。

（8）《施工分包申报表》应按 SL 288—2014《水利工程施工监理规范》附录 E 表 CB05 填写。

4.6 现场组织机构及主要人员报审表

4.6.1 相关规定

SL 288—2014《水利工程施工监理规范》

[条文摘录] 6.2.5 监理机构应检查承包人的现场组织机构、主要管理人员、技术人员及特种作业人员是否符合要求，对无证上岗、不称职或违章、违规人员，可要求承包人暂停或禁止其在本工程中工作。

4.6.2 基本要求

（1）监理机构应在项目开工前，及时审查施工单位报送的由项目经理签字并加盖施工项目经理部章的《现场组织机构及主要人员报审表》及其附件。

（2）现场组织机构及主要人员审核应包括下列内容：

1）承包人派驻现场的主要管理人员、技术人员及特种作业人员是否与投标文件和施工合同文件一致。

2）承包人派驻现场的主要管理人员、技术人员及特种作业人员如有变化（以投标文件为准），应重新审查并报发包人认可。

3）资格证书是否在有效期内等。

（3）总监理工程师或副总监理工程师审核后应签署具有明确结论的审核意见。总监理工程师或副总监理工程师应签字，加盖项目监理机构章。

（4）经审核的《现场组织机构及主要人员报审表》应及时反馈施工单位，并报送建设单位。

（5）《现场组织机构及主要人员报审表》应按 SL 288—2014《水利工程施工监理规范》附录 E 表 CB06 填写。

4.7 原材料/中间产品进场报验单

4.7.1 相关规定

SL 288—2014《水利工程施工监理规范》

[条文摘录] 6.2.6 原材料、中间产品和工程设备的检验或验收应符合下列规定：

1 原材料和中间产品的检验工作程序应符合下列规定：

1）承包人对原材料和中间产品按照本条 2 款中的工作内容进行检验，合格后向监理机构提交原材料和中间产品进场报验单。

2）监理机构应现场查验原材料和中间产品，核查承包人报送的进场报验单。

3）经监理机构核验合格并在进场报验单签字确认后，原材料和中间产品方可用于工程施工。原材料和中间产品的进场报验单不符合要求的，承包人应进行复查，并重新上报。

4.7.2 基本要求

（1）监理工程师应在核查施工单位自检结果的基础上，按照相关验收规范、设计文件及有关施工技术标准要求对进场的原材料、中间产品进行外观检查，并做好记录。

（2）监理工程师应审查进场用于工程的原材料、中间产品的质量证明文件的真实性、有效性和可追溯性。其种类和形式根据产品标准和产品特性确定，包括：生产单位提供的合格证、安全性能标志（CCC）、质量证明书、性能检测报告等证明资料。其中，进口原材料、中间产品应有商检证明文件；新产品、新材料应有相应资质机构的鉴定文件等。质量证明文件若无原件，复印件上应加盖证明文件提供单位的公章。质量证明文件应说明用于工程的原材料、中间产品的质量符合工程建设标准。

（3）当施工单位报送的原材料、中间产品的质量证明文件，不能说明进场原材料、中间产品的质量合格时，应要求施工单位补充报送相关资料。

（4）对于进口原材料、中间产品，项目监理机构应要求施工单位报送进口商检证明文件和中文质量证明文件，并会同相关单位按合同约定进行联合检查，做好检查记录。

（5）原材料、中间产品清单应载明原材料、中间产品名称、型号规格、进场数量、进场时间及使用部位。一次申报多类时应分别列明。

（6）当施工单位报送的《原材料/中间产品进场报验单》及附件齐全，包括：质量证明文件，原材料、中间产品清单，原材料、中间产品进场检验记录，性能复试复检合格报告等符合要求后，监理工程师应签署明确表示同意进场使用的审查意见。

（7）监理工程师对已进场经检验不合格的原材料、中间产品，应签发监理通知单要求施工单位限期将其撤出施工现场，并附材料（构配件或设备）质量检验结果不合格的检验报告。

（8）原材料和中间产品的检验工作内容应符合下列规定：

1）对承包人或发包人采购的原材料和中间产品，承包人应按供货合同的要求查验质量证明文件，并进行合格性检测。若承包人认为发包人采购的原材料和中间产品质量不合格，应向监理机构提供能够证明不合格的检测资料。

2）对承包人生产的中间产品，承包人应按施工合同约定和有关规定进行合格性检测。

（9）监理机构发现承包人未按施工合同约定和有关规定对原材料、中间产品进行检测，应及时指示承包人补做检测；若承包人未按监理机构的指示补做检测，监理机构可委托其他有资质的检测机构进行检测，承包人应为此提供一切方便并承担相应费用。

（10）监理机构发现承包人在工程中使用不合格的原材料、中间产品时，应及时发出指示禁止承包人继续使用，监督承包人标识、处置并登记不合格原材料、中间产品。对已经使用了不合格原材料、中间产品的工程实体，监理机构应提请发包人组织相关参建单位及有关专家进行论证，提出处理意见。

(11)《原材料/中间产品进场报验单》应按 SL 288—2014《水利工程施工监理规范》附录 E 表 CB07 填写。

4.8 施工设备进场报验单

4.8.1 相关规定

SL 288—2014《水利工程施工监理规范》

[条文摘录] 6.2.7 施工设备的检查应符合下列规定：

1 监理机构应监督承包人按照施工合同约定安排施工设备及时进场，并对进场的施工设备及其合格性证明材料进行核查。在施工过程中，监理机构应监督承包人对施工设备及时进行补充、维修和维护，以满足施工需要。

2 旧施工设备（包括租赁的旧设备）应进行试运行，监理机构确认其符合使用要求和有关规定后方可投入使用。

3 监理机构发现承包人使用的施工设备影响施工质量、进度和安全时，应及时要求承包人增加、撤换。

4.8.2 基本要求

(1) 监理机构应按施工合同约定的时间和地点参加工程设备的交货验收，组织工程设备的到场交货检查和验收。

(2) 监理工程师应在施工单位自检结果的基础上，对进场的施工设备及其合格性证明材料进行核查。

(3) 监理工程师应审查进场施工设备的生产许可证、产品合格证（特种设备应提供安全检定证书）、操作人员资格证等。

当施工单位报送的施工设备合格性材料，不能说明进场设备的质量合格时，应要求施工单位补充报送相关资料。

(4) 施工设备清单应载明设备名称、型号规格、进场数量、进场时间等信息。

(5) 当施工单位报送的《施工设备进场报验单》及附件齐全，包括：施工设备清单，进场施工设备照片，施工设备生产许可证，施工设备产品合格证（特种设备应提供安全检定证书），操作人员资格证等符合要求后，监理工程师应签署明确表示同意进场使用的审查意见。

(6) 对已进场，监理机构发现承包人使用的施工设备影响施工质量、进度和安全时，应及时签发监理通知单要求承包人增加、撤换。

(7)《施工设备进场报验单》应按 SL 288—2014《水利工程施工监理规范》附录 E 表 CB08 填写。

4.9 工程预付款申请单

4.9.1 相关规定

SL 288—2014《水利工程施工监理规范》

[条文摘录] 6.4.4 预付款支付应符合下列规定：

1 监理机构收到承包人的工程预付款申请后,应按合同约定核查承包人获得工程预付款的条件和金额,具备支付条件后,签发工程预付款支付证书。监理机构应在核查工程进度付款申请单的同时,核查工程预付款应扣回的额度。

4.9.2 基本要求

(1) 承包人提交的《工程预付款申请单》,须经项目经理签字并加盖施工项目经理部章。

(2) 监理机构收到承包人的工程预付款申请后,监理工程师应按合同约定核查承包人获得工程预付款的条件和金额。如:核查已具备工程预付款支付条件的证明材料;计算依据及结果等。

(3) 经监理工程师核查,具备支付条件后,《工程预付款支付证书》由总监理工程师签发,并加盖项目监理机构章。

(4)《工程预付款支付证书》应附承包人报送的《工程预付款申请单》及其附件。

(5)《工程预付款支付证书》应及时报发包人审批并反馈承包人。若发包人有不同意见,经协商一致,总监理工程师应重新签发《工程预付款支付证书》报发包人审批。

(6)《工程预付款申请单》应按 SL 288—2014《水利工程施工监理规范》附录 E 表 CB09 填写。

4.10 材料预付款报审表

4.10.1 相关规定

SL 288—2014《水利工程施工监理规范》

[条文摘录] 6.4.4 预付款支付应符合下列规定:

2 监理机构收到承包人的材料预付款申请后,应按合同约定核查承包人获得材料预付款的条件和金额,具备支付条件后,按照约定的额度随工程进度付款一起支付。

4.10.2 基本要求

(1) 承包人提交的《材料预付款报审表》,须经项目经理签字并加盖施工项目经理部章。

(2) 监理机构收到承包人的材料预付款报审表后,监理工程师应按合同约定核查承包人获得材料预付款的条件和金额。如:核查材料报验单;材料付款凭证等。

(3) 经监理工程师核查,具备支付条件后,由总监理工程师签署意见,并加盖项目监理机构章。

(4) 核定的材料预付款应随当期工程进度付款一起支付。

(5)《材料预付款报审表》一式三份,由承包人填写,作为 CB33 表的附表,一同流转,审批结算时用。

(6)《材料预付款支付证书》应按 SL 288—2014《水利工程施工监理规范》附录 E 表 CB10 的要求填写。

4.11 施工放样报验单

4.11.1 相关规定
SL 288—2014《水利工程施工监理规范》
[条文摘录] 6.2.8 施工测量控制应符合下列规定：
1 监理机构应主持测量基准点、基准线和水准点及其相关资料的移交，并督促承包人对其进行复核和照管。
2 监理机构应审批承包人编制的施工控制网施测方案，并对承包人施测过程进行监督，批复承包人的施工控制网资料。
3 监理机构应审批承包人编制的原始地形施测方案，可通过监督、复测、抽样复测或与承包人联合测量等方法，复核承包人的原始地形测量成果。
4 监理机构可通过现场监督、抽样复测等方法，复核承包人的施工放样成果。

4.11.2 基本要求
（1）监理机构应及时审查施工单位报送的经技术负责人签字（或项目经理签字）并加盖施工项目经理部章的《施工放样报验单》及附件资料。
（2）监理机构应审批承包人编制的施工控制网施测方案，并对承包人施测过程进行监督，批复承包人的施工控制网资料。
（3）项目监理机构应根据设计施工图纸和设计单位移交的测量控制网及控制点对施工单位在施工过程中报送的施工放样测量成果进行复核。
（4）监理机构可通过现场监督、抽样复测等方法，复核承包人的施工放样成果。
（5）监理工程师复核结果合格的应签署意见并签字，加盖项目监理机构章。复核结果不满足要求的，应明确要求施工单位整改自查满足要求后重新报验。
（6）经复核的《施工放样报验单》应及时反馈施工单位，并报送建设单位。
（7）《施工放样报验单》应按 SL 288—2014《水利工程施工监理规范》附录 E 表 CB11 填写。

4.12 联合测量通知单

4.12.1 相关规定
SL 288—2014《水利工程施工监理规范》
[条文摘录] 6.2.8 施工测量控制应符合下列规定：
3 监理机构应审批承包人编制的原始地形施测方案，可通过监督、复测、抽样复测或与承包人联合测量等方法，复核承包人的原始地形测量成果。

4.12.2 基本要求
（1）监理机构应及时回复施工单位报送的经技术负责人签字（或项目经理签字）并加盖施工项目经理部章的《联合测量通知单》。

（2）项目监理机构应根据《联合测量通知单》的工作内容做好准备工作，准时参加测量工作。

（3）如果施测计划时间内不能派人参加联合测量，也应说明"约定其他时间测量"。

（4）监理工程师明确意见后签字，并加盖项目监理机构章。

（5）《联合测量通知单》一式三份，由承包人填写，监理机构签署后，发包人一份、监理机构一份、承包人一份。

（6）《联合测量通知单》应按 SL 288—2014《水利工程施工监理规范》附录 E 表 CB12 填写。

4.13 施工测量成果报验单

4.13.1 相关规定

SL288—2014《水利工程施工监理规范》

[条文摘录] **6.2.8** 施工测量控制应符合下列规定：

3 监理机构应审批承包人编制的原始地形施测方案，可通过监督、复测、抽样复测或与承包人联合测量等方法，复核承包人的原始地形测量成果。

4.13.2 基本要求

（1）监理机构应及时审查施工单位报送的经技术负责人签字（或项目经理签字）并加盖施工项目经理部章的《施工测量成果报验单》及附件资料。

（2）《施工测量成果报验单》主要用于施工控制测量、工程计量测量、地形测量、施工期变形监测等的报验。

（3）项目监理机构应根据设计文件对施工单位在施工过程中报送的施工测量成果进行复核。

（4）监理机构可通过现场监督、抽样复测等方法，复核承包人的施工测量成果。

（5）监理工程师复核结果合格的应签署意见并签字，加盖项目监理机构章。复核结果不满足要求的，应明确要求施工单位整改自查满足要求后重新报验。

（6）《施工测量成果报验单》本表一式三份，由承包人填写，监理机构审核后，发包人一份、监理机构一份、承包人一份。

（7）《施工测量成果报验单》应按 SL 288—2014《水利工程施工监理规范》附录 E 表 CB13 填写。

4.14 合同工程开工申请表

4.14.1 相关规定

SL 288—2014《水利工程施工监理规范》

[条文摘录] **6.1.1** 合同工程开工应遵守下列规定：

3 承包人完成合同工程开工准备后，应向监理机构提交合同工程开工申请表。

4.14.2 基本要求

（1）项目监理机构收到承包人项目经理签字并加盖项目章的《合同工程开工申请表》后，应及时对证明文件资料及现场情况进行核查，作出是否满足开工条件的判断。

(2) 项目监理机构应核查的主要内容：

1) 按照 SL 288—2014《水利工程施工监理规范》第 5.2.1 条，检查开工前发包人应提供的施工条件是否满足开工要求。

2) 按照 SL 288—2014《水利工程施工监理规范》第 5.2.2 条，检查开工前承包人的施工准备情况是否满足开工要求。

3) 设计交底是否已经完成。

4) 施工组织设计是否已经总监理工程师签认。

5) 工程施工所需的施工图纸，是否已经监理机构核查，经核查的施工图纸是否已经总监理工程师签字并加盖监理机构章等。

(3) 审核意见应根据施工单位提交的报审资料及现场核查情况明确是否满足开工条件。批复意见由总监理工程师签字，并加盖项目监理机构章。

(4) 项目监理机构可以一并审核施工单位一次性填报的同一施工合同中同时开工的单位工程的《工程开工报审表》。

(5)《合同工程开工申请表》一式四份，由承包人填写，监理机构签收后，发包人一份、设代机构一份、监理机构一份、承包人一份。

(6)《合同工程开工申请表》应按 SL 288—2014《水利工程施工监理规范》附录 E 表 CB14 填写。

4.15 分部工程开工申请表

4.15.1 相关规定

SL 288—2014《水利工程施工监理规范》

[条文摘录] 6.1.2 分部工程开工。分部工程开工前，承包人应向监理机构报送分部工程开工申请表，经监理机构批准后方可开工。

4.15.2 基本要求

(1) 项目监理机构收到承包人项目经理签字并加盖项目章的《分部工程开工申请表》后，应及时对证明文件资料及现场情况进行核查，作出是否满足开工条件的判断。

(2) 项目监理机构应核查的主要内容：

1) 施工技术交底和安全交底是否已经进行；

2) 主要施工设备是否到位；

3) 施工安全、质量保证措施是否已经落实；

4) 原材料/中间产品质量及准备是否满足开工条件；

5) 现场施工人员安排是否满足开工条件；

6) 风、水、电等必需的辅助生产设施准备是否满足开工条件；

7) 测量放样情况；

8) 需要进行现场工艺试验的，施工工艺试验方案是否已经审批，现场工艺试验成果是否已经监理工程师确认；

9) 分部工程涉及的施工技术方案和（或）专项施工方案是否已经总监理工程师签认；

10）工程施工所需的施工图纸，是否已经监理机构核查，经核查的施工图纸是否已经总监理工程师签字并加盖监理机构章等。

（3）审核意见应根据施工单位提交的报审资料及现场核查情况明确是否满足开工条件。批复意见由监理工程师签字，并加盖项目监理机构章。

（4）为了避免不必要的重复性工作，对施工作业相同或相近的分部工程以及分段、分层连续施工作业的系列分部工程，可一次申请和批复。

（5）《分部工程开工申请表》一式四份，由承包人填写，监理机构签收后，发包人一份、设代机构一份、监理机构一份、承包人一份。

（6）《分部工程开工申请表》应按 SL 288—2014《水利工程施工监理规范》附录 E 表 CB15 填写。

4.16 工程设备采购计划报审表

4.16.1 相关规定

SL 288—2014《水利工程施工监理规范》

［条文摘录］6.3.1 施工总进度计划应符合下列规定：

3 施工总进度计划审查应包括下列内容：

7）原材料、中间产品和工程设备供应计划与施工总进度计划的协调性。

4.16.2 基本要求

（1）工程设备采购计划可以分年度、分阶段报审。

（2）承包人报审的工程设备采购计划报审表应有项目经理签字并加盖项目公章。

（3）工程设备采购计划报审表的审查，监理机构应结合工期总目标、阶段性目标、发包人的控制性总进度计划及发包人提供条件，参照如下内容明确处理意见：

1）工程设备采购计划报审表与施工总进度计划、阶段性进度计划、年度进度计划等的协调性。

2）工程设备采购计划报审表的合理性，以及与发包人提供条件的协调性（甲供设备）。

（4）审核意见应明确是否同意按此工程设备采购计划执行的明确结论，审核意见应由总监理工程师或副总监理工程师签字并加盖监理机构章。有修改意见的，承包人应根据监理机构的修改意见，修正工程设备采购计划，重新报送监理机构。

（5）审核通过的《工程设备采购计划报审表》应及时反馈施工单位，同时报送建设单位。

（6）《工程设备采购计划报审表》应按 SL 288—2014《水利工程施工监理规范》附录 E 表 CB16 填写。

4.17 混凝土浇筑开仓报审表

4.17.1 相关规定

SL 288—2014《水利工程施工监理规范》

［条文摘录］6.1.4 混凝土浇筑开仓。监理机构应对承包人报送的混凝土浇筑开仓报审表

进行审批。符合开仓条件后，方可签发。

4.17.2 基本要求

（1）承包人报审的《混凝土浇筑开仓报审表》应有现场负责人（应是报审人员名单中的人员）签字并加盖项目章。

（2）混凝土浇筑开仓报审，监理工程师应参照如下内容明确处理意见：

1）检查承包人现场技术人员、质检人员到岗情况，特种作业人员持证上岗情况，以及施工机械、备料等准备情况；

2）检查承包人的施工方案、施工工艺及上一道工序质量报验是否已经监理审批；

3）基面/施工缝处理是否满足设计及规范要求；

4）核查施工配合比、检测准备工作等。

（3）审批意见应明确是否同意开仓浇筑的明确结论，审核意见应由监理工程师签字并加盖监理机构章。不同意开仓浇筑的，承包人应根据监理机构的审批意见整改，整改完成并自检合格的，重新报送监理机构审批。

（4）需要旁站监理的，监理机构应安排人员实施旁站。

（5）《混凝土浇筑开仓报审表》一式四份，由承包人填写，监理机构审批后，发包人一份、设代机构一份、监理机构一份、承包人一份。

（6）《混凝土浇筑开仓报审表》应按 SL 288—2014《水利工程施工监理规范》附录 E 表 CB17 填写。

4.18 工序/单元工程施工质量报验单

4.18.1 相关规定

SL 288—2014《水利工程施工监理规范》

[条文摘录] **6.2.10** 施工过程质量控制应符合下列规定：

5 单元工程（工序）的质量评定未经监理机构复核或复核不合格，承包人不得开始下一单元工程（工序）的施工。

[条文摘录] **6.2.12** 工程质量检验应符合下列规定：

1 承包人应首先对工程施工质量进行自检。承包人未自检或自检不合格、自检资料不齐全的单元工程（工序），监理机构有权拒绝进行复核。

2 监理机构对承包人经自检合格后报送的单元工程（工序）质量评定表和有关资料，应按有关技术标准和施工合同约定的要求进行复核。复核合格后方可签认。

3 监理机构可采用跟踪检测监督承包人的自检工作，并可通过平行检测核验承包人的检测试验结果。

4 重要隐蔽单元工程和关键部位单元工程应按有关规定组成联合验收小组共同检查并核定其质量等级，监理工程师应在质量等级签证表上签字。

[条文摘录] **6.9.1** 监理机构应按有关规定进行工程质量评定，其主要职责应包括下列内容：

1 审查承包人填报的单元工程（工序）质量评定表的规范性、真实性和完整性，复核单元工程（工序）施工质量等级，由监理工程师核定质量等级并签证认可。

2 重要隐蔽单元工程及关键部位单元工程质量经承包人自评、监理机构抽检后，按有关规定组成联合小组，共同检查核定其质量等级并填写签证表。

3 在承包人自评的基础上，复核分部工程的施工质量等级，报发包人认定。

4 参加发包人组织的单位工程外观质量评定组的检验评定工作；在承包人自评的基础上，结合单位工程外观质量评定情况，复核单位工程施工质量等级，报发包人认定。

5 单位工程质量评定合格后，统计并评定工程项目质量等级，报发包人认定。

4.18.2 基本要求

（1）项目监理机构应要求施工单位对工序/单元工程施工质量进行自检合格后，填写《工序/单元工程施工质量报验单》及相关验收资料报项目监理机构申请验收。《工序/单元工程施工质量报验单》应附工序/单元工程施工质量评定表施工质量检查、检测记录。分包工程的报验资料应由施工单位验收合格后向项目监理机构报验。

（2）水利水电工程施工质量等级评定的主要依据有：

1）国家及相关行业技术标准；

2）《单元工程评定标准》；

3）经批准的设计文件、施工图纸、金属结构设计图样与技术条件、设计修改通知书、厂家提供的设备安装说明书及有关技术文件；

4）工程承发包合同中约定的技术标准；

5）工程施工期及试运行期的试验和观测分析成果。

（3）工序/单元工程施工质量验收内容和要求应符合有关专业规范的验收要求。

（4）专业监理工程师对施工单位所报资料进行审查，并组织相关人员进行现场验收，签署验收文件。验收合格后，方可允许进入下一道工序/单元工程施工。对验收不合格应拒绝签认，要求施工单位限期整改并重新报验。

（5）验收意见应说明对质量资料审查情况、现场核验情况，是否满足设计、规范要求，验收是否合格。验收意见应由负责验收的专业监理工程师签字并加盖项目监理机构章。

（6）若验收不合格，除签署不合格意见外，应签发《监理通知单》要求施工单位整改或返工。

（7）签署验收意见的《工序/单元工程施工质量报验单》应及时反馈施工单位。

（8）《工序/单元工程施工质量报验单》本表一式二份，由承包人填写，监理机构复核后，监理机构一份、返回承包人一份。

（9）工序/单元工程施工质量报验单应按 SL 288—2014《水利工程施工监理规范》附录 E 表 CB18 填写。

4.19 施工质量缺陷处理方案报审表

4.19.1 相关规定

SL 288—2014《水利工程施工监理规范》

[条文摘录] **3.2.2** 监理机构的基本职责与权限应包括下列各项：

11 审批施工质量缺陷处理措施计划，监督、检查施工质量缺陷处理情况，组织施工质量缺陷备案表的填写。

4.19.2 基本要求

（1）施工质量缺陷处理措施计划中需明确施工质量缺陷处理方案。根据需要，监理机构可要求承包人在提交施工质量缺陷处理措施计划前单独提交施工质量缺陷处理方案，并经总监理工程师审批。必要时，施工质量缺陷处理方案需经设代机构和发包人确认。

（2）总监理工程师应组织各专业监理工程师依据有关工程建设标准、勘察设计文件、合同文件及已批准的施工组织设计，及时认真审查施工质量缺陷处理方案的下列内容：

1）《施工质量缺陷处理方案报审表》是否有项目经理签字并加盖施工项目经理部章；

2）处理方案是否有编制人和审批人的签字；

3）处理方案内容是否具有针对性和可操作性；

4）处理方案中采用的施工质量缺陷处理措施及工程质量保证措施是否符合有关标准。项目监理机构的审查意见应为针对上述内容的客观评价。由负责审查的相应专业监理工程师提出审查意见，报总监理工程师批复。

（3）总监理工程师审核后，应给出明确结论。符合要求的，应签署包括"同意，请按此方案实施"内容的批复意见。不符合要求的，应签署包括"此方案不可行，请修改后重新报审"内容的批复意见，审查意见作为批复表的附件。总监理工程师在报审表中签字并加监理机构章。

（4）《施工质量缺陷处理方案报审表》应按 SL 288—2014《水利工程施工监理规范》附录 E 表 CB19 填写。

4.20 施工质量缺陷处理措施计划报审表

4.20.1 相关规定

SL 288—2014《水利工程施工监理规范》

[条文摘录] 3.2.2 监理机构的基本职责与权限应包括下列各项：

11 审批施工质量缺陷处理措施计划，监督、检查施工质量缺陷处理情况，组织施工质量缺陷备案表的填写。

[条文摘录] 3.3.5 监理工程师应按照职责权限开展监理工作，是所实施监理工作的直接责任人，并对总监理工程师负责。其主要职责应包括以下各项：

6 审批分部工程或分部工程部分工作的开工申请报告、施工措施计划、施工质量缺陷处理措施计划。

4.20.2 基本要求

（1）施工质量缺陷处理措施计划中需明确施工质量缺陷处理方案。

（2）缺陷处理时段是否影响工期，若有影响，赶工措施或进度计划调整是否已经得到批准。

（3）在施工质量缺陷处理方案已经审批的基础上，监理工程师审批《施工质量缺陷处理措施计划报审表》。

(4)《施工质量缺陷处理措施计划报审表》应按 SL 288—2014《水利工程施工监理规范》附录 E 表 CB20 填写。

4.21 事 故 报 告 单

4.21.1 相关规定
SL 288—2014《水利工程施工监理规范》
[条文摘录] 6.2.16 质量事故的调查处理应符合下列规定:
1 质量事故发生后,承包人应按规定及时报告。监理机构在向发包人报告的同时,应指示承包人及时采取必要的应急措施并如实记录。
2 监理机构应积极配合事故调查组进行工程质量事故调查、事故原因分析等有关工作。
3 监理机构应指示承包人按照批准的工程质量事故处理方案和措施进行事故处理,并监督处理过程。
4 监理机构应参与工程质量事故处理后的质量评定与验收。

[条文摘录] 6.5.7 当发生安全事故时,监理机构应指示承包人采取有效措施防止损失扩大,并按有关规定立即上报,配合安全事故调查组的调查工作,监督承包人按调查处理意见处理安全事故。

4.21.2 基本要求
1. 工程质量事故

工程质量事故分为一般质量事故、较大质量事故、重大质量事故、特别重大质量事故四类。不能将施工质量缺陷或仍未定性的质量问题称为质量事故。

工程质量事故发生后,事故单位要严格保护现场,采取有效措施抢救人员和财产,防止事故扩大。因抢救人员、疏导交通等原因需移动现场物件时,应当做出标志、绘制现场简图并作出书面记录,妥善保管现场重要痕迹、物证,并进行拍照或录像。

发生(发现)较大、重大和特别重大质量事故,事故单位要在 24 小时内向第九条所规定单位写出书面报告;突发性事故,事故单位要在 2 小时内电话向上述单位报告。

工程质量事故报告应当包括以下内容:
(1) 工程名称、建设规模、建设地点、工期,项目法人、主管部门及负责人电话;
(2) 事故发生的时间、地点、工程部位以及相应的参建单位名称;
(3) 事故发生的简要经过、伤亡人数和直接经济损失的初步估计;
(4) 事故发生原因初步分析;
(5) 事故发生后采用的措施及事故控制情况;

2. 生产安全事故

生产安全事故分为一般事故、较大事故、重大事故、特别重大事故四类。

生产安全事故发生后,事故现场有关人员应当立即向本单位负责人报告;本单位负责人接到报告后,应当于 1 小时内向事故发生地县级以上人民政府安全生产监督管理部门和负有安全生产监督管理职责的有关部门报告。情况紧急时,事故现场有关人员可以直接向事故发生地县级以上人民政府安全生产监督管理部门和负有安全生产监督管理职责的有关部门报告。

报告事故应当包括下列内容：

（1）事故发生单位概况；

（2）事故发生的时间、地点以及事故现场情况；

（3）事故的简要经过；

（4）事故已经造成或者可能造成的伤亡人数（包括下落不明的人数）和初步估计的直接经济损失；

（5）已经采取的措施；

（6）其他应当报告的情况。

3.《事故报告单》应按 SL 288—2014《水利工程施工监理规范》附录 E 表 CB21 填写。

4.22 暂停施工报审表

4.22.1 相关规定

SL 288—2014《水利工程施工监理规范》

[条文摘录] 6.3.7 若由于发包人的责任需暂停施工，监理机构未及时下达暂停施工指示时，在承包人提出暂停施工的申请后，监理机构应及时报告发包人并在施工合同约定的时间内答复承包人。

4.22.2 基本要求

（1）承包人提出暂停施工申请的前提条件是：发包人的责任导致的不能施工或需暂停施工，如未能按时提供施工图纸、未能按时提供施工场地或未按合同约定支付工程款等原因导致不能继续施工。如果是承包人原因，监理机构可以视情况选择受理或不受理；如果是为了解决施工质量、安全所必需的暂停施工，监理机构应当受理，但应分清责任，不能作为承包人索赔的依据。

（2）监理机构收到承包人提交的《暂停施工报审表》后，总监理工程师应及时组织监理人员进行审查、核实。同时应及时报告发包人。

（3）监理机构应在施工合同约定的时间内答复承包人。

（4）审查《暂停施工报审表》的主要内容：

1）暂停施工工程项目范围/部位；

2）暂停施工原因是否为发包人责任；

3）引用合同条款是否适当等。

（5）《暂停施工报审表》经审批的，应由总监理工程师签字并加盖监理机构章。

（6）《暂停施工报审表》一式三份，由承包人填写，监理机构审批后，发包人一份、监理机构一份、承包人一份。

（7）《暂停施工报审表》应按 SL 288—2014《水利工程施工监理规范》附录 E 表 CB22 填写。

4.23 复工申请报审表

4.23.1 相关规定
SL 288—2014《水利工程施工监理规范》
[条文摘录] 6.3.9 下达暂停施工指示后,监理机构应按下列程序执行:
1 指示承包人妥善照管工程,记录停工期间的相关事宜。
2 督促有关方及时采取有效措施,排除影响因素,为尽早复工创造条件。
3 具备复工条件后,监理机构应明确复工范围,及时签发复工通知,指示承包人执行。
[条文摘录] 6.3.10 在工程复工后,监理机构应及时按施工合同约定处理因工程暂停施工引起的有关事宜。

4.23.2 基本要求
(1) 当暂停施工原因消失、具备复工条件时,承包人提出复工申请的,监理机构应审查承包人报送的《复工申请报审表》及有关材料。符合要求的,总监理工程师应及时签署审批意见;承包人未提出复工申请的,总监理工程师应根据工程实际情况签发复工通知指示承包人恢复施工。

(2)《复工申请报审表》应经项目经理签字并加盖施工项目经理部章。

(3) 监理机构应重点审查附件资料中是否包括相关检查记录,整改措施及落实情况、会议纪要、影像图片等资料。必要时应进行现场核查。

(4) 当导致施工暂停的原因是危及结构安全或使用功能时,整改完毕后的证明文件资料中应有建设单位、设计单位、监理单位各方共同认可的整改完成文件。建设工程质量鉴定的文件必须由有资质的检测单位出具。

(5) 审核意见应为明确的审查结论,如:"经审核,承包人提交的证明文件资料可以证明引起工程暂停的原因已消除,具备复工条件,同意复工"或"经对承包人提交的证明文件资料审查和现场核查,不能确认引起工程暂停的原因已消除,尚不具备复工条件,不同意复工"。

(6) 审批意见由总监理工程师签字并加盖项目监理机构章。

(7)《复工申请报审表》一式三份,由承包人填写,报送监理机构审批后,随同审批意见,发包人一份、监理机构一份、承包人一份。

(8)《复工申请报审表》应按 SL 288—2014《水利工程施工监理规范》附录 E 表 CB23 填写。

4.24 变更申请表

4.24.1 相关规定
SL 288—2014《水利工程施工监理规范》
[条文摘录] 6.7.1 变更管理应符合下列规定:

1 变更的提出、变更指示、变更报价、变更确定和变更实施等过程应按施工合同约定的程序进行。

2 监理机构可依据合同约定向承包人发出变更意向书，要求承包人就变更意向书中的内容提交变更实施方案（包括实施变更工作的计划、措施和完工时间）；审核承包人的变更实施方案，提出审核意见，并在发包人同意后发出变更指示。若承包人提出难以实施此项变更的原因和依据，监理机构应与发包人、承包人协商后确定撤销、改变或不改变原变更意向书。

4.24.2 基本要求

（1）变更的范围和内容

在履行合同过程中，监理人可根据工程的需要指示承包人进行以下各种类型的变更。没有监理人的指示，承包人不得擅自变更。

1）增加或减少合同中的任何一项工作内容；
2）增加或减少合同中关键项目的工程量超过专用合同条款规定的百分比；
3）取消合同中任何一项工作（但被取消的工作不能转由发包人或其他承包人实施）；
4）改变合同中任何一项工作的标准或性质；
5）改变工程建筑物的形式、基线、标高、位置或尺寸；
6）改变合同中任何一项工程的完工日期或改变已批准的施工顺序；
7）追加为完成工程所需的任何额外工作。

（2）监理机构可依据合同约定向承包人发出变更意向书，要求承包人就变更意向书中的内容提交变更实施方案（包括实施变更工作的计划、措施和完工时间）；

审核承包人的变更实施方案，提出审核意见，报发包人审批。

发包人同意后发出变更指示。

若承包人提出难以实施此项变更的原因和依据，监理机构应与发包人、承包人协商后确定撤销、改变或不改变原变更意向书。

（3）监理机构收到承包人的变更建议后，应按下列内容进行审查：

1）变更的原因和必要性。
2）变更的依据、范围和内容。
3）变更可能对工程质量、价格及工期的影响。
4）变更的技术可行性及可能对后续施工产生的影响。

监理机构若同意变更，应报发包人批准后，发出变更指示。

（4）变更指示应说明变更的目的、范围、内容、工程量、进度和技术要求等。

（5）需要设代机构修改工程设计或确认施工方案变化的，监理机构应提请发包人通知设代机构。

（6）变更应在发包人同意后监理机构方可发出变更指示。

（7）变更申请批复应由总监理工程师签字并加盖监理机构章。

（8）《变更申请表》一式三份，由承包人填写，监理机构签收后，发包人一份、监理机构一份、承包人一份。

（9）《变更申请表》应按 SL 288—2014《水利工程施工监理规范》附录 E 表 CB24 填写。

4.25 施工进度计划调整申报表

4.25.1 相关规定

SL 288—2014《水利工程施工监理规范》

[条文摘录] 6.3.4 施工进度计划的调整应符合下列规定：

1 监理机构在检查中发现实际施工进度与施工进度计划发生了实质性偏离时，应指示承包人分析进度偏差原因、修订施工进度计划报监理机构审批。

4.25.2 基本要求

（1）监理机构在检查中发现实际施工进度与施工进度计划发生了实质性偏离时，应签发监理通知单指示承包人分析进度偏差原因、修订施工进度计划报监理机构审批。

（2）当变更影响施工进度时，监理机构应指示承包人编制变更后的施工进度计划，并按施工合同约定处理变更引起的工期调整事宜。

（3）施工进度计划的调整涉及总工期目标、阶段目标改变，或者资金使用有较大的变化时，监理机构应提出审查意见报发包人批准。

（4）《施工进度计划调整申报表》由总监另行签发批复表。

（5）《施工进度计划调整申报表》一式三份，由承包人填写，监理机构审批后，随同审批意见，发包人一份、监理机构一份、承包人一份。

（6）《施工进度计划调整申报表》应按 SL 288—2014《水利工程施工监理规范》附录 E 表 CB25 填写。

4.26 延长工期申报表

4.26.1 相关规定

SL 288—2014《水利工程施工监理规范》

[条文摘录] 6.3.11 施工进度延误管理应符合下列规定：

1 由于承包人的原因造成施工进度延误，可能致使工程不能按合同工期完工的，监理机构应指示承包人编制并报审赶工措施报告。

2 由于发包人的原因造成施工进度延误，监理机构应及时协调，并处理承包人提出的有关工期、费用索赔事宜。

4.26.2 基本要求

（1）《延长工期申报表》适用于，由于发包人的原因造成施工进度延误且影响总工期的情形。

（2）监理机构收到承包人提交的《延长工期申报表》后，项目监理机构应审查《延长工期申报表》及其附件是否在施工合同约定的期限内发出，签字盖章是否符合要求，是否符合相关合同条款，并应在施工合同约定的时限内完成审核工作。

（3）监理机构处理工期索赔时，首先审查理由是否正当，证据是否有效，并及时收集有关的资料。

（4）总监理工程师审核同意承包人工期索赔应同时满足以下条件：

1）施工单位应在施工合同约定的期限内提出；

2）事件是非承包人原因引起的，且在关键线路上，或在非关键线路上，但超过其总时差；

3）事件造成承包人施工时间损失。

（5）总监理工程师在批复《延长工期申报表》时，可附审核意见，审核意见的内容包括原因、依据、计算过程及结果等。

（6）《延长工期申报表》的批复意见应明确"不同意延长工期"或"同意延长工期"并明确同意延长时间。详细依据应作为批复意见的附件。

（7）《延长工期申报表》批复意见应由总监理工程师签字并加监理机构章。

（8）延长工期的批复宜经发包人同意后签发。

（9）《延长工期申报表》一式四份，由承包人填写，监理机构签收后，发包人一份、设代机构一份、监理机构一份、承包人一份。

（10）《延长工期申报表》应按 SL 288—2014《水利工程施工监理规范》附录 E 表 CB26 填写。

4.27　变更项目价格申报表

4.27.1　相关规定

SL 288—2014《水利工程施工监理规范》

[条文摘录] 6.7.1　变更管理应符合下列规定：

6　监理机构审核承包人提交的变更报价时，应依据批准的变更项目实施方案，按下列原则审核后报发包人：

1）若施工合同工程量清单中有适用于变更工作内容的子目时，采用该子目的单价。

2）若施工合同工程量清单中无适用于变更工作内容的子目，但有类似子目的，可采用合理范围内参照类似子目单价编制的单价。

3）若施工合同工程量清单中无适用或类似子目的单价，可采用按照成本加利润原则编制的单价。

7　当发包人与承包人就变更价格和工期协商一致时，监理机构应见证合同当事人签订变更项目确认单。当发包人与承包人就变更价格不能协商一致时，监理机构应认真研究后审慎确定合适的暂定价格，通知合同当事人执行；当发包人与承包人就工期不能协商一致时，按合同约定处理。

[条文摘录] 6.4.6　变更款支付。变更款可由承包人列入工程进度付款申请单，由监理机构审核后列入工程进度付款证书。

4.27.2　基本要求

（1）监理机构审核承包人提交的变更报价时，变更项目未引起工程施工组织和进度计划发生实质性变动和不影响其原定的价格时，不予调整该项目的单价。

（2）应依据批准的变更项目实施方案，按下列原则审核承包人提交的变更报价：

1）若施工合同工程量清单中有适用于变更工作内容的子目时，采用该子目的单价。

2）若施工合同工程量清单中无适用于变更工作内容的子目，但有类似子目的，可采用合理范围内参照类似子目单价编制的单价。

3）若施工合同工程量清单中无适用或类似子目的单价，可采用按照成本加利润原则编制的单价。

（3）当发包人与承包人就变更价格和工期协商一致时，监理机构应见证合同当事人签订变更项目确认单。当发包人与承包人就变更价格不能协商一致时，监理机构应认真研究后审慎确定合适的暂定价格，通知合同当事人执行；当发包人与承包人就工期不能协商一致时，按合同约定处理。

（4）《变更项目价格申报表》应由总监理工程师另行签发批复表，签字并加盖监理机构章。

（5）《变更项目价格申报表》应按 SL 288—2014《水利工程施工监理规范》附录 E 表 CB27 填写。

4.28 索赔意向通知

4.28.1 相关规定

SL 288—2014《水利工程施工监理规范》

[条文摘录] 6.7.2 索赔管理应符合下列规定：

1 监理机构应按施工合同约定受理承包人和发包人提出的合同索赔。

2 理机构在收到承包人的索赔意向通知后，应确定索赔的时效性，查验承包人的记录和证明材料，指示承包人提交持续性影响的实际情况说明和记录。

4.28.2 基本要求

（1）理机构在收到承包人的《索赔意向通知》后，应确定索赔的时效性，查验承包人的记录和证明材料，指示承包人提交持续性影响的实际情况说明和记录。

（2）监理机构应及时收集与索赔有关的资料。

（3）审查的主要内容：

1）依据施工合同约定，对索赔的有效性进行审核。

2）对索赔支持性资料的真实性进行审查。

3）对索赔的计算依据、索赔要求及其合理性逐项进行审核。

4）对由施工合同双方共同责任造成的经济损失或工期延误，应通过协商，公平合理地确定双方分担的比例。

5）必要时要求承包人提供进一步的支持性资料。

（4）监理机构应在施工合同约定的时间内做出对《索赔意向通知》的处理决定，报送发包人并抄送承包人。

（5）《索赔意向通知》一式三份，由承包人填写，监理机构签署意见后，承包人一份、监理机构一份、发包人一份。

(6)《索赔意向通知》应按 SL 288—2014《水利工程施工监理规范》附录 E 表 CB28 填写。

4.29 索赔申请报告

4.29.1 相关规定
SL 288—2014《水利工程施工监理规范》
[条文摘录] 6.7.2 索赔管理应符合下列规定：

3 监理机构在收到承包人的中期索赔申请报告或最终索赔申请报告后，应进行以下工作：
1）依据施工合同约定，对索赔的有效性进行审核。
2）对索赔支持性资料的真实性进行审查。
3）对索赔的计算依据、计算方法、计算结果及其合理性逐项进行审核。
4）对由施工合同双方共同责任造成的经济损失或工期延误，应通过协商，公平合理地确定双方分担的比例。
5）必要时要求承包人提供进一步的支持性资料。

4.29.2 基本要求
（1）《索赔申请报告》应在合同约定的时间内提交监理单位。
（2）涉及索赔的有关施工和监理文件资料包括：施工合同、采购合同、工程变更、施工组织设计、专项施工方案、施工进度计划、建设单位和施工单位的有关文件、会议纪要、监理记录、监理工作联系单、监理通知单、监理月报及相关监理文件资料等。
（3）《索赔申请报告》一式三份，由承包人填写，监理机构签收后，发包人一份、监理机构一份、承包人一份。
（4）《索赔申请报告》应按 SL 288—2014《水利工程施工监理规范》附录 E 表 CB29 填写。

4.30 工程计量报验单

4.30.1 相关规定
SL 288—2014《水利工程施工监理规范》
[条文摘录] 6.4.3 工程计量应符合下列规定：

1 可支付的工程量应同时符合以下条件：
1）经监理机构签认，属于合同工程量清单中的项目，或发包人同意的变更项目以及计日工。
2）所计量工程是承包人实际完成的并经监理机构确认质量合格。
3）计量方式、方法和单位等符合合同约定。

2 工程计量应符合以下程序：

1）工程项目开工前，监理机构应监督承包人按有关规定或施工合同约定完成原始地形的测绘，并审核测绘成果。

2）在接到承包人提交的工程计量报验单和有关计量资料后，监理机构应在合同约定时间内进行复核，确定结算工程量，据此计算工程价款。当工程计量数据有异议时，监理机构可要求与承包人共同复核或抽样复测；承包人未按监理机构要求参加复核，监理机构复核或修正的工程量视为结算工程量。

3）监理机构认为有必要时，可通知发包人和承包人共同联合计量。

3 当承包人完成了工程量清单中每个子目的工程量后，监理机构应要求承包人派员共同对每个子目的历次计量报表进行汇总和总体测量，核实该子目的最终计量工程量；承包人未按监理机构要求派员参加的，监理机构最终核实的工程量视为该子目的最终计量工程量。

4.30.2 基本要求

（1）在接到承包人提交的《工程计量报验单》和有关计量资料后，监理机构应在合同约定时间内进行复核，确定结算工程量，据此计算工程价款。

（2）当工程计量数据有异议时，监理机构可要求与承包人共同复核或抽样复测。

（3）监理机构认为有必要时，可通知发包人和承包人共同联合计量。

（4）当承包人完成了工程量清单中每个子目的工程量后，监理机构应要求承包人派员共同对每个子目的历次计量报表进行汇总和总体测量，核实该子目的最终计量工程量；承包人未按监理机构要求派员参加的，监理机构最终核实的工程量视为该子目的最终计量工程量。

（5）《工程计量报验单》一式三份，由承包人填写，监理机构审核后，发包人一份，监理机构一份，承包人一份。

（6）《工程计量报验单》应按 SL 288—2014《水利工程施工监理规范》附录 E 表 CB30 填写。

4.31 计日工单价报审表

4.31.1 相关规定

SL 288—2014《水利工程施工监理规范》

[条文摘录] 6.4.7 计日工支付应符合下列规定：

1 监理机构经发包人批准，可指示承包人以计日工方式实施零星工作或紧急工作。

4.31.2 基本要求

（1）必须经发包人批准，监理机构方可指示承包人以计日工方式实施零星工作或紧急工作。

（2）以计日工方式计量的项目，其金额按照施工合同约定的计日工项目及其单价计算。若施工合同无约定，由双方协商确定。

（3）《计日工单价报审表》应由总监理工程师签发，并加盖监理机构章。

（4）计日工由承包人汇总后列入工程进度付款申请单，由监理机构审核后列入当期工程进度付款证书。

（5）《计日工单价报审表》应按 SL 288—2014《水利工程施工监理规范》附录 E 表 CB31 填写。

4.32　计日工工程量签证单

4.32.1　相关规定

SL 288—2014《水利工程施工监理规范》

[条文摘录] **6.4.7**　计日工支付应符合下列规定：

　　1　监理机构经发包人批准，可指示承包人以计日工方式实施零星工作或紧急工作。

　　2　在以计日工方式实施工作的过程中，监理机构应每日审核承包人提交的计日工工程量签证单，包括下列内容：

　　1）工作名称、内容和数量。

　　2）投入该工作所有人员的姓名、工种、级别和耗用工时。

　　3）投入该工程的材料类别和数量。

　　4）投入该工程的施工设备型号、台数和耗用台时。

　　5）监理机构要求提交的其他资料和凭证。

　　3　计日工由承包人汇总后列入工程进度付款申请单，由监理机构审核后列入工程进度付款证书。

4.32.2　基本要求

（1）必须经发包人批准，监理机构方可指示承包人以计日工方式实施零星工作或紧急工作。

（2）在以计日工方式实施工作的过程中，监理机构应每日审核承包人提交的《计日工工程量签证单》，包括下列内容：

　1）工作名称、内容和数量。

　2）投入该工作所有人员的姓名、工种、级别和耗用工时。

　3）投入该工程的材料类别和数量。

　4）投入该工程的施工设备型号、台数和耗用台时。

　5）监理机构要求提交的其他资料和凭证。

（3）以计日工方式计量的项目，其金额按照施工合同约定的计日工项目及其单价计算。若施工合同无约定，由双方协商确定。

（4）《计日工工程量签证单》应由监理工程师当天签字确认，并加盖监理机构章。

（5）计日工由承包人汇总后列入工程进度付款申请单，由监理机构审核后列入当期工程进度付款证书。

（6）《计日工工程量签证单》一式三份，由承包人每个工作日完成后填写，经监理机构审核后，发包人一份、监理机构一份、承包人一份，作结算时使用。

（7）《计日工工程量签证单》应按 SL 288—2014《水利工程施工监理规范》附录 E 表 CB32 填写。

4.33 工程进度付款申请单

4.33.1 相关规定
SL 288—2014《水利工程施工监理规范》

[条文摘录] 6.4.5 工程进度付款应符合下列规定：

1 监理机构应在施工合同约定时间内，完成对承包人提交的工程进度付款申请单及相关证明材料的审核，同意后签发工程进度付款证书，报发包人。

4.33.2 基本要求

(1)《工程进度付款申请单》应符合下列规定：
1）付款申请单填写符合相关要求，支持性证明文件齐全。
2）申请付款项目、计量与计价符合施工合同约定。
3）已完工程的计量、计价资料真实、准确、完整。

(2)《工程进度付款申请单》应包括以下内容：
1）截至上次付款周期末已实施工程的价款。
2）本次付款周期已实施工程的价款。
3）应增加或扣减的变更金额。
4）应增加或扣减的索赔金额。
5）应支付和扣减的预付款。
6）应扣减的质量保证金。
7）价格调整金额。
8）根据合同约定应增加或扣减的其他金额。

(3) 工程进度付款属于施工合同的中间支付。监理机构出具工程进度付款证书，不视为监理机构已同意、批准或接受了该部分工作。在对以往历次已签发的工程进度付款证书进行汇总和复核中发现错、漏或重复的，监理机构有权予以修正，承包人也有权提出修正申请。

(4) 监理机构应严格按照合同约定的期限和合同条款审查施工单位报送的《工程进度付款申请单》及附件，《工程进度付款申请单》须经项目经理签字并加盖施工项目经理部章。

(5) 监理机构审查《工程进度付款申请单》时，应重点审查各类支持性资料，如：已完成合格工程的工程量报表或工程量清单、涉及工程经济的补充合同条款、材料（设备）询价定价协议、合同约定的各类调价文件等。

(6) 项目监理机构审查《工程进度付款申请单》时，应依据施工合同约定或工程量清单对施工单位申报的工程量和支付金额进行复核，确定实际完成的合格工程量及应支付的进度款金额。

(7) 项目监理机构审查竣工结算款时，应重点审查开工报告、支付保函、履约保函等资料；工程变更、洽商、索赔费用批复资料等证明材料，并提出审查意见。

(8) 各专业的监理工程师负责审查相应专业的《工程进度付款申请单》并提出审查意见。审查意见应明确施工单位应得款、本期应扣款和本期应付款。其依据与计算值的相应支持性材料应作为附件。

（9）监理机构完成对承包人提交的《工程进度付款申请单》及相关证明材料审核的，同意后由总监理工程师签发工程进度付款证书并加盖监理机构章。

（10）工程进度付款证书应及时报发包人审批并反馈承包人。

（11）《工程进度付款申请单》一式三份，由承包人填写。经监理机构审核后，作为工程进度付款证书的附件报送发包人批准。

（12）《工程进度付款申请单》应按 SL 288—2014《水利工程施工监理规范》附录 E 表 CB33 填写。

4.34 施工月报表

4.34.1 相关规定

SL 288—2014《水利工程施工监理规范》

[条文摘录] 6.3.13 监理机构应审阅承包人按施工合同约定提交的施工月报、施工年报，并报送发包人。

4.34.2 基本要求

（1）施工月报的主要内容：综述；现场机构运行情况；工程总体形象进度；工程施工内容；工程施工进度；工程施工质量；完成合同工程量及金额；安全、文明施工及施工环境管理；现场资源投入等合同履约情况；下月进度计划及工作安排；需解决或协商的问题及建议；施工大事记；附表。

（2）《施工月报表》一式三份，由承包人填写，宜每月 25 日前报监理机构，监理机构签收后返回承包人一份，发包人一份，监理机构一份。

（3）《施工月报表》应按 SL 288—2014《水利工程施工监理规范》附录 E 表 CB34 填写。

4.35 验收申请报告

4.35.1 相关规定

SL 223—2008《水利水电建设工程验收规程》

[条文摘录] 3.0.3 分部工程具备验收条件时，施工单位应向项目法人提交验收申请报告。项目法人应在收到验收申请报告之日起 10 个工作日内决定是否同意进行验收。

[条文摘录] 4.0.3 单位工程完工并具备验收条件时，施工单位应向项目法人提出验收申请报告，项目法人应在收到验收申请报告之日起 10 个工作日内决定是否同意进行验收。

[条文摘录] 5.0.3 合同工程具备验收条件时，施工单位应向项目法人提出验收申请报告，项目法人应在收到验收申请报告之日起 20 个工作日内决定是否同意进行验收。

SL 288—2014《水利工程施工监理规范》

[条文摘录] 4.3.9 工程验收制度。在承包人提交验收申请后，监理机构应对其是否具备验收条件进行审核，并根据有关水利工程验收规程或合同约定，参与或主持工程验收。

[条文摘录] **6.9.6** 监理机构应审核承包人提交的合同工程完工申请，满足合同约定条件的，提请发包人签发合同工程完工证书。

4.35.2 基本要求

1. 监理机构职责

监理机构应按照有关规定组织或参加工程验收，其主要职责应包括下列内容：

（1）参加或受发包人委托主持分部工程验收，参加发包人主持的单位工程验收、水电站（泵站）中间机组启动验收和合同工程完工验收。

（2）参加阶段验收、竣工验收，解答验收委员会提出的问题，并作为被验单位在验收鉴定书上签字。

（3）按照工程验收有关规定提交工程建设监理工作报告，并准备相应的监理备查资料。

（4）监督承包人按照分部工程验收、单位工程验收、合同工程完工验收、阶段验收等验收鉴定书中提出的遗留问题处理意见完成处理工作。

2. 工程验收标准

合格标准是工程验收标准。不合格工程必须进行处理且达到合格标准后，才能进行后续工程施工或验收。

3. 分部工程验收的监理工作主要内容

（1）在承包人提出分部工程验收申请后，监理机构应组织检查分部工程的完成情况、施工质量评定情况和施工质量缺陷处理情况，并审核承包人提交的分部工程验收资料。

（2）分部工程施工质量同时满足下列标准时，其质量评为合格：

1）所含单元工程的质量全部合格，质量事故及质量缺陷已按要求处理，并经检验合格；

2）原材料、中间产品及混凝土（砂浆）试件质量全部合格，金属结构及启闭机制造质量合格，机电产品质量合格。

（3）存在问题的，监理机构应签发监理通知单，指示承包人对申请被验分部工程存在的问题进行处理，对资料中存在的问题进行补充、完善。

（4）经检查分部工程符合有关验收规程规定的验收条件后，总监理工程师（或副总监）应签发验收申请报告批复表，同时提请发包人或受发包人委托及时组织分部工程验收。

（5）监理机构在验收前应准备相应的监理备查资料。

（6）监理机构应监督承包人按照分部工程验收鉴定书中提出的遗留问题处理意见完成处理工作。

4. 单位工程验收的监理工作主要内容

（1）在承包人提出单位工程验收申请后，监理机构应组织检查单位工程的完成情况和施工质量评定情况、分部工程验收遗留问题处理情况及相关记录，并审核承包人提交的单位工程验收资料。

（2）单位工程施工质量同时满足下列标准时，其质量评为合格：

1）所含分部工程质量全部合格；

2) 质量事故已按要求进行处理；

3) 工程外观质量得分率达到 70% 以上；

4) 单位工程施工质量检验与评定资料基本齐全；

5) 工程施工期及试运行期，单位工程观测资料分析结果符合国家和行业技术标准以及合同约定的标准要求。

（3）存在问题的，监理机构应指示承包人对申请被验单位工程存在的问题进行处理，对资料中存在的问题进行补充、完善。

（4）经检查单位工程符合有关验收规程规定的验收条件后，总监理工程师（或副总监）应签发验收申请报告批复表，同时提请发包人及时组织单位工程验收。

（5）监理机构应参加发包人主持的单位工程验收，并在验收前提交工程建设监理工作报告，准备相应的监理备查资料。

（6）监理机构应监督承包人按照单位工程验收鉴定书中提出的遗留问题处理意见完成处理工作。

（7）单位工程投入使用验收后工程若由承包人代管，监理机构应协调合同双方按有关规定和合同约定办理相关手续。

5. 合同项目完工验收的监理工作主要内容

（1）承包人提出合同工程完工验收申请后，监理机构应组织检查合同范围内的工程项目和工作的完成情况、合同范围内包含的分部工程和单位工程的验收情况、观测仪器和设备已测得初始值和施工期观测资料分析评价情况、施工质量缺陷处理情况、合同工程完工结算情况、场地清理情况、档案资料整理情况等。

（2）工程项目施工质量同时满足下列标准时，其质量评为合格：

1) 单位工程质量全部合格。

2) 工程施工期及试运行期，各单位工程观测资料分析结果均符合国家和行业技术标准以及合同约定的标准要求。

（3）存在问题的，监理机构应指示承包人对申请被验合同工程存在的问题进行处理，对资料中存在的问题进行补充、完善。

（4）经检查已完合同工程符合施工合同约定和有关验收规程规定的验收条件后，总监理工程师（或副总监）应签发验收申请报告批复表，同时提请发包人及时组织合同工程完工验收。

（5）监理机构应参加发包人主持的合同工程完工验收，并在验收前提交工程建设监理工作报告，准备相应的监理备查资料。

（6）合同工程完工验收通过后，监理机构应参加承包人与发包人的工程交接和档案资料移交工作。

（7）监理机构应监督承包人按照合同工程完工验收鉴定书中提出的遗留问题处理意见完成处理工作。

6. 报告份数

《验收申请报告》一式四份，由承包人填写，监理机构签收后，发包人一份、设代机构一份、监理机构一份、承包人一份。

7. 报告填写

《验收申请报告》应按 SL 288—2014《水利工程施工监理规范》附录 E 表 CB35 填写。

4.36 报 告 单

4.36.1 基本要求

(1) 当工程施工过程中发生需要监理单位和业主单位协调解决的事项时，施工单位应以报告单形式上报。

(2) 施工单位应及时报送《报告单》，以免造成延误。

(3) 如《报告单》涉及设计等其他单位的，可另行增加意见栏。

(4) 《报告单》一式三份，由承包人填写，监理机构、发包人签署意见后，发包人一份、监理机构一份、承包人一份。

(5) 《报告单》应按 SL 288—2014《水利工程施工监理规范》附录 E 表 CB36 填写。

4.37 回 复 单

4.37.1 基本要求

(1) 《回复单》主要用于承包人对监理机构或发包人发出的监理通知、指示的回复。

(2) 《回复单》一式二份，由承包人填写。监理机构审核后，承包人一份、监理机构一份。

(3) 《回复单》应按 SL 288—2014《水利工程施工监理规范》附录 E 表 CB37 填写。

4.38 确 认 单

4.38.1 基本要求

(1) 《确认单》主要用于承包人对监理机构发出的监理通知、指示的执行情况确认。

(2) 《确认单》一式二份，由承包人填写，监理机构确认后，承包人一份、监理机构一份。

(3) 《确认单》应按 SL 288—2014《水利工程施工监理规范》附录 E 表 CB38 填写。

4.39 完工付款/最终结清申请单

4.39.1 相关规定

SL 288—2014《水利工程施工监理规范》

[条文摘录] **6.4.8** 完工付款应符合下列规定：

1 监理机构应在施工合同约定期限内，完成对承包人提交的完工付款申请单及相关证明材料的审核，同意后签发完工付款证书，报发包人。

第4章 审验类资料

[条文摘录] **6.4.9** 最终结清应符合下列规定：

1 监理机构应在施工合同约定期限内，完成对承包人提交的最终结清申请单及相关证明材料的审核，同意后签发最终结清证书，报发包人。

4.39.2 基本要求

（1）总监理工程师应在施工合同约定期限内，组织各专业的监理工程师对承包人提交的《完工付款/最终结清申请单》及相关证明材料进行审核，形成审核计算资料，同意后签发完工付款证书。

（2）《完工付款/最终结清申请单》须经项目经理签字并加盖施工项目经理部章。

（3）若发包人和承包人双方未能就最终结清的名目和金额取得一致意见，监理机构应对双方同意的部分出具临时付款证书，只有在发包人和承包人双方有争议的部分得到解决后，方可签发最终结清证书。

（4）《完工付款/最终结清申请单》一式三份，由承包人填写，监理机构签收后，发包人一份、监理机构一份、承包人一份。

（5）《完工付款/最终结清申请单》应按 SL 288—2014《水利工程施工监理规范》附录 E 表 CB39 填写。

4.40 工程交接申请表

4.40.1 相关规定

SL 223—2008《水利水电建设工程验收规程》

[条文摘录] **9.1.1** 通过合同工程完工验收或投入使用验收后，项目法人与施工单位应在 30 个工作日内组织专人负责工程的交接工作，交接过程应有完整的文字记录且有双方交接负责人签字。

SL 288—2014《水利工程施工监理规范》

[条文摘录] **4.1.8** 参加工程验收工作；参加发包人与承包人的工程交接和档案资料移交。

4.40.2 基本要求

（1）合同工程完工验收或投入使用验收通过后，监理机构收到承包人报审的《工程交接申请表》及其附件的，总监理工程师应及时组织监理人员审核。

（2）工程交接申请监理机构审核的主要内容：

1) 合同工程完工验收或投入使用验收是否已经形成相应的验收鉴定书；
2) 是否已经完成档案资料的交接工作；
3) 施工单位是否已经按照合同要求递交工程质量保修书；
4) 承包人是否完成施工场地清理等。

（3）监理机构应参加发包人与承包人的工程交接工作，交接过程应有完整的文字记录且有双方交接负责人签字。

（4）发包人同意工程交接后，由发包人另行签发工程交接证书。

（5）《工程交接申请表》一式三份，由承包人填写，监理机构、发包人审签后，承包人一份，监理机构一份、发包人一份。

（6）《工程交接申请表》应按 SL 288—2014《水利工程施工监理规范》附录 E 表 CB40 填写。

4.41　质量保证金退还申请表

4.41.1　相关规定

SL 288—2014《水利工程施工监理规范》

［条文摘录］6.4.10　监理机构应按合同约定审核质量保证金退还申请表，签发质量保证金退还证书。

4.41.2　基本要求

（1）监理机构收到承包人提交《质量保证金退还申请表》后，应按合同约定进行审核。

（2）《质量保证金退还申请表》须经项目经理签字并加盖施工项目经理部章。

（3）质量保证金退还的前提是缺陷责任期已经终止，以缺陷责任期终止证书载明的时间为准。

（4）经审核同意后，签发质量保证金退还证书，报发包人。

（5）质量保证金退还证书应由总监理工程师签字并加盖监理机构章。

（6）《质量保证金退还申请表》一式三份，由承包人填写，监理机构签收后，发包人一份，监理机构一份、承包人一份。

（7）《质量保证金退还申请表》应按 SL 288—2014《水利工程施工监理规范》附录 E 表 CB41 填写。

第5章 记录类资料

5.1 旁站监理值班记录

5.1.1 相关规定
SL 288—2014《水利工程施工监理规范》
[条文摘录] 3.3.7 监理员应按照职责权限开展监理工作，其主要职责应包括下列各项：

5 对所监理的施工现场进行定期或不定期的巡视检查，依据监理实施细则实施旁站监理和跟踪检测。

[条文摘录] 4.2.3 旁站监理。监理机构按照监理合同约定和监理工作需要，在施工现场对工程重要部位和关键工序的施工作业实施连续性的全过程监督、检查和记录。

[条文摘录] 6.2.11 旁站监理应符合下列规定：

1 监理机构应依据监理合同和监理工作需要，结合批准的施工措施计划，在监理实施细则中明确旁站监理的范围、内容和旁站监理人员职责，并通知承包人。

2 监理机构应严格实施旁站监理，旁站监理人员应及时填写旁站监理值班记录。

3 除监理合同约定外，发包人要求或监理机构认为有必要并得到发包人同意增加的旁站监理工作，其费用应由发包人承担。

5.1.2 基本要求

（1）依据 SL 288—2014《水利工程施工监理规范》条文说明，需要旁站监理的工程重要部位和关键工序一般包括下列内容，监理机构可视工程具体情况从中选择或增加：

1）土石方填筑工程的土料、砂砾料、堆石料、反滤料和垫层料压实工序。

2）普通混凝土工程、碾压混凝土工程、混凝土面板工程、防渗墙工程、钻孔灌注桩工程等的混凝土浇筑工序。

3）沥青混凝土心墙工程的沥青混凝土铺筑工序。

4）预应力混凝土工程的混凝土浇筑工序、预应力筋张拉工序。

5）混凝土预制构件安装工程的吊装工序。

6）混凝土坝坝体接缝灌浆工程的灌浆工序。

7）安全监测仪器设备安装埋设工程的监测仪器安装埋设工序，观测孔（井）工程的率定工序。

8）地基处理、地下工程和孔道灌浆工程的灌浆工序。

9）锚喷支护和预应力锚索加固工程的锚杆工序、锚索张拉锁定工序。

10）堤防工程堤基清理工程的基面平整压实工序，填筑施工的所有碾压工序，防冲体护脚工程的防冲体抛投工序，沉排护脚工程的沉排铺设工序。

11) 金属结构安装工程的压力钢管安装、闸门门体安装等工程的焊接检验。

12) 启闭机安装工程的试运行调试。

13) 水轮机和水泵安装工程的导水机构、轴承、传动部件安装。

监理机构在监理工作过程中可结合批准的施工措施计划和质量控制要求，通过编制或修订监理实施细则，具体明确或调整需要旁站监理的工程部位和工序。

(2) 项目监理机构应根据监理规划，在监理实施细则中（或单独编制旁站监理工作方案），明确旁站监理人员及职责、工作内容和程序、工程部位或工序，送发包人的同时通知承包人。

(3) 项目监理机构应建立和完善旁站监理制度，督促旁站监理人员到位、定期检查旁站监理记录和旁站监理工作质量。

(4) 对需要旁站监理的部位和工序，应要求承包人在施工前24小时书面通知项目监理机构，项目监理机构应根据旁站监理工作方案安排旁站监理人员在预定的时间内到达施工现场。

(5) 对承包人的人员、机械、材料、施工方案、安全措施及上一道工序质量报验等进行检查；具备旁站监理条件时，旁站监理人员实施旁站监理工作，并做好旁站监理值班记录。

(6) 旁站监理值班记录格式应按 SL 288—2014《水利工程施工监理规范》附录 E 表 JL26 填写。

5.1.3 旁站监理填写要求

1. 基本情况

(1) 工程部位：工程部位要明确。施工部位的描述应采用部位名称、桩号、轴线、标高等说明具体部位（如：二标段1♯堤防K1+00至K1+50右岸堤基C20混凝土浇筑）。

(2) 日期：实施旁站当天的日期。

(3) 时间：当天实施旁站的开始、结束时间，要求精确到分钟。如9:00—11:30。

(4) 天气：准确记录当天的天气状况。

(5) 温度：记录当日的最高、最低气温。

2. 人员情况

(1) 记录承包人在岗履职的施工技术员、质检员、施工班组长的名字。

(2) 记录现场人员数量及分类人员数量：记录管理人员、技术人员、特种作业人员、普通作业人员、其他辅助人员的数量，以及合计人员数量。

3. 主要施工设备及运转情况

记录实施旁站部位投入的施工设备名称、型号、数量和运行状况等信息。

4. 主要材料使用情况

记录实施旁站部位主要材料的使用情况，把原材料/中间产品的名称、规格、数量、厂家等特征描述清楚。如C20混凝土浇筑150m³，商品混凝土供应商为××商品混凝土公司。

5. 施工过程描述

对实施旁站部位的施工过程进行详细描述，进行的试验、检验情况也应进行记录。

如：混凝土罐车运混凝土到现场，人工配合吊车吊吊罐至导管上方漏斗入仓，吊车提升导管，拆除顶部导管，直至浇筑混凝土达到设计要求高程。混凝土浇筑过程中，分层进行振捣。试验员出机口取混凝土制作一组抗压试块。现场试验员做3次坍落度试验（坍落度数值分别为：150mm、155mm、160mm）符合设计要求。

6. 监理现场检查、检测情况

记录旁站监理过程中检查现场安全措施的情况，以及施工质量的检查、检测情况。如：混凝土开仓检查，试块的见证取样、平行检测，坍落度检测，检查混凝土表面的平整度，对支架（拱架）、模板、钢筋和预埋件的检查，填筑施工的虚铺厚度检查、压实度检测等，都做好相应的记录。

7. 承包人提出的问题

施工方若有提出需解决、协调问题应详细记录。

8. 监理人的答复或指示

对承包人提出的问题予以明确；旁站监理过程中，旁站监理人员发现违规行为或施工质量和安全隐患时，监理人员的口头指令或书面通知的指令应简要描述，并对承包人的落实情况进行记录。

9. 施工、监理人员签字确认

没有施工技术员、旁站监理人员签字的旁站监理记录是无效的。旁站监理人员应在旁站监理结束后24小时内编写并签字，同时送达施工技术员手里；施工技术员在收到旁站监理记录后24小时内确认签字，并送达监理人员；如果有疑问，应在24小时内双方商议解决。

5.2 监理巡视记录

5.2.1 相关规定

SL 288—2014《水利工程施工监理规范》

[条文摘录] 4.2.4 巡视检查。监理机构对所监理工程的施工进行定期或不定期的监督与检查。

5.2.2 基本要求

（1）应重点巡视正在施工的分部工程、单元工程（工序）是否已批准开工；质量检测、安全管理人员是否按规定到岗；特种作业人员是否持证上岗；现场使用的原材料或混合料、外购产品、施工机械设备及采用的施工方法与工艺是否与批准的一致；质量、安全及环保措施是否实施到位；试验检测仪器、设备是否按规定进行了校准；是否按规定进行了施工自检和工序交接等等。

（2）监理人员每天对每道工序的巡视应不少于1次，并详细做好巡视记录。

（3）监理人员每次（天）巡视后，应将巡视的主要内容、现场施工概况、发现的问题、处理意见和处理结果等如实记录在巡视记录上。当天问题未及时处理的，应在处理完成之日及时补记。

（4）巡视记录要求每个监理人员都进行记录，当你进行了工地巡视时，必须进行巡视记录。当日没有进行巡视的不填写巡视记录。

(5) 巡视记录按岗位分册填写，一月一本，中间如有岗位调换，继任人应接着前一任的巡视记录填写。

(6) 监理巡视记录的填写应真实、完整、及时。填写时必须使用碳素笔或钢笔，不应使用铅笔、纯蓝墨水笔填写。

(7) 施工期间监理巡视记录由监理人员各自填写、保存、备查，年终交总监办统一保存。各监理人员应妥善保管好自己的监理巡视记录，并应保持清洁。

(8) 当工程完工时，监理巡视记录按照竣工文件编制办法的要求整理归档。

(9) 监理巡视记录格式应按 SL 288—2014《水利工程施工监理规范》附录 E 表 JL27 填写。

5.2.3 监理巡视记录填写要点

(1) 合同名称及合同编号：合同名称应该填写监理合同中填写的项目名称，合同编号应该填写工程备案合同编号。

(2) 巡视范围：填写当日（次）巡视的范围、主要部位、工序。

(3) 巡视情况：

1) 填写巡视的开始时间，即到达第一个施工现场的时间；终止时间填写最后巡视工序离开现场的时间。当上下午均进行了巡视，中午有停顿时，应将停顿时间标出。

2) 填写本次巡视时某某部位或工序的主要施工管理人员、技术人员、安全员等到位情况。

3) 巡视人员主要巡检数据记录：

a) 大坝填筑应填写单层填筑虚铺厚度，石方超粒径、压实情况、平整度情况以及主要施工设备等等。

b) 钢筋加工及安装应填写半成品、成品检查数据，检测项目应符合检验评定标准。

c) 模板应填写几何尺寸、平整度、错台、接缝、支撑情况等。

d) 混凝土浇筑应填写浇筑部位、起始时间、坍落度、和易性、某某监理旁站等。

e) 预应力张拉和压浆应记录构件编号、巡视中张拉的哪一束，哪个阶段的，应力是多少，伸长量是多少等；压浆构件的编号，水泥浆的稠度，旁站人等。

f) 混凝土及预应力混凝土成品构件检查巡视，应记录构件的编号、几何尺寸、外观情况等。

j) 浆砌防护和排水工程应记录具体桩号、位置，砌体的砂浆标号，坐浆情况，断面几何尺寸情况、外观情况等。

(4) 发现的问题及处理情况：施工过程巡视人发现的问题必须在过程中解决，只要发现了问题，必须进行处理，并应符合规范。当时没有处理解决的要跟踪复查，在处理完成后要及时补记闭合。所有质量、安全等问题必须有处理，必须闭合。

5.3 工程质量平行检测记录

5.3.1 相关规定

SL 288—2014《水利工程施工监理规范》

[条文摘录] 4.2.6 平行检测。在承包人对原材料、中间产品和工程质量自检的同时，监

理机构按照监理合同约定独立进行抽样检测，核验承包人的检测结果。平行检测费用由发包人承担。

[条文摘录] **6.2.14** 平行检测应符合下列规定：

1 监理机构可采用现场测量手段进行平行检测。

2 需要通过实验室进行检测的项目，监理机构应按照监理合同约定通知发包人委托或认可的具有相应资质的工程质量检测机构进行检测试验。

3 平行检测的项目和数量（比例）应在监理合同中约定。其中，混凝土试样应不少于承包人检测数量的 3%，重要部位每种标号的混凝土至少取样 1 组；土方试样应不少于承包人检测数量的 5%，重要部位至少取样 3 组。施工过程中，监理机构可根据工程质量控制工作需要和工程质量状况等确定平行检测的频次分布。根据施工质量情况要增加平行检测项目、数量时，监理机构可向发包人提出建议，经发包人同意增加的平行检测费用由发包人承担。

4 当平行检测试验结果与承包人的自检试验结果不一致时，监理机构应组织承包人及有关各方进行原因分析，提出处理意见。

5.3.2 基本要求

（1）平行检测是由监理机构组织实施的与承包人测量、试验等质量检测结果的对比性检测。对不同类别的检测，平行检测实施如下：

1）监理机构复核施工控制网、地形、施工放样，以及工序和工程实体的位置、高程和几何尺寸时，可以独立进行抽样测量，也可以与承包人进行联合测量，核验承包人的测量成果。

2）需要通过实验室试验检测的项目，如水泥物理力学性能检验、砂石骨料常规检验、混凝土强度检验、砂浆强度检验、混凝土掺加剂检验、土工常规检验、砂石反滤料（垫层）常规检验、钢筋（含焊接与机械连接）力学性能检验、预应力钢绞线和锚夹具检验、沥青及其混合料检验等，由发包人委托或认可的具有相应资质的工程质量检测机构进行检测，但试样的选取由监理机构确定。现场取样一般由工程质量检测机构实施，也可以由监理机构实施。

3）工程需要进行的专项检测试验监理机构不进行平行检测。专项检测试验一般包括：地基及复合地基承载力静载检测、桩的承载力检测、桩的抗拔检测、桩身完整性检测、金属结构设备及机电设备检测、电气设备检测、安全监测设备检测、锚杆锁定力检测、管道工程压水试验、过水建筑物充水试验、预应力锚具检测、预应力锚索与管壁的摩擦系数检测等。

4）单元工程（工序）施工质量检测可能对工程实体造成结构性破坏的，监理机构不做平行检测，但对承包人的工艺试验进行平行检测。施工过程中监理机构要监督承包人严格按照工艺试验确定的参数实施。

（2）现场测量检测的数量满足下列质量控制要求：

1）单元工程质量评定要求和合同约定要求。

2）施工控制网、施工放样等复核要求。

（3）SL 288—2014《水利工程施工监理规范》对平行检测的项目和数量做了最低限度

的规定。根据工程的重要性和其他具体要求，应平行检测试验的其他项目和检测数量可在监理合同中约定。

（4）由于受随机因素的影响，平行检测结果与承包人的自检结果存在偏差是必然的。平行检测试验结果与承包人的自检试验结果不一致时要区分正常误差和系统偏差。只有发现系统偏差，才需要分析原因并采取措施。

若原材料平行检测试验结果不合格，承包人要双倍取样，如仍不合格，则该批次原材料确定为不合格，不得使用；若不合格原材料已用于工程实体，监理机构需要求承包人进行工程实体检测，必要时可提请发包人组织设代机构等有关单位和人员对工程实体质量进行鉴定。

（5）平行检测记录、平行检测送样台账、平行检测报告台账要相互对应。

（6）工程质量平行检测记录格式应按 SL 288—2014《水利工程施工监理规范》附录 E 表 JL28 填写。

5.4 工程质量跟踪检测（见证取样）记录

5.4.1 相关规定

SL 288—2014《水利工程施工监理规范》

[条文摘要] **4.2.5** 跟踪检测。监理机构对承包人在质量检测中的取样和送样进行监督。跟踪检测费用由承包人承担。

[条文摘要] **6.2.13** 跟踪检测应符合下列规定：

1 实施跟踪检测的监理人员应监督承包人的取样、送样以及试样的标记和记录，并与承包人送样人员共同在送样记录上签字。发现承包人在取样方法、取样代表性、试样包装或送样过程中存在错误时，应及时要求予以改正。

2 跟踪检测的项目和数量（比例）应在监理合同中约定。其中，混凝土试样应不少于承包人检测数量的7%，土方试样应不少于承包人检测数量的10%。施工过程中，监理机构可根据工程质量控制工作需要和工程质量状况等确定跟踪检测的频次分布，但应对所有见证取样进行跟踪。

5.4.2 基本要求

（1）SL 288—2014《水利工程施工监理规范》对监理机构跟踪检测的项目和数量做了最低限度的规定。根据工程的重要性和其他具体要求，需跟踪检测的其他项目和检测数量可在监理合同中约定。

（2）试样是指样品、试件、试块等。为了保证承包人送检的试样的代表性和真实性，在承包人进行自检的同时，监理机构按照一定比例对试样的取样、标记、包装等实施监督并记录，并与承包人送样人员共同在送样记录上签字。

（3）见证检测项目及抽样检验方法应按国家有关法律法规、标准规范及施工合同约定执行。

（4）项目监理机构应根据工程特点配备满足工程需要的见证人员，负责见证取样和送检工作。见证人员发生变化时，应在见证取样和送检前书面通知施工单位、检测单位和负责该项工程的质量监督机构。

（5）见证记录应由见证人员和施工单位试验人员共同签字。见证人员和取样人员应对试样的代表性和真实性负责。

（6）在施工过程中，见证人员应按照见证计划，对施工现场的见证取样和送检进行见证，监督施工单位试验人员在试样（试件）或其包装上作出标识、封志，并做好见证记录。

（7）见证人员应核查见证取样的项目、数量和比例是否满足有关规定和相关标准的要求，并存留相关影像资料，应确保见证取样和送检过程的真实性。

（8）见证人员应核查式样或其包装上的标识、封志信息是否齐全式样编号是否唯一等，并应在标识和封志上签字。

（9）见证人员应及时核查检测试验报告内容。当检测试验报告合格时，应签认进场材料相关资料。

（10）对检测试验报告不合格的材料，见证人员应要求施工单位进行处理或限期退场，对处理情况进行监督并做好记录。

（11）委托单、跟踪检测送样台账、跟踪检测报告台账要相互对应。

（12）工程质量跟踪检测记录格式应按 SL 288—2014《水利工程施工监理规范》附录 E 表 JL29 填写。

（13）见证取样记录格式应按 SL 288—2014《水利工程施工监理规范》附录 E 表 JL30 填写。

5.5 安全检查记录

5.5.1 相关规定

SL 288—2014《水利工程施工监理规范》

[条文摘录] 6.5.5 施工过程中监理机构的施工安全监理应包括下列内容：

1 督促承包人对作业人员进行安全交底，监督承包人按照批准的施工方案组织施工，检查承包人安全技术措施的落实情况，及时制止违规施工作业。

2 定期和不定期巡视检查施工过程中危险性较大的施工作业情况。

3 定期和不定期巡视检查承包人的用电安全、消防措施、危险品管理和场内交通管理等情况。

4 核查施工现场施工起重机械、整体提升脚手架和模板等自升式架设设施和安全设施的验收等手续。

5 检查承包人的度汛方案中对洪水、暴雨、台风等自然灾害的防护措施和应急措施。

6 检查施工现场各种安全标志和安全防护措施是否符合水利工程建设标准强制性条文及相关规定的要求。

7 督促承包人进行安全自查工作，并对承包人自查情况进行检查。

8 参加发包人和有关部门组织的安全生产专项检查。

9 检查灾害应急救助物资和器材的配备情况。

  10 检查承包人安全防护用品的配备情况。

5.5.2 基本要求

（1）施工现场安全生产状况。包括现场安全生产状况、安全管理人员到岗、安全技术交底等情况。

（2）对当天施工现场安全生产状况进行描述，包括施工单位是否按照安全技术措施或专项施工方案组织施工，安全管理人员、特种人员是否持证上岗，是否对作业人员进行安全技术交底，机械设备的使用情况等。

（3）安全生产管理的监理工作情况。包括审查核验、巡视检查等情况。

记录当日审查施工单位的安全技术措施或专项施工方案及有关技术文件、资料情况；当日巡视检查危险性较大分部工程（单元工程）作业情况；施工起重机械设备、安全防护设施的验收情况；安全管理人员到岗情况；对施工单位自查情况进行抽查，参加各方的安全生产专项检查等情况。

（4）发现安全隐患或问题及处理情况。包括签发监理通知单或工程暂停令情况。

应描述发现的安全隐患的基本情况，包括问题部位、性质、程度及所采取措施，整改后的复查情况。如发出《监理通知单》《暂停施工指示》《监理报告》等，应记录文件编号。

（5）安全检查记录应按 SL 288—2014《水利工程施工监理规范》附录表 JL31 填写。

5.6 工程设备进场开箱验收单

5.6.1 相关规定

SL 288—2014《水利工程施工监理规范》

[条文摘录] 6.2.6 原材料、中间产品和工程设备的检验或验收应符合下列规定：

  5 监理机构应按施工合同约定的时间和地点参加工程设备的交货验收，组织工程设备的到场交货检查和验收。

5.6.2 基本要求

（1）监理工程师应审查进场用于工程的设备的质量证明文件的真实性、有效性和可追溯性。其种类和形式根据产品标准和产品特性确定，包括：生产单位提供的合格证、安全性能标志（CCC）、质量证明书、性能检测报告等证明资料。其中，进口设备应有商检证明文件；新设备应有相应资质机构的鉴定文件等。质量证明文件若无原件，复印件上应加盖证明文件提供单位的公章。质量证明文件应说明用于工程的设备质量符合工程建设标准。

（2）监理机构应会同相关单位对进场设备进行开箱检查，检查设备出厂合格证、质量检验证明、有关图纸、技术说明书、配件清单及技术资料等是否齐全，并做好检查记录。

（3）由建设单位采购的设备，应由建设单位、施工单位、项目监理机构及其他有关单位共同进行开箱检查，检查情况及结果应形成记录，并由各方代表在开箱记录上签署意见。

（4）对于进口设备，项目监理机构应要求施工单位报送进口商检证明文件和中文质量证明文件，并会同相关单位按合同约定进行联合检查，做好检查记录。

（5）工程设备清单应载明设备名称、型号规格、进场数量、进场时间及使用部位。一次申报多类时应分别列明。

（6）《施工设备进场报验单》应按 SL 288—2014《水利工程施工监理规范》附录表 JL32 的要求填写。

5.7 监 理 日 记

5.7.1 相关规定
SL 288—2014《水利工程施工监理规范》
[条文摘录] **6.8.5** 监理日志、报告与会议纪要应符合下列规定：

1 现场监理人员应及时、准确完成监理日记。由监理机构指定专人按照规定格式与内容填写监理日志并及时归档。

5.7.2 基本要求

1 《监理日记》是参与现场监理的每位监理人员对施工现场的工作记录。是监理日志填写最基本、最直接依据。

2 《监理日记》应反映监理人员个人活动的具体内容，详细描述个人监理活动的具体情况，体现时间、地点、相关人员及事情的起因、经过和结果。

3 《监理日记》的内容应真实、准确、及时、完整、可追溯，用语规范，内容严谨，记事条理清楚。

4 《监理日记》应按单位工程进行现场记录，不同标段的施工内容应分别注明。按月装订成册。

5 《监理日记》表格填写属于填空式作答，有问必答，填写内容不得答非所问，不得错位填写，不得"张冠李戴"，更不得出现"同上"的低级错误。

6 《监理日记》应按 SL 288—2014《水利工程施工监理规范》附录表 JL33 填写。

5.7.3 监理日记填写要点

1．"天气"栏

准确记录当天的天气状况，主要包括当日的最高、最低气温，当天的风力、风向。主要根据当地气象（或现场测定，如现场设置温度计、风速、风向仪进行实地测量）记录当日气候情况。

2．"施工部位、施工内容、施工形象及资源投入情况"栏

（1）施工部位的描述应采用部位名称、桩号、标高等说明具体部位（如：一标段 2#堤防 K1+00 至 K1+100 右岸堤基开挖）。

施工内容的描述应细化到工序（如：是开挖还是填筑等）。

（2）完成的形象进度应尽量采用数据（如：延米、m^2、m^3、桩号、高程等），当无法采用数据说明时，应采用文字加以描述清楚。

（3）资源投入。投入的施工人员应按工种分别统计，如钢筋工 6 人、木工 3 人、泥工 4 人、电工 1 人、电焊工 1 人等工种人员及人员数量的体现；记录主要管理人员、技术人

员等在岗情况。当天运到工地现场的原材料和中间产品的名称、规格、数量、厂家、拟用部位等特征描述清楚。工程设备进场时间，设备名称、规格/型号、数量、生产厂家等特征描述清楚。记录当天各个施工部位投入的施工设备名称、型号、数量和运行状况等信息。

3．"承包人质量检验和安全作业情况"栏

（1）检查承包人现场质量、安全生产保证体系运行情况。

检查承包人的质量检验包括隐蔽项目检验、实验等。主要记录监理人员参与的承包人的检验活动。包括承包人与监理人的共同测量；有监理人员见证的原材料/中间产品取样及送检；承包人与监理人对单元工程（工序）质量的共同检验等。如：基础开挖面验收前的测量，灌注桩的孔深检测，混凝土开仓检验，承包人三检制度执行情况等。

（2）承包人安全作业情况：检查承包人是否开展班前讲话、安全交底工作；施工作业过程是否佩戴安全帽；高处作业是否规范系带安全绳；安全设施、施工设备是否处于安全状态；是否有违章指挥、强令冒险作业；特种作业人员是否持证上岗；专职安全员是否到岗履职；施工单位是否按照批准的安全方案、安全措施、专项施工方案组织施工等等。

4．"监理机构的检查、巡视、检验情况"栏

记录监理人员现场检查哪些作业情况，巡视范围，检验情况。从巡视、检查、检测、验收、旁站等方面做详细记录。不论工程是否处于暂时停工的状态，都应填写，不得留空。

5．"施工作业存在的问题、现场监理提出的处理意见以及承包人对处理意见的落实情况"栏

记录监理人员在巡视、检查、检测、验收、旁站等过程中发现的质量、安全等问题；监理人员针对问题提出的处理意见，包括口头意见和书面意见；承包人对监理机构或监理人员提出的处理意见的落实情况。按照"闭环管理"要求，对事件（口头指令或书面指示）进行全过程记录。

6．"汇报事项和监理机构指示"栏

记录当日监理人员当事人向监理工程师/总监理工程师汇报的事项，或需向发包人汇报的有关事项。

记录监理机构向承包人发出的监理指示，包括口头指示或书面指示。

7．"其他事项"栏

监理日记前面六项没有涉及到的，但与监理人员工作有关的事项，均可在本栏记录。如：工程会议，上级有关部门的检查等。

5.8 监 理 日 志

5.8.1 相关规定

SL 288—2014《水利工程施工监理规范》

[**条文摘录**] 3.3.5 监理工程师应按照职责权限开展监理工作，是所实施监理工作的直接责任人，并对总监理工程师负责。其主要职责应包括以下各项：

15 收集、汇总、整理监理资料，参与编写监理月报，核签或填写监理日志。

[条文摘录] **3.3.7** 监理员应按照职责权限开展监理工作，其主要职责应包括下列各项：

11 填写监理日记，依据总监理工程师或监理工程师授权填写监理日志。

[条文摘录] **6.8.5** 监理日志、报告与会议纪要应符合下列规定：

1 现场监理人员应及时、准确完成监理日记。由监理机构指定专人按照规定格式与内容填写监理日志并及时归档。

5.8.2 基本要求

（1）《监理日志》是项目监理机构每日对监理工作及工程施工进展情况所做的记录。项目监理机构自进入施工现场应记录《监理日志》，至工程竣工验收合格后可停止记录。

（2）《监理日志》是参与现场监理的每位监理人员对施工现场的工作记录。

（3）《监理日志》应由总监理工程师根据工程实际情况指定专人依据监理日记填写《监理日志》，内容应保持连续和完整。

（4）《监理日志》应反映工程监理活动的具体内容，详细描述工程监理活动的具体情况，体现时间、地点、相关人员及事情的起因、经过和结果。

（5）《监理日志》的内容应真实、准确、及时、完整、可追溯，用语规范，内容严谨，记事条理清楚。

（6）《监理日志》应按监理合同所包括的施工内容填写，并按月装订成册。

（7）总监理工程师应定期审阅《监理日志》，全面了解监理工作情况，审阅后应予以签认。

（8）《监理日志》表格填写属于填空式作答，有问必答。填写内容不得答非所问，不得错位填写，不得"张冠李戴"，更不得出现"同上"的低级错误。

（9）《监理日志》格式应按 SL 288—2014《水利工程施工监理规范》附录 E 表 JL34 填写。

5.8.3 监理日志填写要点

1．"天气"栏

填写同监理日记。

2．"施工部位、施工内容、施工形象及资源投入"栏

填写同监理日记。

3．"承包人质量检验和安全作业情况"栏

填写同监理日记。

4．"监理机构的检查、巡视、检验情况"栏

填写同监理日记。

5．"施工作业存在的问题、现场监理提出的处理意见以及承包人对处理意见的落实情况"栏

填写同监理日记。

6．"监理机构签发的意见"栏

记录当日承包人呈报监理的文件名称、份数等信息；记录监理批复的文件、会议等情况；记录监理下发的通知、指示等。主要包括（不限于所列内容）：合同工程开工通知、

合同工程开工批复、施组/方案审核批复、人员报审表复核、单元/工序质量评定复核、监理通知、停工/复工通知、开仓证、付款证书、变更单价审核意见、工期延长审核意见、索赔审核意见等。总之，对工程质量、安全、进度、造价有较大影响的重要批复意见，一定要记录。

7. "其他事项"栏

监理日志前面六项没有涉及的，但与监理工作有关的事项，均可在本栏记录。如：工程会议，业主或主管部门对监理工作的要求，上级有关部门的检查等。

5.9 会议纪要

5.9.1 相关规定

SL 288—2014《水利工程施工监理规范》

[条文摘录] 4.3.5 会议制度。监理机构应建立会议制度，包括第一次监理工地会议、监理例会和监理专题会议。会议由总监理工程师或其授权的监理工程师主持，工程建设有关各方应派员参加。会议应符合下列要求：

1 第一次监理工地会议。第一次监理工地会议应在监理机构批复合同工程开工前举行，会议主要内容包括：介绍各方组织机构及其负责人；沟通相关信息；进行首次监理工作交底；合同工程开工准备检查情况。会议的具体内容可由有关各方会前约定，会议由总监理工程师主持召开。

2 监理例会。监理机构应定期主持召开由参建各方现场负责人参加的会议，会上应通报工程进展情况，检查上次监理例会中有关决定的执行情况，分析当前存在的问题，提出问题的解决方案或建议，明确会后应完成的任务及其责任方和完成时限。

3 监理专题会议。监理机构应根据工作需要，主持召开监理专题会议。会议专题可包括施工质量、施工方案、施工进度、技术交底、变更、索赔、争议及专家咨询等方面。

4 总监理工程师或授权副总监理工程师组织编写由监理机构主持召开会议的纪要，并分发与会各方。

[条文摘录] 6.8.5 监理日志、报告与会议纪要应符合下列规定：

5 监理机构应安排专人负责各类监理会议的记录和纪要编写。会议纪要应经与会各方签字确认后实施，也可由监理机构依据会议决定另行发文实施。

5.9.2 基本要求

（1）第一次监理工地会议应在监理机构批复合同工程开工前举行，会议由总监理工程师主持召开。主要内容是工程参建各方对各自驻现场人员及分工、开工准备、监理例会要求等情况进行沟通和协调。项目监理机构负责整理《会议纪要》，并分发与会各方。

（2）监理例会由总监理工程师或其授权的监理工程师主持。建设单位驻现场代表、项目监理机构人员、施工单位项目负责人及相关人员参加。必要时，可邀请勘察、设计等相关单位代表参加监理例会。

（3）监理例会召开的时间、地点及周期应在第一次工地会议上协商确定。

（4）专题会议是为解决监理过程中的工程专项问题而不定期召开的会议。项目监理机构应根据工程的实际需要召开专题会议,由总监理工程师或其授权的监理工程师主持,主要解决工程中出现的重要专项问题。

(5)《会议纪要》格式应按 SL 288—2014《水利工程施工监理规范》附录 E 表 JL38 填写。

5.9.3 会议主要内容

(1)第一次监理工地会议的主要内容:

发包人、承包人、监理单位分别介绍各方组织机构及其负责人;沟通相关信息;进行首次监理工作交底;合同工程开工准备检查情况。会议的具体内容可由有关各方会前约定,会议由总监理工程师主持召开。

(2)监理例会的主要内容:

通报工程进展情况,检查上次监理例会中有关决定的执行情况,分析当前存在的问题,提出问题的解决方案或建议,明确会后应完成的任务及其责任方和完成时限。

(3)监理专题会议的主要内容包括:会议召开时间、主要议题、会议内容、参会单位及人员等。会议专题可包括施工质量、施工方案、施工进度、技术交底、变更、索赔、争议及专家咨询等方面。

5.9.4 会议纪要整理

(1)第一次工地会议、监理例会、监理专题会议的会议纪要由项目监理机构负责整理,与会各方代表会签。会议签到表应作为会议纪要的附件归档。

(2)会议纪要应经主持人审阅签字,并分发与会各方。

(3)会议纪要印发至参会各方,并应有签收手续。

5.10 收 文 发 文 记 录

5.10.1 相关规定

SL 288—2014《水利工程施工监理规范》

[条文摘录] 6.8.3 通知与联络应符合下列规定:

3 监理机构应及时填写发文记录,根据文件类别和规定的发送程序,送达对方指定联系人,并由收件方指定联系人签收。

5.10.2 基本要求

(1)监理发文登记要登记文件名称、发送单位、抄送单位、发文时间和收文时间。

(2)监理收文登记要登记文件名称、发件单位、抄送单位、发文时间和收文时间,处理记录。

(3)《监理发文记录》应按 SL 288—2014《水利工程施工监理规范》附录表 JL36 填写。

(4)《监理收文记录》应按 SL 288—2014《水利工程施工监理规范》附录表 JL37 填写。

第6章 台账类资料

6.1 台账类资料的管理要求

（1）项目监理机构在监理实施过程中应建立各种类别的监理台账，监理台账的建立可以简化项目监理机构的资料管理工作。

（2）总监理工程师应结合工程具体情况，组织建立本项目监理工作台账体系，在监理规划中予以明确。

（3）台账的录入及管理应由总监理工程师指定专人负责，信息收集整理应及时、准确、完整，不得随意更改。

（4）项目监理机构应安排专人对监理台账数据进行审核，确保台账数据的准确性、及时性和完整性。

（5）项目监理机构可按现场需要自行增补相应的台账。

6.2 台账类资料管理

6.2.1 原材料/中间产品进场报验台账宜采用表6.2.1的格式编制并填写。

表6.2.1　　　　　　　　原材料/中间产品进场报验台账

工程名称：　　　　　　　　　　　　　　　　　　　　　　年　月　第　页　共　页

序号	报验单编号	原材料/中间产品名称	规格/型号	数量	生产厂家（来源、产地）	用途	报验日期	监理验收人	验收日期	备注
1										
2										

记录：　　　　　　　　审核：　　　　　　　　归档：

6.2.2 工程设备进场报验（验收）台账宜采用表6.2.2的格式编制并填写。

表6.2.2　　　　　　　　工程设备进场报验（验收）台账

工程名称：　　　　　　　　　　　　　　　　　　　　　　年　月　第　页　共　页

序号	开箱验收单编号	工程设备名称	规格/型号	单位/数量	生产厂家	进场日期	验收监理代表人	开箱验收日期	备注
1									
2									

记录：　　　　　　　　审核：　　　　　　　　归档：

6.2.3 跟踪检测（见证取样送检）台账宜采用表6.2.3的格式编制并填写。

表6.2.3　　　　　　　　　跟踪检测（见证取样送检）台账

工程名称：　　　　　　　　　　　　　　　　　　　　　　年　月　第　页　共　页

序号	见证取样单编号	样品名称	取样部位 桩号	取样部位 高程	代表数量	组数	取样人	送样人	送样时间	检测机构	检测结果	检测报告编号	跟踪（见证）监理人员
1													
2													

记录：　　　　　　　　审核：　　　　　　　　　　　　　归档：

6.2.4 抽样测量（联合测量）监理台账宜采用表6.2.4的格式编制并填写。

表6.2.4　　　　　　　　　抽样测量（联合测量）监理台账

工程名称：　　　　　　　　　　　　　　　　　　　　　　年　月　第　页　共　页

序号	抽检项目编号	抽检项目及内容	抽检人	抽检日期	抽检结果	备注
1						
2						

记录：　　　　　　　　审核：　　　　　　　　　　　　　归档：

6.2.5 平行检测台账宜采用表6.2.5的格式编制并填写。

表6.2.5　　　　　　　　　平 行 检 测 台 账

工程名称：　　　　　　　　　　　　　　　　　　　　　　年　月　第　页　共　页

序号	检测项目	样品名称	取样部位 桩号	取样部位 高程	代表数量	组数	取样人	送样人	送样时间	检测机构	检测结果	检测报告编号
1												
2												

记录：　　　　　　　　审核：　　　　　　　　　　　　　归档：

备注：委托单、平行检测送样台账、平行检测报告台账要相互对应。

6.2.6 不合格项处理台账宜采用表6.2.6的格式编制并填写。

表6.2.6　　　　　　　　　不合格项（质量/安全）处理台账

工程名称：　　　　　　　　　　　　　　　　　　　　　　年　月　第　页　共　页

序号	不合格项	责任单位	检测日期	监理措施	整改限期	施工单位责任人	监理复查情况 复查日期	监理复查情况 复查人	监理复查情况 复查结果
1									
2									

记录：　　　　　　　　审核：　　　　　　　　　　　　　归档：

6.2.7 工程进度款支付台账宜采用表6.2.7的格式编制并填写。

表6.2.7　　　　　　　　　　工程进度款支付台账

工程名称：　　　　　　　申报单位：　　　　　　　　　　　第　页　共　页

序号	报审表编号	承包人申报日期	承包人申报进度款金额	施工单位申报工程款	监理机构审核工程款	监理审核日期	跟踪审计工程款	发包人审批工程款	已付工程款累计	合同工程款余额
1										
2										

记录：　　　　　　　　　审核：　　　　　　　　　　　　　　归档：

6.2.8 工程变更台账宜采用表6.2.8的格式编制并填写。

表6.2.8　　　　　　　　　　工　程　变　更　台　账

工程名称：　　　　　　　　　　　　　　　　　　　　　　　　第　页　共　页

序号	变更单编号	变更日期	图纸编号	变更原因	变更部位及内容	实施单位	监理签认人
1							
2							

记录：　　　　　　　　　审核：　　　　　　　　　　　　　　归档：

6.2.9 分包单位资质报审台账宜采用表6.2.9的格式编制并填写。

表6.2.9　　　　　　　　　　分包单位资质报审台账

工程名称：　　　　　　　　　　　　　　　　　　　　　　　　第　页　共　页

序号	报审表编号	分包单位名称	分包范围、内容	报审日期	专监审查 专监	专监审查 审查日期	总监审核 总监	总监审核 审核日期	审核结论	备注
1										
2										

记录：　　　　　　　　　审核：　　　　　　　　　　　　　　归档：

6.2.10 施工机械设备管理台账宜采用表6.2.10的格式编制并填写。

表6.2.10　　　　　　　　　　施工机械设备管理台账

工程名称：　　　　　　　　　　　　　　　　　　　　　　　　第　页　共　页

序号	施工机械设备名称	使用部位	数量	单位	规格型号	生产厂家	报验单位	报验日期	监理验收人	验收日期	退场日期
1											
2											

记录：　　　　　　　　　审核：　　　　　　　　　　　　　　归档：

6.2.11 监理机构可根据需要建立其他管理类台账。如工程技术文件报审台账、施工测量成果报验台账、隐蔽工程验收台账、单元工程验收台账、分部工程验收台账、单位工程验收台账等。

第6章 台账类资料

工程技术文件报审台账宜采用表6.2.11的格式编制并填写。

表 6.2.11　　　　　　　　　工程技术文件报审台账

工程名称：　　　　　　　　　　　　　　　　　　　　　　第　页　共　页

序号	技术文件名称	报审单位	报审日期	专监审查		总监审核		审核结论	备注
				专监	审查日期	总监	审核日期		
1									
2									

记录：　　　　　　　　　　审核：　　　　　　　　　　归档：

第7章　缺陷责任期的监理文件资料

（1）监理单位应按照工程监理合同约定提供缺陷责任期的服务。

（2）监理机构应监督承包人对已完工程项目中所存在的施工质量缺陷进行修复。在承包人未能执行监理机构的指示或未能在合理时间内完成修复工作时，监理机构可建议发包人雇用他人完成施工质量缺陷修复工作，按合同约定确定责任及费用的分担。

（3）当承包人拒绝或不能修补缺陷，发包人决定重新选择承包人时，监理机构要协助发包人签订缺陷修复合同，如有必要，依据缺陷修复合同签订监理合同补充协议，实施相应的监理工作。

（4）监理机构应监督承包人按计划完成尾工项目，协助发包人验收尾工项目，并按合同约定办理付款签证。

（5）根据工程需要，监理机构在缺陷责任期可适时调整人员和设施，除保留必要的外，其他人员和设施应撤离，或按照合同约定将设施移交发包人。

（6）监理机构应审核承包人提交的缺陷责任终止申请，满足合同约定条件的，提请发包人签发缺陷责任期终止证书。

（7）对于在缺陷责任期形成的文件资料，监理单位应进行整理、归档与移交。

第8章 监理文件资料管理与归档

8.1 项目信息管理

8.1.1 信息管理内容和方法

（1）建立规范的信息收集、整理、使用、存储和传递程序，建立工程项目的信息编码体系，信息应由专人（部门）负责归档管理。

（2）建立监理信息计算机管理系统和信息库、统一所使用的应用软件，尽可能做到信息管理控制计算机化。

（3）运用电子计算机进行工程项目的投资控制、进度控制、质量控制和合同管理。向委托人（发包人）及有关单位提供有关工程项目的项目管理信息服务，定期提供各种监理报表。

（4）做好监理日志、监理月报、季报、年报工作，做好各类工程测试、评定及验收、交接记录报告。

（5）对委托人（发包人）、设计、承包人、监理工程师及其他方面的信息进行有效管理。

（6）督促设计、承包人、材料及设备供应单位及时提交工程技术、经济资料。

（7）做好施工现场监理记录与信息反馈。

（8）按国家有关规定做好信息资料归档保存工作，收集工程资料和监理档案，并按有关档案管理或委托人（发包人）的要求进行整编，待工程竣工验收前或监理服务期结束退场前移交给委托人（发包人）。

（9）建立例会制度，整理好会议纪要。

（10）建立完善的各项报告制度，规范各种报告或报表格式。

（11）为项目监理提供技术、管理方面的信息。

8.1.2 信息管理主要措施

监理工程师将使用计算机进行信息管理，在现场建立监理信息管理系统，对监理过程中产生的信息进行管理，使信息管理做到全面、规范，使用方便快捷，为决策提供依据。对监理过程中的文件实现规范化、制度化管理。

1. 信息的保存与备份

为了更好地利用计算机和网络，只要是收集了纸质载体的信息，都应采用硬盘和光盘两种介质存储同样的电子文件，并考虑必要的备份或修复手段。

根据建设工程实际，将按照下列方式组织：

（1）按照工程进行组织，同一工程按照投资、进度、质量、合同的角度组织，各类进一步按照具体情况细化。

(2) 文件名规范化。

(3) 各建设方协调统一存储方式,在国家技术标准有统一的代码时尽量采用统一代码。

(4) 有条件时可以通过网络数据库形式存储数据,达到建设各方数据共享,减少数据冗余,保证数据唯一性。

2. 信息的访问与共享

除了直接分配信息给少数直接相关部门或人员外,通常情况下,信息在项目管理过程中往往要在很大范围反复多次地被使用,因此还需要建立权限限制下的访问/共享机制,让信息在更大范围扩散,达到信息价值最大化,尤其实现了信息网络化管理的情况。

3. 信息迁移/归档

根据信息的时间价值和访问频率,对信息进行整理后迁移到信息库中或继续保留在活动文件管理库中。

4. 信息的流通

监理工作的信息构成是多样的,包括文字信息、声像、语音、新技术信息等。但主要和大量的多为文字信息。

5. 信息收集和传递规则

(1) 一切工程信息,均以书面形式为准。

(2) 发送文件坚持收件人在发文登记本上签收。

(3) 监理部收文,必须经监理部办公室签收,统一填写处理流程卡。填写项目包括:发文单位、文件名称、文号和签收日期。该处理单连同文件交总监理工程师(代表)审阅后,批转至监理部有关人员处理。文件的收发应当录入计算机存档。

(4) 所有正式文件在总(副总)监审查批准后,由监理机构办公室印制,登记和发送。

(5) 除合同文件有专门规定或发包人另有指示外,委托人(发包人)对承包人的指示、规定和要求文件等,都应经由监理部转发至承包人。

(6) 除合同文件有专门规定或委托人(发包人)另有指示,承包人向发包人报送的有关工程质量的文件、报表和要求,都须经监理人审核,并转发,一般情况下不得跨越。

(7) 凡需要存储的信息,必须按规定进行分类,按工程信息编码建档存储。已存储的信息,管理应编列序码、便于检索。

6. 信息删除与销毁

对没有再利用价值的(即没有使用价值也没有保存价值)信息,以及错误的信息、过时的信息(包括纸质载体和电子信息载体)都应该及时标识、删除或销毁,避免这些信息被误使用并腾出存储空间,减少不必要的管理环节和内容。

7. 信息的使用

经过加工处理的信息,将以各种形式提供给所有授权监理人员,对于报表、文字、图形、图像、声音信息等。应尽可能应用计算机,提供电子版本信息,提高信息的使用效率。

8. 工程信息保密

采取以下措施来确保信息的安全：制定信息管理制度，控制文函分发范围；控制文函阅读范围；控制文件复印权限；严格登记制度；对文函进行集中存放；建立清退销毁制度；对信息进行电脑数据库进行滚动备份，同时使用硬盘拷贝实物备份；对信息输入窗口设立输入权限，专人负责信息录入工作。

8.1.3 信息管理的基本程序

1. 收文处理程序

（1）收文人员在收到的文件上或收文处理签上签字，填写收文处理签。

（2）综合部负责人收到的文档提出拟办意见，主送、分送部门建议，分呈交总监阅示。

（3）总监阅读后作出批示，指定处理、回文人员或部门。

（4）文件管理员按照批示分送指定的部门或人员。

（5）承办部门按照指示处理、拟文、回文按照文件和资料编写与审核管理程序执行。

（6）收文处理笺，包括：来文编号、来文日期、来文摘要、文件标题、附件、工程部位、关键词、来文主送部门、来文分送部门；拟办意见、代表批示、承办单位意见、参考文号等内容。

2. 发文件和资料编写与审核管理程序

在监理、咨询服务过程中形成的各类文件，如：文函、各类监理、咨询报告等，应按照下列程序进行编写和审批：

（1）有关人员拟稿，填写发文处理单。发文处理笺，包括：发文编号、发文日期、发文单位、文件标题、附件、工程部位、关键词、签发人、会签部门、主办单位、拟稿人、核稿人、主送部门、分送部门等内容。

（2）一般情况下，文稿应使用单位规定的计算机软件输入计算机，报上一级领导或专业负责人进行修改、审核，拟稿人根据审核意见进行修改形成初稿。当需要会签时，应填写会签部门。

（3）审核后，交由综合部进行登记、编号、文字润色，送会签部门进行会签。一般情况下，拟稿人应将文件磁盘提交综合部（或通过计算机网络的文件共享方式实现）。

（4）会签完成后，若各部门意见分歧较大，由原办部门或综合部组织讨论或报签发人决定。

（5）根据会签、讨论结果或签发人的批示进行修改。修改可由原拟稿人进行或由综合部进行（但修改后应通知拟稿人）。

（6）当文件和资料修改后，应重新编写和打印。

（7）终稿报签发人签发，签发人应在发文处理签和文件上签字。

（8）终稿除附件外的所有文字资料必须采用规定的格式打印。

（9）签发人签字后的文件，由综合部按照收发规定进行分送。

（10）发出的文件及资料由综合部按照批准的分发范围进行登记复印分发，发文登记可采用下列方式，但必须要求收件人签字确认：

1)《发文登记表》进行登记。

2)《发文登记本》进行登记。

3) 收件人在由发文部门保存的文件上签字。

4) 不论采用上述何种登记方式,收件人的签字应包括姓名和日期。

8.1.4 对承包人提供的图纸和施工方案等审批处理程序

(1) 承包人应按合同规定的时间要求提交图纸和文件。

(2) 监理工程师应当在施工合同规定的时间内回函。若未在规定的时间内明确回函,则视为同意承包人的函件内容。

(3) 若不同意承包人的方案、计划、图纸等,需要详细说明原因,并要求承包人在规定的时间内修正重新提交给监理工程师。

对承包人提供的图纸和施工方案等审批处理程序见图 8.1.1。

8.1.5 会议纪要签发程序

(1) 根据会议内容及参会人员情况,由总监主持会议。会议开始前应确定会议记录、拟稿人。

(2) 会议结束,即由参加会议的人员签字,当即复印分发各方。根据签字的会议记录,完成会议纪要拟稿后,交由主持会议总监或监理工程师审查、核稿,并征求参加会议各方意见。

(3) 若需修改,返交拟稿人修改;不需修改,则由收发文办公室正式发送各方。

会议纪要处理程序如图 8.1.2 所示。

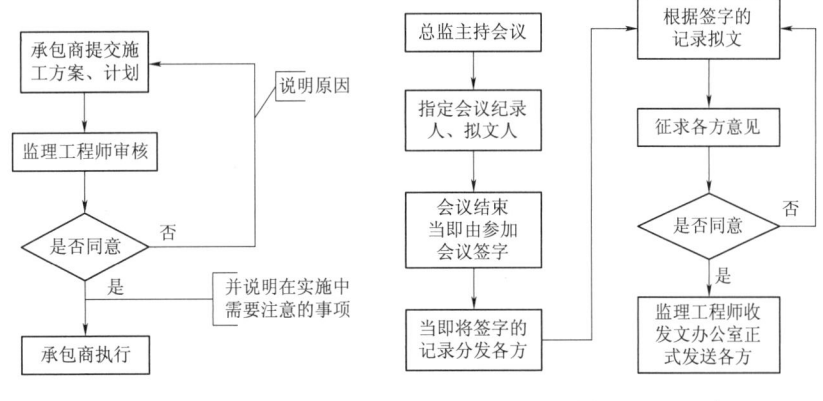

图 8.1.1 施工方案审批流程图　　图 8.1.2 会议纪要处理流程图

8.1.6 监理记录管理

(1) 监理日志。要求各个部位每个班次的监理人员,均要认真填写监理日志,其内容包括:天气情况,投入设备,劳务数量,材料消耗,拖延,作业时间,停工,验收及计量情况,工程质量,存在问题和指令等。

(2) 交接班记录。要求上下班的监理人员,除进行面对面交接外,都应认真填写交接记录,其记录应包括本班次的主要及需提醒注意事项。

(3) 监理日记。现场工程师日记是现场工程师的个人笔记本,应记录每天作业的重大决定、对承包人的指示、发生的纠纷及解决的可能方法、与工程有关的特殊问题、代表参观工地及其有关细节、与承包人的口头协议、工程师的指示和协商、对下级的指示、工程的主要进度或问题等。

(4) 口头指示记录。应做好口头指示的内容、发出的时间、地点，以便书面正式文函确认。

(5) 工程计量及支付记录。

1) 工程量记录：工程量记录的数据必须是监理工程师和承包人双方同意的数据。工程量签证单应编上双方认可的编号，保留一份复印件，并记录汇总，及时输入计算机文档中，编制计量汇总表。

2) 支付记录：主要记录支付情况，包括每月净支付数额以及各类款项的支出额，计日工、变更工程、索赔、材料预付款等项目统计表。

3) 质量记录：包括材料检验记录、施工记录、工序验收记录、试验记录、隐蔽工程检查记录等。

4) 旁站记录。

8.1.7 信息的来源及分类

1. 委托人（发包人）信息

(1) 由委托人（发包人）提供的工程项目初步设计（或技术设计）报告、各类专题报告、工程施工招标文件、施工合同文件等。

(2) 由委托人（发包人）下发的有关建设管理的各类规定、办法、要求，有关工程建设的各类计划、指示、通知、简报及其他文函，有关呈报事项的批复、批转、复函等。

2. 设计信息

包括施工详图、施工技术要求、技术标准、设计变更、设计通知等文件。

3. 施工信息

(1) 主要由承包人发出的工程项目施工信息。

(2) 施工合同管理信息。包括工程项目开工申请报告、施工组织设计、对设计图纸和设计文件的反馈意见、合同变更及设计变更问题的函（报告）等。

(3) 施工质量信息。包括承包人质量保证体系的报告、承包人测量资料、原材料合格证明和试验检验资料以及中间产品检测试验资料、单元工程、分部工程、单位工程资料及验收申请、工程验收质量评定资料及验收施工报告、质量安全事故处理报告及施工记录、施工质量安全月报等。

4. 由监理部收集、整理、加工、传递的信息

(1) 综合管理信息。包括监理合同、协议、监理规划、监理实施细则、监理工作程序、内部管理规章制度等。

(2) 组织协调类。包括施工图审查意见、施工组织设计（方案）审查意见、质量保证体系审查意见、开工申请报告的批复意见、设计变更签审单、设计交底会审纪要、专题及协调会议纪要、监理工程师指令、监理工作联系单等，有关通知及批复文件。

(3) 质量控制类。包括合同项目划分、原材料及中间产品监理检测试验资料、测量成果复核资料、工程质量、安全事故报告，因施工质量而发生的停工通知、返工通知、复工

通知、工程质量简报。

（4）综合记录报告类。包括监理月报、年报、监理日志、监理大事记、监理工作总结等。

（5）验收总结类。包括工序、单元工程及分部工程检查及开工、开仓签证及质量评定资料、阶段验收、分部工程验收、单位工程验收、完工验收、竣工验收鉴定书及质量等级评定资料、监理报告。

（6）其他有关合同规定和双方约定的资料。

8.2 项目档案管理

8.2.1 档案管理规定

（1）文件资料的归档管理应按照《中华人民共和国档案法》及国家和行业的规程、规定进行。

（2）综合部负责制定档案管理的规定，各部门负责实施。

（3）文件的整理、归档、组卷由各相关部门进行。

（4）在项目或合同完成后，已经组卷好的文件资料由档案管理专职人员进行验收，验收合格后移交委托人（发包人）保存。

（5）所有人员都应按照国家法规和合同规定做好文件资料、信息的保密工作，防止泄密。

（6）借阅已归档的文件，按档案管理的有关规定和程序进行。

（7）对于一些有关工程项目质量的原始记录，如：监理或咨询日报，检验、试验报告，各种检查验收单（签证）等，若事后发现记录错误或失真需更改时，应由原填写人进行，并加盖印章和签名标识，注明更改日期。一般情况下不允许事后进行更改。

8.2.2 档案管理方法和制度

（1）监理档案是工程建设监理过程中所形成的文件资料，包括监理业务性文件（监理合同、监理规划、监理实施细则、机构人员情况）、监理通知、施工过程中的来往函件（开工通知、复工通知、停工通知、许可证、施工措施报审表等）、备忘录、会议纪要、监理大事记、施工质量检查分析资料、合同支付证书及合同管理文件、质量投资和控制文件、工程建设协调文件、常用质量监理报表、监理日志、监理月报、监理报告、联测数据等不同形式与载体的各种历史记录。

（2）按照统一领导，集中管理档案原则，对监理部的档案资料进行综合管理，确保该工程档案资料完整、准确和有效利用。

（3）项目建设过程中，监理人将在职责范围内做好文件资料的形成积累、整理、归档、监理审查和保管工作，定期对档案进行分类、立卷、案卷排列和编制案卷目录。

（4）监理人必须有一位负责人分管档案资料工作，并建立与工程档案资料工作相适应的管理机构（专人），配备档案资料管理人员，制定管理制度，统一管理工程档案资料；文档资料档案管理员对文件材料的收集、积累和整理按下述要求进行：

1）认真贯彻《中华人民共和国档案法》和上级下达的指示、决定及工作部署。
2）负责上级图纸、资料、招投标文件、来往函件等资料的签收与发放。
3）负责进行资料的收集、整理工作，草拟科技档案分类大纲及各种规章制度。
4）负责监理档案的微机化管理（包括条目的录入、文件、图纸、图片的扫描）。
5）严格执行有关立卷、归档、整理、鉴定、保管、统计、借阅等规章制度。
6）加强对承包人专（兼）职文档人员的业务指导、督促、检查、力求资料收集齐全，组卷合理，期限准确，装订整齐美观。

（5）档案管理人员定期对档案进行鉴定，对超过保管期限的档案提出存毁意见。同时做好各种文书、资料的立卷归档工作，对所需查询档案资料的要求提供快速准确的服务。所有监理人员都必须遵守监理部的《档案保密制度》。

（6）监理人全部档案资料将按照档案管理规定进行整理、立卷、归档。并按照监理合同，在其监理任务完成后两个半月内向档案部门提交其监理业务范围内档案。

（7）同时做好监理人施工过程的声像档案收集，整理及归档工作。

（8）档案员工作调动前必须交清有关档案资料，未交清档案资料将不给予调动。

8.2.3 档案管理细则

（1）《统一用表》必须采用碳素黑色墨水填写或黑色碳素印墨打印。

（2）签署人签名采用亲笔手签，单位签署栏应采用单位注册全称并加盖公章。

（3）制定收档程序：来档──→签收──→登记──→编录──→归档：

1）参建单位所发文件由档案管理人员统一签收、登记。

2）按照文件规定的分类，属于同类编号的文件登记在一张表上。

（4）档案管理人员务必将文件分以下五种情况及时登记、逐项核验。

1）第一种文件：各参建单位发给监理人需签核返回的。

专业监理工程师批阅签字──→项目总监（总监代表）审核签字、盖章──→返回发文单位

2）第二种文件：发包人或参建单位发给监理人需由监理转发的。

专业监理工程师（监理员）传阅──→项目总监（总监代表）批准──→转发有关单位

3）第三种文件：各参建单位发给监理人需签核、盖章返回的。

专业监理工程师（监理员）批阅签字──→项目总监（总监代表）审核签字、盖章──→返回发文单位

4）第四种文件：各参建单位发给监理人只需签核和归档的。

专业监理工程师（监理员）批阅签字──→归档

5）第五种文件：各参建单位发给监理的参考资料或回复函件。

专业监理工程师（监理员）签阅──→归档

（5）档案物理化规定：

1）纸质档案。

2）通过计算机完成的资料都必须拷贝存盘。光盘必须是只读光盘或一次写光盘。

（6）资料保管：

1）档案管理人员负责做好资料的防盗、防腐、防丢、防潮工作。

2）监理常用的资料，应自留复印件或拷贝保存，以备查阅。

3）档案人员每天下班前必须检查档案柜是否锁好，以防档案丢失。

4）借阅档案者，应认真执行监理部《档案借阅利用制度》，不得擅自摘抄、涂改、伪造和复制档案，更不得将档案转借他人，违者追究责任；对重要的文字材料和图纸，必须经主管领导批准后才能借阅。

5）凡经鉴定，需要销毁的档案，必须填写《销毁档案清册》，并经领导审核批准，两人监销签字，方可销毁。

（7）保密：

1）监理档案管理人员必须认真遵守《中华人民共和国保守国家秘密法》和《中华人民共和国档案法》，严格履行保密义务，防止失、窃密事故的发生。

2）档案工作人员应严格遵守保密制度，认真做好档案保密工作，严格按照审批权限和借阅范围规定执行，不允许将档案私自带出或借予他人，以维护档案的安全。

8.2.4 文件跟踪与闭合

文件管理应做好跟踪，发现问题就应及时处理并闭合。以工程联系单为例：联系单需要发给多少单位就要做多少份，资料送出，一定要做好签收的手续。及时做好跟踪落实，定期去检查，看是否签好名、盖好章。该改就改，不能一直拖着。自己处理不了，该反映给领导的，就要及时告诉领导。自己建立好台账，方便管理。

8.3 监理文件资料日常管理

（1）监理文件资料管理人员负责项目监理机构的资料管理和信息传递工作，负责项目监理机构的文件收发管理，并参与对施工单位资料的监督检查。

（2）监理文件资料管理人员在接到资料签字人员传递的监理资料后，应核对监理资料类型及完整性，及时整理、分类汇总，并应按规定组卷，形成监理档案，妥善保存。

（3）项目监理机构应运用信息技术进行监理文件资料的编制、收集、日常管理，实现监理文件资料管理的科学化、标准化。

（4）监理文件资料应按单位工程、分部工程或专业、阶段等进行组卷。

（5）监理文件资料应编目合理、整理及时、归档有序、利于检索。应统一存放在同种规格的档案盒中，档案盒的盒脊应表示文件类别和文件名称。

（6）监理文件资料案卷由案卷封面和卷脊、卷内目录、卷内文件及备考表组成。文件资料应按编号顺序进行存放。

（7）卷内文件原则上按文件形成的时间及文件的序号进行排列。一般编排为文字材料在前，图样在后。

（8）监理文件资料若需要现场签认的手书文件，应字迹工整、清楚，附图要求规则且标注完整。

（9）监理文件资料的填写、编制、审核、审批、签认应及时进行，其内容应符合相关规定。应确保文件资料管理的延续性。

8.4 工程档案立卷归档

8.4.1 工程档案归档规定

（1）工程档案是在工程项目前期立项、施工、竣工过程中形成的具有保存、查考价值，应归档的各种工程资料。立卷归档是指将办理完毕具有保存价值的文件材料按其形成规律和内在联系分门别类进行系统整理，保存的过程。归档文件是指立档单位在其职能活动中形成的办理完毕应作为文书档案保存的各种纸质文件资料。工程档案归档应符合《中华人民共和国档案法》《水利工程建设项目档案管理规定》（水办〔2021〕200号）和《水利工程建设项目文件收集与归档规范》（SL/T 824—2024）的规定。

（2）项目法人档案管理机构应依据保管期限表对项目档案进行价值鉴定，确定其保管期限，同一卷内有不同保管期限的文件时，该卷保管期限应从长。项目档案保管期限分为永久、30年和10年。

（3）档案管理机构在管理某一项目过程中形成的有关说明项目档案管理情况材料组成的专门案卷，包括项目概况、项目划分、标段划分、参建单位归档情况说明、档案收集整理情况说明、交接清册等。

（4）项目文件应内容准确、格式规范、清晰整洁、编号规范、签字及盖章手续完备；应满足耐久性要求，不应使用易褪色的书写材料（如：红墨水、纯蓝墨水、圆珠笔、铅笔、复写纸、光敏纸等）进行书写和绘制；文字材料幅面尺寸规格宜为A4幅面（297mm×210mm），图纸尺寸规格宜采用国家标准图幅。

（5）竣工图编制完成后，监理单位应对竣工图编制的完整、准确、系统和规范情况进行审核。竣工图章、竣工图审核章应使用红色印泥盖在标题栏附近空白处，并填写齐全、清楚，由相关责任人签字，不应代签；经建设单位同意，可使用执业资格印章代替签字。

（6）档案保管期限分为永久和定期两种，定期分为30年和10年，自归档之日起算。

（7）项目文件在办理完毕后应及时收集，并实行预立卷制度。

（8）归档的项目文件应为原件。因故用复制件归档时，应加盖复制件提供单位公章或档案证明章。质量证明文件（如原材料质量证明文件）等重要文件用复制件归档时，应加盖供应单位印章，保证与原件一致，并在备考表中备注复制件归档原因。

（9）监理单位应根据工程特点和有关规定保存监理档案，保存期限按有关规定和水利工程建设项目资料管理的要求。

（10）监理机构应建立符合建设单位要求的文件收集、整理与归档制度，负责本单位所承担的项目文件收集、整理和归档工作，接受建设单位的监督、检查和指导。

（11）监理文件应以监理（监造）合同为单位，按监理的合同标段结合事由、文种组卷。

（12）监理文件应按综合管理文件、所监理施工标段的工作文件顺序排列。其中综合管理文件按监理项目部成立、监理规划、监理细则、监理会议文件、监理月（周）报等顺序排列，所监理施工标段的工作文件按开（停、复、返）工、监理通知、旁站记录、监理日志、平行检测、质量检查评估、质量缺陷、事故处理等顺序排列。卷内文件按事由结合时间顺序排列。

（13）监理单位负责对所监理项目的归档文件的完整性、准确性、系统性、有效性和规范性进行审查。

（14）监理文件应在监理的项目完工验收后归档。

（15）应在以件为单位装订的文件首页上端的空白位置加盖档号章，并填写相关内容。

8.4.2 项目文件类目设置

项目文件类目设置应遵循项目文件形成的逻辑规则，各级类目之间为上、下位类的隶属关系，应避免交叉，并保持相对稳定。

（1）一级类目宜按文件来源设置为前期及设计、建设管理、施工和监理4类，其代码分别为QS、JG、SG和JL。

（2）二级类目宜按文件来源、项目划分等情况进行设置。其中，前期及设计类按照文件来源结合工作阶段设置二级类目；建设管理类按文件来源结合建设单位内设机构和职能设置二级类目；施工类按照工程建设内容、项目划分、合同等情况设置二级类目；监理类按照专业、合同等情况设置二级类目。

8.4.3 档号构成及标识

（1）档号由工程项目代码、分类号和案卷流水号三组代码构成，三组代码之间用"-"分隔，分类号不同类目之间用"·"分隔。档号标识如图8.4.1所示。

（2）工程项目代码宜用项目名称的汉语拼音首字母（大写）标识；超过三个字母的，宜保留前三个字母。

（3）分类号由两级类目相应代码组成。一级类目代码宜使用两位汉语拼音字母（大写）标识，二级类目代码宜使用两位阿拉伯数字01～99标识。

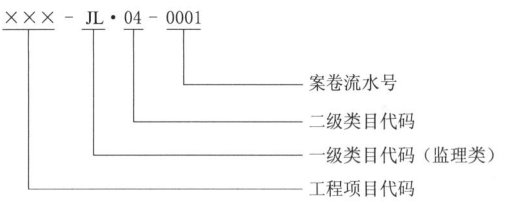

图8.4.1 监理类档号标识

（4）案卷流水号宜用阿拉伯数字0001～9999标识。

8.4.4 竣工图编制基本要求

（1）工程竣工时应编制竣工图，竣工图一般由施工单位负责编制。

（2）不同的建筑物、构筑物应分别编制竣工图。

（3）竣工图应完整、准确、规范、修改到位，真实反映项目竣工时的实际情况，图面整洁，文字和线条清晰，纸张无破损。

（4）按施工图施工没有变更的，由竣工图编制单位在施工图上逐张加盖并签署竣工图章，一般性变更且能在原施工图上修改补充的，可直接在原图上修改，并加盖竣工图章。竣工图章式样如图8.4.2所示。

（5）涉及结构形式、工艺、平面布置、项目等重大改变，图面变更面积超过20%，均应重新绘制竣工图，施工单位重新绘制的竣工图，标题栏应包含施工单位名称、图纸名称、编制人、审核人、图号、比例尺、编制日期等标识项，并逐张加盖监理单位相关责任人审核签字的竣工图审核章，竣工图审核章式样如图8.4.3所示。

第 8 章 监理文件资料管理与归档

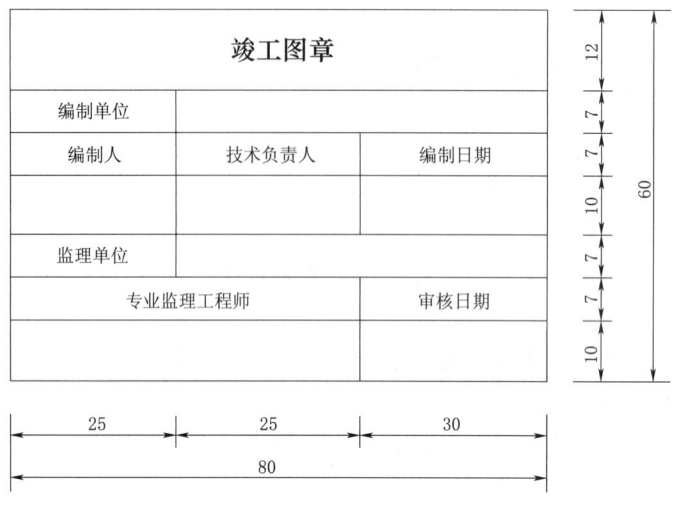

图 8.4.2 竣工图章（单位：mm）

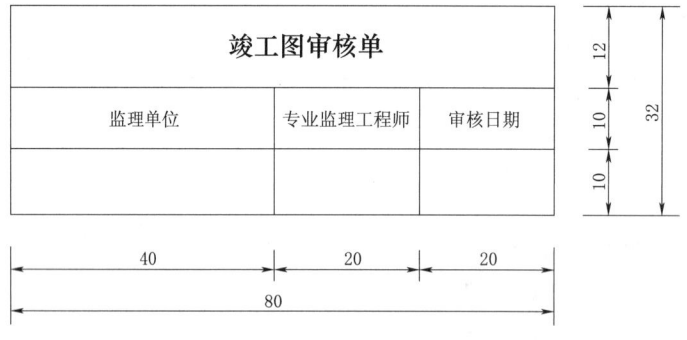

图 8.4.3 竣工图审核章（单位：mm）

（6）重新绘制竣工图按原图编号，图号末尾加注"竣"字，或在新图标题栏内注明"竣工阶段"。重新绘制竣工图图幅、比例和文字字号及字体应与原施工图一致。

8.4.5 竣工图的审核与签署

（1）竣工图编制完成后，监理单位应对竣工图编制的完整、准确、系统和规范情况进行审核，并在竣工图章或竣工图审核章中签字确认。

（2）竣工图章、竣工图审核章中的内容应填写齐全、清楚，由相关责任人签字，不得代签。且应使用红色印泥，盖在标题栏附近空白处。

8.5 监理文件资料保存期限

根据《水利工程建设项目档案管理规定》（水办〔2021〕200 号）监理文件资料的保存期限详见表 8.5.1。

表 8.5.1　　　　　水利工程建设项目文件归档范围和档案保管期限表

序号	归档文件范围	保管期限	归档单位
	监理（监造）文件		
1	监理（监造）项目部组建、印章启用、监理人员资质、总监任命、监理人员变更文件	永久	监理（监造）单位
2	监理（监造）规划、大纲及报审文件、监理（监造）实施细则	永久	监理（监造）单位
3	开工通知、暂停施工指示、复工通知等文件、图纸会审、图纸签发单	永久	监理（监造）单位
4	监理平行检验、试验记录、抽检文件	30年	监理（监造）单位
5	监理检查、复检、旁站记录、见证取样	永久	监理（监造）单位
6	质量缺陷、事故处理、安全事故报告	永久	监理（监造）单位
7	监理（监造）通知单、回复单、工作联系单、来往函件	永久	监理（监造）单位
8	监理（监造）例会、专题会等会议纪要、备忘录	永久	监理（监造）单位
9	监理（监造）日志、月报、年报	30年	监理（监造）单位
10	监理工作总结、质量评估报告、专题报告	永久	监理（监造）单位
11	工程计量支付文件	永久	监理（监造）单位
12	联合测量或复测文件	永久	监理（监造）单位
13	监理组织的重要会议、培训文件	永久	监理（监造）单位
14	监理音像文件	永久	监理（监造）单位
15	监理工作报告	永久	项目法人
16	工程竣工验收后相关交接备案文件	永久	项目法人

注：该表中所列为项目文件归档范围，不作为项目档案分类方案。

8.6　监理文件资料档案核查与移交

8.6.1　监理文件资料核查

（1）勘察、设计、施工单位在收齐工程文件并整理立卷后，建设单位、监理单位应根据城建档案管理机构的要求，对归档文件完整、准确、系统情况和案卷质量进行审查。审查合格后方可向建设单位移交。

（2）工程竣工验收前，项目监理机构应对监理过程中形成的工程监理文件资料进行分类整理并立卷成册，完善立卷和成册后的序号、页码等工作。总监理工程师应对工程监理文件资料进行核查。

（3）监理文件归档审查，监理文件归档时，经监理单位自查后，应依次由建设单位工程管理相关部门、档案管理机构审查。

（4）项目文件归档审查分技术审查和档案审查。建设单位与参建单位按照职责分工对归档文件进行审查，对审查发现的问题各单位应及时整改，并形成记录。

1）技术审查应对归档项目文件的完整性、准确性、系统性、规范性、有效性进行审查，由建设、监理及其他参建单位的专业技术人员负责。审查的主要内容如下：

a）按工程管理程序、施工工序审查施工文件的完整性；

b）依据现场实际情况，审查施工记录的真实性以及竣工图的准确性；

c) 依据国家、水利行业现行标准规范审查施工用表、文件签署程序。

2) 档案审查应对归档项目文件的完整性、系统性、规范性进行审查，由建设、监理及其他参建单位的档案人员负责。审查的主要内容如下：

a) 参照项目文件归档范围审查归档文件的完整性；

b) 审查项目文件分类的科学性，组卷、排列的合理性，编目的规范性等。

(5) 工程竣工验收前，监理单位应按要求审核施工单位档案质量，形成《×××工程建设项目档案专项审核报告》，内容包括：①工程概况；②审核依据及范围；③审核工作组织；④审核工作内容（包括施工单位档案审核情况、监理单位档案审核情况、竣工图编制审核情况等）；⑤发现问题及整改；⑥综合性评价；⑦审核结果。

8.6.2 监理文件资料档案移交

(1) 监理单位应将本单位形成的工程文件立卷后向建设单位移交。

(2) 项目监理机构应按有关资料管理规定，将监理过程中形成的监理档案移交监理单位保存，并办理移交手续。

(3) 监理单位应按照有关资料管理规定和合同约定向建设单位移交需要归档的监理文件资料，并办理移交手续，填写项目文件归档交接单、归档移交清单、电子文件归档登记表，需双方签字、盖章。

(4) 项目文件归档交接单、归档移交清单、电子文件归档登记表应一式两份，交接双方各执一份。

(5) 项目文件档案交接单。监理单位向建设单位移交资料时需填写《水利工程建设项目档案交接单》，档案交接单详见表 8.6.1。

表 8.6.1 水利工程建设项目档案交接单

移交单位（部门）			接收单位（档案管理机构）					
工程项目名称								
档案编号								
载体类型	纸质档案（归档文件、施工图、竣工图）、照片档案、光盘（硬盘）、实物							
套别	总盒数/盒	档案数量/卷	其中：不同载体档案数量				案卷目录/套	卷内目录/套
			纸质档案/卷	图纸/(张/卷)	照片档案/(张/册)	光盘（硬盘）/(张/册)		
第1套								
第2套								
.								
移交说明								
接收意见								
移交单位（部门）	单位负责人签字： （盖章） 年 月 日			接收单位		单位负责人签字： （盖章） 年 月 日		
	档案工作人员签字： 年 月 日					档案工作人员签字： 年 月 日		

注：本表一式两份，分别由移交单位和接收单位保管。

(6) 项目文件归档移交清单

1) 监理单位向建设单位移交资料时需填写《项目文件归档移交清单》,项目文件归档移交清单详见表 8.6.2。

表 8.6.2　　　　　　　　　　　项目文件归档移交清单

序号	档号	案卷题名	立卷单位	起止时间	件数	总页数	保管期限	套数	电子文件	备注

注　"电子文件"栏填"有"或"无"。

2) 监理项目资料向监理公司移交清单详见表 8.6.3。

表 8.6.3　　　　　　　　　　水利工程监理资料移交审核表

工程名称				合同编号		
合同名称				监理合同金额(元)		
建设单位			联系人及电话	联系人: 电话:		
项目负责人				联系电话		
合同签定日期		年　月　日		完成日期	年　月　日	
项目资料	序号	清单内容		完成情况	备注	
	1	监理合同及中标通知书			pdf 版	
	2	监理部组建、印章启用、总监任命文件			pdf 版	
	3	监理规划及报审文件			word 版及 pdf 版	
	4	监理实施细则			word 版及 pdf 版	
	5	开工通知、暂停施工指示、复工通知			word 版及 pdf 版	
	6	图纸会审、图纸签发单及变更审查资料			word 版及 pdf 版	
	7	监理平行检验、试验记录、抽检文件			pdf 版	
	8	监理检查、复检、见证取样			pdf 版	
	9	质量缺陷、事故处理、安全事故报告			pdf 版	
	10	监理通知单、回复单			pdf 版	
	11	来往函件、备忘录、指令			pdf 版	
	12	安全整改监理通知单			word 版及 pdf 版	
	13	工作联系单			pdf 版	
	14	监理日志			pdf 版	
	15	监理日记			pdf 版	
	16	旁站值班记录			pdf 版	
	17	巡视记录			pdf 版	
	18	监理月报			word 版及 pdf 版	

续表

	序号	清单内容	完成情况	备注
项目资料	19	监理工作周报、年报		word 版及 pdf 版
	20	联合测量或复测文件		word 版及 pdf 版
	21	监理例会、专题会、技术交底等会议纪要		word 版及 pdf 版
	22	监理组织的重要会议、培训文件		word 版及 pdf 版
	23	施工合同		pdf 版
	24	施工单位资质、人员资格审查资料		pdf 版
	25	材料、构配件、设备报审资料		pdf 版
	26	工程计量支付文件	√	pdf 版
	27	进度、完工付款、最终结清证书	√	word 版及 pdf 版
	28	工程完工结算资料	√	pdf 版
	29	索赔文件资料	√	pdf 版
	30	初步设计（施工方案）批复文件	√	pdf 版
	31	初步设计概算文件	√	pdf 版
	32	工程项目划分及批复	√	word 版及 pdf 版
	33	批复表（施工组织设计、施工方案等）	√	word 版及 pdf 版
	34	原材料中间产品平行检测报告、抽检报告	√	pdf 版
	35	隐蔽工程验收资料	√	pdf 版
	36	单元工程质量评定及开仓报验资料	√	pdf 版
	37	工序/单元工程施工质量检验表	√	pdf 版
	38	分部工程验收鉴定书	√	word 版及 pdf 版
	39	单位工程验收鉴定书	√	word 版及 pdf 版
	40	合同工程完工验收鉴定书	√	word 版及 pdf 版
	41	蓄水验收鉴定书	√	word 版及 pdf 版
	42	竣工验收鉴定书	√	word 版及 pdf 版
	43	监理工作报告	√	word 版及 pdf 版
	44	项目档案交接单	√	word 版及 pdf 版
	45	项目文件归档移交清单	√	word 版及 pdf 版
	46	监理大事记	√	word 版及 pdf 版
	47	工程状态变更申请表	√	pdf 版
	48	工程业绩证明	√	word 版及 pdf 版
	49	已完工程建设单位评价意见	√	word 版及 pdf 版
	50	工程影像文件及照片	√	电子版及 pdf 版
资料移交建设单位情况	纸质版	一式___份	签收单位	
	扫描件、电子版	一式___份	建设单位签收人	
工程技术部审核意见：上表内打"√"的纸质版资料收到 1 份、电子文件（Word 或 Excel 版）已收到 1 份、扫描件 pdf 版已收到 1 份。 移交人（签名）：_____ 接收人（签名）：_____ 日期：_____				

第9章 监理工作程序

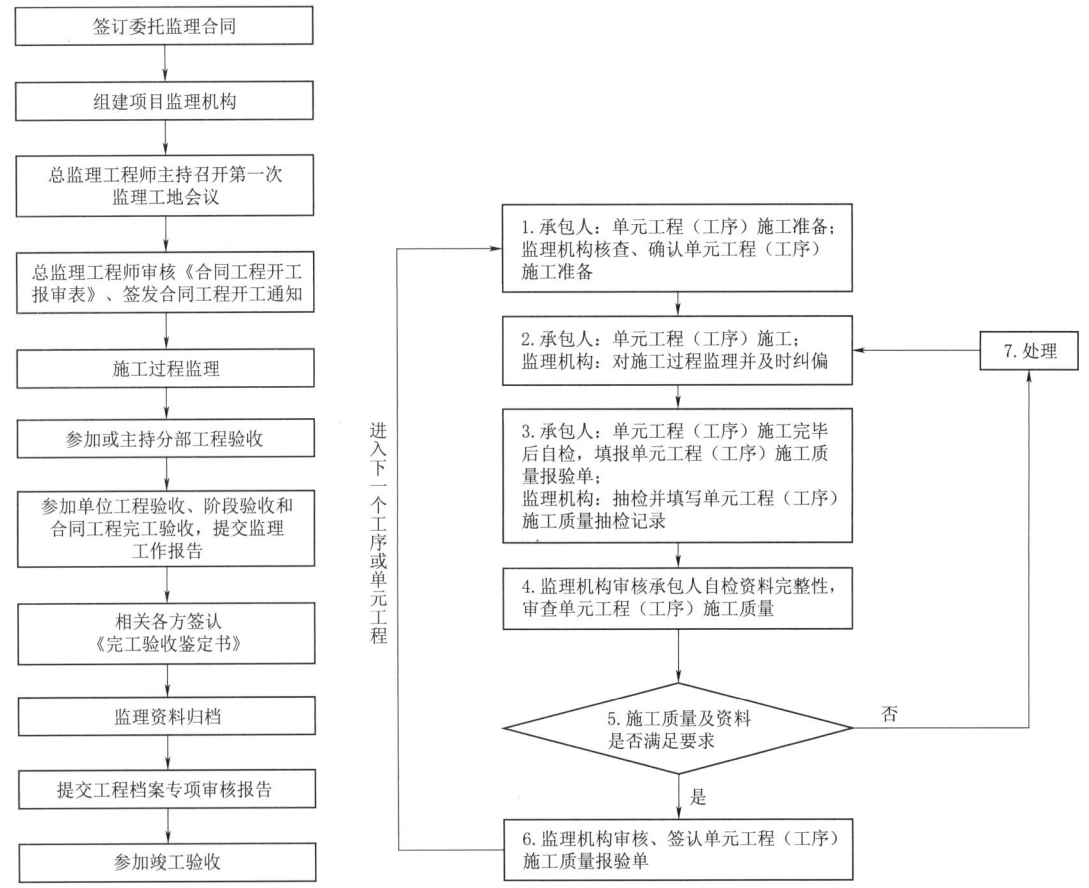

图 9.1 监理工作基本程序　　图 9.2 单元工程（工序）质量控制监理工作程序图

第 9 章 监理工作程序

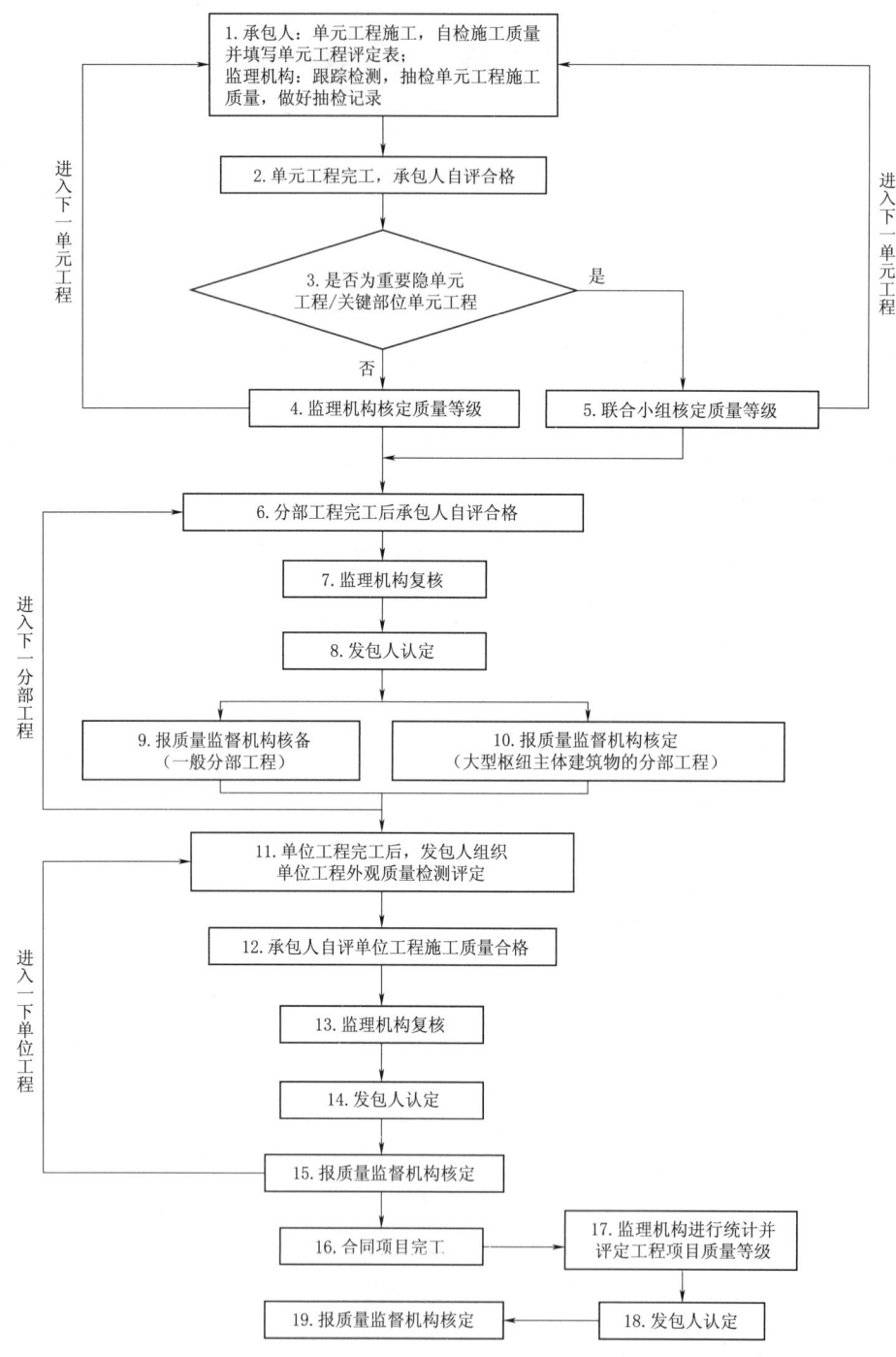

图 9.3 质量评定监理工作程序图

第 9 章 监理工作程序

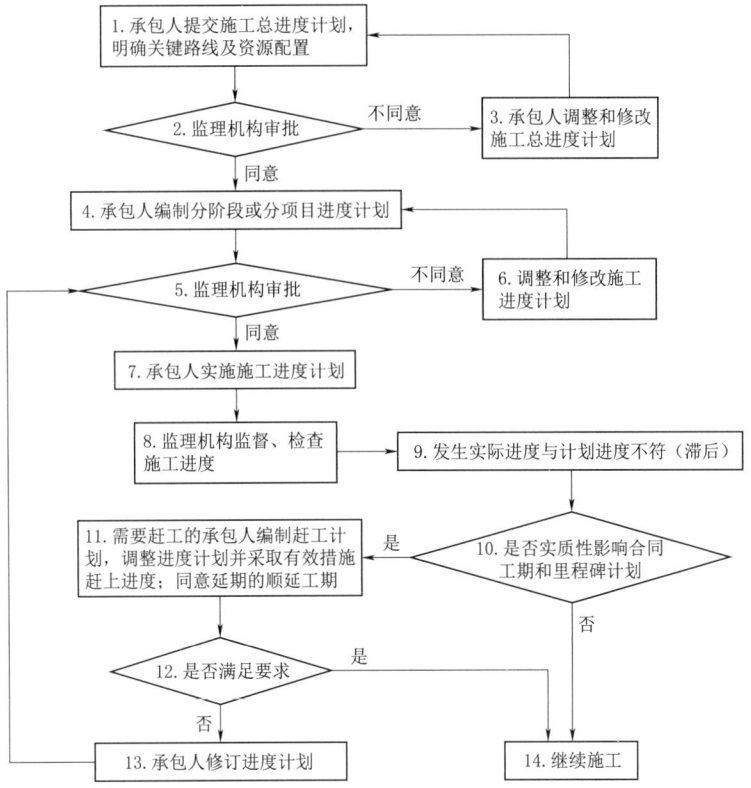

图 9.4 进度控制监理工作程序图

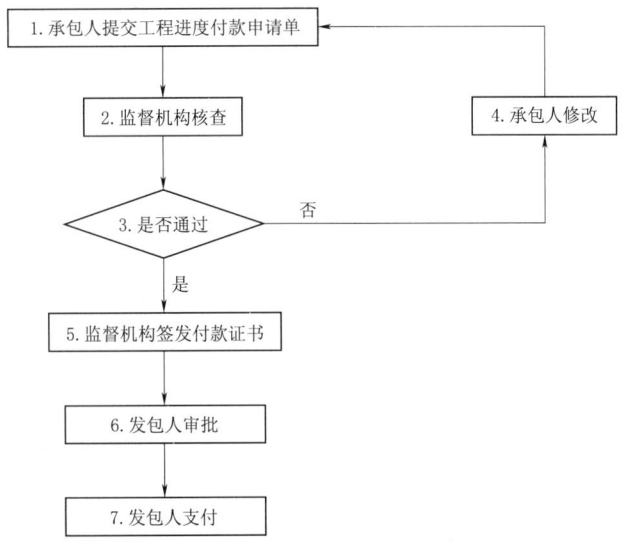

图 9.5 工程款支付监理工作程序图

119

第9章 监理工作程序

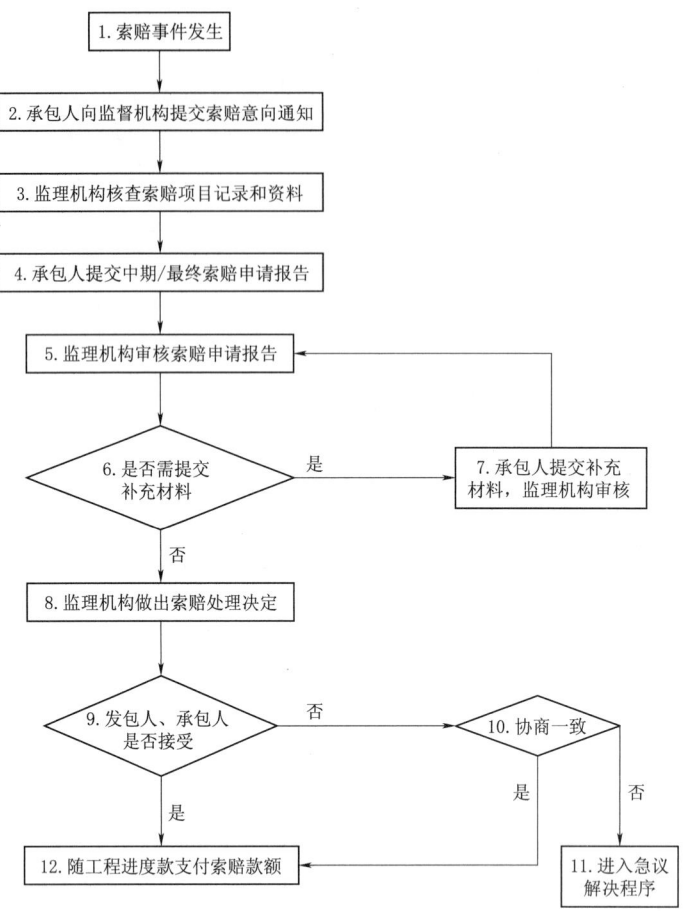

图 9.6 索赔处理监理工作程序图

第 10 章　工程建设监理实例

10.1　监 理 规 划 实 例

（工程项目名称）工程
监理规划

第10章 工程建设监理实例

监理规划审批表

工程名称：××工程　　　　　　　　　　　　　　　　　　编号：GH 01
合同编号：JLHT2024－01

致：公司总工办
我项目监理部依据建设工程相关法律、法规、有关标准，本工程监理大纲、委托监理合同、施工合同、设计文件，完成了本工程监理规划的编制，请审查。 　　附：××项目监理规划   编制人：张×× 日　　期：××××年××月××日
监理部审核意见： 　　经审查，本工程监理规划能满足相关法律、法规、标准及本工程设计文件、技术资料文件与合同文件要求，请上级审批。   项目监理部：贵州××监理有限公司××工程项目监理部（加盖项目章） 总监理工程师：（签字）吴×× 日　　期：××××年××月××日
公司审批意见： 　　同意按本监理规划开展该工程的现场监理工作。   监理单位：贵州××监理有限公司（加盖公章） 技术负责人：（签字）李×× 日　　期：××××年××月××日

目　录

- 1 总则 ··· 125
  - 1.1 工程项目基本概况 ·· 125
  - 1.2 工程项目主要目标 ·· 125
  - 1.3 工程项目组织 ··· 125
  - 1.4 监理工作范围和内容 ·· 126
  - 1.5 监理主要依据 ··· 127
  - 1.6 监理组织 ·· 128
  - 1.7 监理工作基本程序 ·· 129
  - 1.8 监理工作主要制度 ·· 129
  - 1.9 监理人员守则和奖惩制度 ··· 130
- 2 工程质量控制 ··· 132
  - 2.1 质量控制的内容 ··· 132
  - 2.2 质量控制的制度 ··· 133
  - 2.3 质量控制的措施 ··· 134
- 3 工程进度控制 ··· 136
  - 3.1 进度控制的内容 ··· 136
  - 3.2 进度控制的制度 ··· 137
  - 3.3 进度控制的措施 ··· 138
- 4 工程资金控制 ··· 142
  - 4.1 资金控制的内容 ··· 142
  - 4.2 资金控制的制度 ··· 143
  - 4.3 资金控制的措施 ··· 143
- 5 施工安全及文明施工监理 ··· 144
  - 5.1 施工安全监理的范围和内容 ····································· 144
  - 5.2 施工安全监理的制度 ·· 145
  - 5.3 施工安全监理的措施 ·· 147
  - 5.4 文明施工监理 ··· 150
- 6 合同管理的其他工作 ·· 150
  - 6.1 变更的处理程序和监理工作方法 ······························ 150
  - 6.2 违约事件的处理程序和监理工作方法 ······················· 152
  - 6.3 索赔的处理程序和监理工作方法 ······························ 152
  - 6.4 分包管理的监理工作内容 ··· 154
  - 6.5 担保及保险的监理工作 ·· 154

第10章　工程建设监理实例

7　协调 ·· 155
　7.1　协调工作的主要内容 ··· 155
　7.2　协调工作的原则与方法 ·· 155
8　工程质量评定与验收监理工作 ·· 156
　8.1　工程质量评定 ··· 156
　8.2　工程验收 ··· 157
9　缺陷责任期监理工作 ·· 158
　9.1　缺陷责任期的监理内容 ·· 158
　9.2　缺陷责任期的监理措施 ·· 158
10　信息管理 ··· 159
　10.1　信息管理的程序、制度及人员岗位职责 ··· 159
　10.2　文档清单、编码及格式 ·· 161
　10.3　计算机辅助信息管理系统 ··· 162
　10.4　文件资料预立卷和归档管理 ·· 162
11　监理设施 ··· 163
　11.1　现场监理办公和生活设施计划 ··· 163
　11.2　现场交通、通信、办公和生活设施使用管理制度 ···································· 164
12　监理实施细则编制计划 ··· 165
　12.1　监理实施细则文件清单 ·· 165
　12.2　监理实施细则编制工作计划 ·· 166
13　其他 ··· 167
　13.1　主要监理工作方法 ·· 167
　13.2　建设监理文函和报告的交付 ·· 167

1 总则

1.1 工程项目基本概况

1.1.1 地理位置
×水库工程位于贵州省××县。

1.1.2 工程任务
×水库工程任务为以工矿企业供水为主，兼顾乡镇供水。

1.1.3 工程规模
×水库坝址以上集水面积22.7km^2，水库正常蓄水位1748m，水库总库容599万m^3，水库为小（1）型水库，工程规模属小（1）型，工程等别为Ⅳ等。

1.1.4 工程布置及主要建筑物
×水库工程由挡水工程、泄水工程、输水工程、灌溉工程组成。主要建筑物有：①挡水建筑物：混凝土面板堆石坝。②泄水建筑物：由右岸岸边溢洪道、冲沙兼放空隧洞、取水隧洞组成。③输水建筑物：由泵站取水隧洞及输水管线组成。

1.2 工程项目主要目标

1.2.1 工程项目总投资及组成
本工程建设总投资25255万元，本标段监理范围投资约14038.09万元。

1.2.2 计划工期
本项目计划工期30个月，计划开工日期为20××年3月25日，计划完工日期为20××年9月25日。

1.2.3 质量控制目标

1.2.3.1 监理服务质量控制目标
（1）单元工程、分部工程、单位工程一次性验收合格率达到100%。

1.2.3.2 工程工期、质量、安全和费用目标
信守合同、严格按合同文件的要求进行监督管理，使工程工期、质量、安全和费用达到合同文件中规定的要求

1.3 工程项目组织

业主单位：××水利投资有限责任公司
监理单位：贵州××监理有限公司
施工单位：××水利水电建设股份有限公司
质检单位：××试验测试检测工程有限公司
质量监督单位：××水利工程质量安全监督站
设计单位：××水利水电勘测设计研究院

1.4 监理工程范围和内容

1.4.1 监理服务范围

按监理规范全面负责××水库工程施工过程的监理、监理资料整理和提供，使工程的进度、质量和投资达到预期的目标，实现工程的达标验收。

监理服务期限为：工程开工建设至工程竣工验收止，以业主书面通知进场之日起，计划服务期为30个月，本项目计划工期30个月。

1.4.2 监理工作内容

1.4.2.1 设计方面

（1）熟悉设计文件内容，审查设计文件（包括：设计说明、施工措施、技术要求、操作规程、设计修改通知等）是否符合批准的设计任务书和原审批意见，是否符合合同规定。

（2）组织审查设计文件和各项设计变更，提出意见与优化建议。

（3）及时签发设计文件，发现问题及时与设计人联系，重大问题向发包人报告。

（4）协助发包人组织进行现场设计交底。

（5）协助发包人会同设计单位对重大技术问题和优化设计方案进行专题讨论。

1.4.2.2 采购方面

（1）在发包人授权范围内对采购计划进行监督与控制。

（2）参加进场设备材料的开箱检验和到货验收，审核并检查设备在工地的保管和二次运输的安全防护措施。

（3）在发包人授权范围内依据有关规范对设备材料设计文件（包括供货厂商提供的说明书）进行复核，提出意见并予以确认。

1.4.2.3 施工方面

（1）协助发包人签订工程施工合同。

（2）全面管理工程施工合同，在发包人授权范围内就施工单位选择的分包单位资质及分包项目进行审查批准。

（3）督促发包人按工程建设合同的规定，落实必须提供的施工条件，检查工程开工准备工作，并在检查与审查合格后。根据发包人的授权，签发工程开工通知、停工通知及复工通知。

（4）审查施工单位编制的施工进度计划及季度、月度计划，并监督实施。

（5）审批施工单位提交的施工组织设计、施工进度计划、施工技术措施、施工安全措施、临建工程设计以及使用的原材料等。

（6）签发设计文件、技术要求等，答复工程施工单位提出的建议和意见。

（7）组织向施工单位移交工程项目范围内的测量控制网点；审批施工单位有关施工测量的实施报告。

（8）工程进度控制：根据工程建设合同总进度计划，审查施工单位提出的施工实施进度计划和检查其实施情况。督促施工单位采取切实措施，实现合同的工期目标要求。

（9）组织现场进度协调会，对造成工程进度滞后的原因进行分析，提出改进意见与建议，报发包人批准后下达调整计划。

（10）施工质量控制：审查施工单位的质量保证体系和措施，核实质量文件；依据工程施工合同文件、设计文件、技术标准，对施工的全过程进行检查，对重要工程部位和主要工序进行跟踪监督。以单元工程为基础，按规程规范的要求，对施工单位评定的工程质量等级进行复核。

（11）对施工质量实施全过程监督管理：对施工前准备工作进行检查，对施工工序与资源投入进行监督，以单元工程为基础，对基础工程、隐蔽工程、分部工程的质量进行检查、签证验收，并对工程施工质量做出评价。

（12）施工过程质量控制：现场检查、旁站、量测、试验。制定并实施重点部位和关键工序的旁站监理计划，监理人员要按作业程序及时跟班到位进行监督检查。

（13）定期召开质量分析会，通报质量状况，分析质量趋势，提出改进措施并监督实施。

（14）参加工程质量事故调查和处理，审核、批准处理工程质量事故的技术措施或方案，检查处理措施的效果。

（15）工程投资控制：审查施工单位提交的资金流计划；审核施工单位完成的工程量和单价费用，并签发计量和支付凭证；受理索赔申请，进行索赔调查和谈判，并提出处理意见；处理工程变更，下达工程变更令。

（16）施工安全监督：检查施工安全措施、劳动保护和环境保护措施，并提出建议；检查防洪度汛措施并提出建议；参加重大的安全事故调查。

（17）主持监理合同授权范围内工程建设各方的协调工作，编制施工协调会议纪要。

（18）信息管理：做好施工现场记录与信息反馈；按照要求编制监理月、年报；按期整编工程资料和工程档案，做好文、录、表、单的日常管理，并在期限届满时移交发包人。

1.5 监理主要依据

工程开展建设监理工作的主要监理依据如下（不限于）：

（1）招投标文件；
（2）《××水库工程设计施工图纸》及设计文件；
（3）《××水库工程施工监理合同》；
（4）《××水库工程大坝枢纽工程施工合同》；
（5）《水利工程质量管理规定》（水利部令第52号，2023）；
（6）《水利工程建设安全生产管理规定》（水利部令第26号，2005）；
（7）《水利工程建设监理规定》（水利部令第28号，2006）；
（8）《水利工程质量检测管理规定》（水利部令第36号，2008）；
（9）《水利工程建设标准强制性条文》（2020年版）；
（10）SL 288—2014《水利工程施工监理规范》；
（11）SL 47—2020《水工建筑物岩石地基开挖施工技术规范》；
（12）SL 677—2014《水工混凝土施工规范》；

(13) SL/T 62—2020《水工建筑物水泥灌浆施工技术规范》；
(14) SL/T 377—2025《水利水电工程锚喷支护技术规范》；
(15) SL 52—2015《水利水电工程施工测量规范》；
(16) SL 398—2007《水利水电工程施工通用安全技术规程》；
(17) SL 399—2007《水利水电工程土建施工安全技术规程》；
(18) SL 401—2007《水利水电工程施工作业人员安全技术操作规程》；
(19) SL 49—2015《混凝土面板堆石坝施工规范》；
(20) SL 32—2014《水工建筑物滑动模板施工技术规范》；
(21) SL 303—2017《水利水电工程施工组织设计规范》；
(22) SL 176—2007《水利水电工程施工质量检验与评定规程》；
(23) SL/T 631.1～3—2025《水利水电工程单元工程施工质量验收标准》；
(24) SL 223—2008《水利水电建设工程验收规程》；
(25)《水利工程建设项目档案管理规定》（水办〔2021〕200号）；
(26)《水利工程建设项目档案验收办法》（水办〔2023〕132号）；
(27) 国家或国家部门、地方颁发的法律与行政法规。

1.6 监理组织

1.6.1 监理现场组织机构

依据本工程项目特点，公司成立了贵州××工程监理有限公司××水库工程项目监理部，选派公司高级工程师李××同志担任项目总监理工程师，实行总监理工程师负责下的项目管理体制，副总监理工程师全面协助总监理工程师工作。按照专业配置监理人员，采用直线职能制监理组织机构形式。项目监理部组织机构如图10.1.6.1所示。

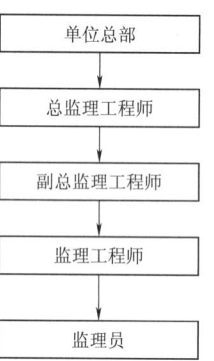

图 10.1.6.1 项目监理部组织机构图

1.6.2 监理部主要监理人员组成

监理部主要监理人员涵盖了水工、地质、试验、测量、机电、金结、水土保持、环境保护、工程造价、安全管理等工程所需的专业，组成情况见表10.1.6.1。

表 10.1.6.1 监理机构主要监理人员情况表

序号	姓 名	性别	年龄	学历	专业	职称	主要职务
1	李××	男	47	硕士	水工建筑	高工	总监理工程师
2	余××	男	55	本科	地质勘察	高工	监理工程师
3	彭××	男	37	本科	水土保持	工程师	监理工程师
4	刘××	女	37	本科	工程造价	助工	监理员
5	项××	男	34	大专	水利水电建筑工程	助工	监理员

总监理工程师根据工程进度需要和合同要求适时调遣各级监理人员进场服务，保证满足工程的需要。

1.6.3 监理人员岗位职责

实行总监理工程师负责制,由总监理工程师对各专业工程师授权,各级监理人员岗位职责如下:

总监理工程师——负责全面履行监理合同中所约定的监理单位的职责;

副总监理工程师——全面协助总监理工程师工作;

专业监理工程师——为现场施工监理和合同管理提供专业方面的技术支持;

现场监理员——负责各相应专业的施工工序的现场监理。

1.7 监理工作基本程序

1.7.1 工序或单元工程质量控制监理工作程序,详见第 9 章图 9.2(略)。

1.7.2 质量评定监理工作程序,详见第 9 章图 9.3(略)。

1.7.3 进度控制监理工作程序,详见第 9 章图 9.4(略)。

1.7.4 工程款支付监理工作程序,详见第 9 章图 9.5(略)。

1.7.5 索赔处理监理工作程序,详见第 9 章图 9.6(略)。

1.8 监理工作主要制度

本工程要贯彻执行以下监理工作制度:

(1) 技术文件核查、审核和审批制度。根据施工合同约定由发包人或承包人提供的施工图纸、技术文件以及承包人提交的开工申请、施工组织设计、施工措施计划、施工进度计划、专项施工方案、安全技术措施、度汛方案和灾害应急预案等文件,均应经监理机构核查、审核或审批后方可实施。

(2) 原材料、中间产品和工程设备报验制度。监理机构应对发包人或承包人提供的原材料、中间产品和工程设备进行核验或验收。不合格的原材料、中间产品和工程设备不得投入使用,其处置方式和措施应得到监理机构的批准或确认。

(3) 工程质量报验制度。承包人每完成一道工序或一个单元工程,都应经过自检。承包人自检合格后方可报监理机构进行复核。上道工序或上一单元工程未经复核或复核不合格,不得进行下道工序或下一单元工程施工。

(4) 工程计量付款签证制度。所有申请付款的工程量、工作均应进行计量并经监理机构确认。未经监理机构签证的付款申请,发包人不得付款。

(5) 会议制度。监理机构应建立会议制度,包括第一次监理、工地会议、监理例会和监理专题会议。会议由总监理工程师或其授权的监理工程师主持,工程建设有关各方应派员参加。

(6) 施工现场紧急情况报告制度。当施工现场发生紧急情况时,监理机构应立即指示承包人采取有效紧急处理措施,并向发包人报告。

(7) 水利工程建设标准强制性条文符合性审核制度。监理机构在审核施工组织设计、施工措施计划、专项施工方案、安全技术措施、度汛方案和灾害应急预案等文件时,应对其与水利工程建设标准强制性条文的符合性进行审核。

(8) 监理报告制度。监理机构应及时向发包人提交监理月报、监理专题报告;在工程验收时，应提交工程建设监理工作报告。

（9）工程验收制度。在承包人提交验收申请后，监理机构应对其是否具备验收条件进行审核，并根据有关水利工程验收规程 或合同约定，参与或主持工程验收。

1.9 监理人员守则和奖惩制度

1.9.1 监理人员守则

1.9.1.1 总则

（1）为规范工程现场监理机构及监理人员的执业行为，维护监理信誉，提高监理的执业水平和监理市场竞争的能力，依据国家有关法律、法规，制定本规定。

（2）工程现场监理机构所有从事监理业务的人员都必须严格遵守本规定。

1.9.1.2 现场监理机构工作准则、行为规范

（1）从事工程建设监理活动时，应当遵循"守法、诚信、公正、科学"的准则，以科学的态度，坚持实事求是和"公正、独立、自主"原则，认真履行监理合同规定的义务，承担约定的责任，并公正地维护发包人和被监理人的合法权益。

（2）现场监理机构应积极参与市场竞争，但不得不合理压价竞争承揽业务。

（3）牢固树立"质量第一、信誉至上"的观点，坚持技术上以新取胜，质量上以优取胜、工期上以快取胜、服务上以诚取胜、管理上以严取胜的指导方针，不断提高监理执业水平和服务意识。

（4）不得转让和分包监理业务或承包工程，经营建筑材料、构配件和建筑机械、设备。

（5）不得出卖、出借、转让、涂改"资质证书""营业执照"等。

（6）不得故意损害发包人和被监理人利益，因工作过错造成重大经济损失，按国家法律、法规和合同约定承担相应的经济赔偿和法律责任。

1.9.1.3 监理工程师职业准则

工程监理行业的工作，对社会与环境的持续发展的成就起着关键的作用，不仅要求监理工程师不断提高学识与能力，而且要求社会上尊重监理工程师的正直，信任监理工程师的判断，并从优给予报酬。要为全社会所信任，要求工程监理人员守信以下监理工程师基本行为准则：

（1）接受本行业对全社会的责任。

（2）为可持续发展寻求解决办法。

（3）始终坚持职业尊严、地位和声誉。

（4）保持与立法、技术、管理发展相应的学识与技能，为发包人提供精心勤勉的服务。

（5）只承担能够胜任的任务。

（6）始终为发包人及被监理人的合法利益而正直、精心地工作。

（7）公正地提供监理建议、判断与决策。

（8）对发包人服务中可能产生的一切潜在的利益冲突，都要告知发包人。

（9）不接受任何有害独立判断的酬谢。

(10) 倡导"以质量为基础选择监理服务"的原则。

(11) 防止无意、有意损害他人名誉和事业的行为。

(12) 防止直接、间接争抢别的监理人已受托的业务。

(13) 对于任何合法组织的调查团体来对任何服务合同或建设合同的管理进行调查，在取得发包人许可后应充分予以合作。

1.9.1.4 行为规范

(1) 发扬"爱国、爱岗、敬业"精神，热爱本职工作，忠于职守，认真负责，对工程建设监理工作有高度的责任感。

(2) 遵守国家法律、法规和建设监理有关规定。

(3) 严格按监理合同行使职权，公正地维护发包人和被监理人的合法权益。

(4) 廉洁奉公，不得接受发包人所支付的监理酬金以外的报酬以及任何形式的回扣、提成、津贴或其他间接报酬；同时也不得接受被监理人的任何好处，包括娱乐、旅游；以及各种名义的技术咨询费等。

(5) 严格保密制度，不得泄露自己所了解与掌握的有关发包人必须保密的情报和资料。

(6) 对于自己认为正确的判断和决定被发包人否决时，应书面阐述自己的观点，并就引起的不良后果提出劝告。

(7) 当发现自己处理问题有错误时，应及时承认错误并迅速提出改正意见。

(8) 对外介绍现场监理机构应实事求是，不得向发包人隐瞒本机构的人员情况、过去业绩以及可能影响监理服务的各项事实。

(9) 不得经营或参与承包施工，不得营销设备和材料，也不得在政府部门、承包单位以及设备、材料供应单位任职或兼职。

(10) 语言文明、诚实守信，不得以谎言欺骗发包人和承包人，不得伤害、诽谤他人名誉借以抬高自己的声誉和地位。

(11) 不得以个人名义接受监理委托，不得出卖、出借、涂改、转让本人的"资格证书"和"岗位证书"。

(12) 凡有违反上述职业准则和行为规范者，将按现行有关规定严肃查处。

1.9.2 奖惩制度

1.9.2.1 总则

(1) 为了鼓励现场监理机构人员敬业、进取和公平竞争精神，结合发包人有关规定，进一步搞好工程建设监理工作，使现场监理机构人员能正确、规范、高效地履行或运用工程城建合同文件与建设监理合同文件中发包人授予的职责和权力，促进工程建设达到一流水平，特制定本制度。

(2) 本制度适用于工程建设监理招标范围内的工程。奖惩范围为现场监理机构全体职工。

(3) 奖惩的评定定期进行，依据平时表现和工作成绩进行考评，采用百分制对每位职工打分，按算术分值高低进行计奖或惩罚。

(4) 明确专业分工人员的奖惩计分。

1.9.2.2 奖惩办法

(1) 奖惩时间。

(2) 奖惩评定。

(3) 奖惩办法。

2 工程质量控制

2.1 质量控制的内容

工程的质量是实现其使用价值、达到其设计生产能力、取得经济效益并实现发包人投资目的、保证工程安全的最重要保障,因此,工程的质量控制是建设监理"三控制二管理一协调"的首要任务,是工程建设目标控制的关键。

2.1.1 质量控制目标

单元工程、分部工程、单位工程一次性验收合格率达到100%;工程质量满足国家标准和技术规范要求,整个工程质量目标达到合格要求。

2.1.2 工程质量控制的原则

为了使本工程的质量完全达到国家标准和总承包合同文件规定的要求,监理工程师在实施质量控制的过程中,将严格遵循以下的原则。

1. 坚持质量第一的原则

由于本工程的质量关系到工程本身的安全以及下游国家财产和人民生命财产的安全,所以,监理工程师应自始至终把"质量第一"作为工程质量控制的基本原则和工程建设目标控制的最高原则,决不能为了抢进度或节约工程费用而牺牲工程质量或降低基本的质量要求,造成质量缺陷,甚至质量事故。

2. 坚持以人为控制核心的原则

人是工程质量的创造者,因此,质量控制必须坚持"以人为核心"的原则,把人作为质量控制的动力,在监理过程中发挥人的积极性和创造性,增强人的责任感,使所有与本工程建设有关的工作人员树立"质量第一"的思想,提高人的素质,避免人的失误,以人的工作质量来保证工序质量和工程质量。

3. 坚持预防为主的原则

由于工程质量的隐蔽性和终检的局限性,在进行质量控制的过程中,监理工程师应重点做好事前控制和事中控制,认真细致进行开工前的审查,严格工作质量、工序质量和中间产品的质量检查,通过控制过程质量和工序质量达到保证工程质量的目的。

4. 坚持质量标准的原则

质量标准是评价工程质量的尺度,是保证工程的质量和结构的安全的基本要求,也是进度款支付的依据,因此,监理工程师在进行工程质量的控制时,必须按照国家标准和施工合同文件规定的要求严格检查,以检查的数据为依据并对照质量标准进行质量状况评价,绝不能降低质量标准而留下安全隐患,也不能无原则地提高质量标准而增加工程费用或影响工期。

5. 坚持科学公正的原则

监理人员在监督、控制和处理质量问题的过程中，应尊重客观事实，尊重科学，采用科学客观的检验方法进行质量检验，以检验数据为依据进行质量评价，通过认真细致地分析找出质量问题产生的原因，运用科学手段有针对性地对影响质量的各种因素实施控制。

2.1.3 工程质量控制的内容

(1) 在本工程的监理服务中，监理工程师要对工程施工进行全过程、全方位的监督、检查与控制。

(2) 在每个单位工作开始之前，监理工程师应审查承包人的开工申请报告，并对该项工程的施工计划、工序安排和施工工艺进行审查，深入现场对人员和机械设备的配置、材料的准备情况及现场条件进行检查，满足条件的批准开工，不满足条件的提出改进措施并进行重新审查。

(3) 在施工过程中，监督承包人加强内部质量管理，严格按照国家有关标准和技术规范规定的工艺和技术要求进行施工。监理工程师应深入施工现场进行全过程的跟踪检查监督，发现问题及时要求承包人纠正。在每道工序完成后，在承包人自检合格后通知监理工程师到场检查验收，监理工程师应在规定的时间内到现场进行检查验收，检查合格的签署确认意见；如果监理工程师检查不合格，应提出整改意见在承包人完成后重新检查，直到监理工程师认为合格为止。在上道工序没有检查合格之前，不得进行下一道工序的施工。

(4) 当某个单位工程所有的工序都完成并在最后一个工序检查合格并征得监理工程师同意后，承包人应向监理工程师提交"交工申请报告"，并附上整理后的该单位工程的完工资料。监理工程师对完工资料审查合格后，向承包人颁发"单位工程交工证书"。承包人凭"单位工程交工证书"办理本单位工程的最终结算。

2.2 质量控制的制度

为确保工程质量和监理工作正常有效，本工程遵从以下各项质量控制监理工作制度，总监理工程师负责各项制度的落实。

(1) 设计交底和施工图纸会审制度：开工前，在收到设计文件和图纸后，项目监理部组织项目部成员仔细阅读设计文件、图纸，参加设计交底，使监理工程师、施工人员了解工程特点和设计意图，以及对关键部位、新材料、新工艺、新技术的质量要求、做法、注意事项能切实理解，避免图纸中的错、漏、碰、缺。

(2) 工程材料、半成品质量检验制度：在检验批施工前，监理工程师应严格审核进场原材料和构配件及设备的质保资料，如合格证、准用证、试验报告等，并根据工程实际要求进行样品封存，合格后方准使用。

(3) 见证取样工作制度：见证取样人员按见证取样工作计划、施工方材料进场计划和施工进度计划，随机取样作见证样，并同时填写见证取样单和封样工作，由见证取样人送见证取样实验室。

(4) 旁站监理工作制度：监理员负责旁站监理，按旁站监理实施细则，对关键部位、关键工序进行旁站监理；旁站监理人员在施工过程中应督促承包人严格按其专项施工方案实施，对其违背施工方案和施工规程的行为应及时制止，在出现重大问题时应及时通知专业监理工程师或总监理工程师处理。

（5）监理日记制度：由监理工程师对每天现场情况进行记录，主要包括天气情况、现场施工、人员动态、各方指示、材料进场与试验、每日监理工作等内容。

（6）跟踪检测制度：在承包人进行试样检测前，要对其检测人员、仪器设备以及拟订的检测程序和方法进行审核；在承包人对试样进行检测时，实施全过程的监督，确认其程序、方法的有效性以及检测结果的可信性，并对该结果确认。

（7）平行检测制度：我监理部在承包人对试样自行检测的同时，独立抽样进行平行检测，核验承包人的检测结果并出具统计分析报告。

2.3 质量控制的措施

2.3.1 工程质量控制程序

对每个单项工程都采用同样的程序进行控制。施工质量控制的一般程序见"工程质量控制流程图"。

2.3.2 质量控制措施

1. 审查施工技术措施和质量保证文件

承包人的施工措施和质量保证文件是承包人进行施工作业和控制的主要依据性文件，对这些文件的审查和批准是对工程质量进行全面监督、检查与控制的重要途径。在本工程的施工过程中，监理工程师应审查的文件包括：

（1）审查承包人提交的质量保证措施，监督其建立质量保证体系；

（2）审批由承包人提交的施工组织设计、单项工程的施工措施和施工工艺，保证工程的施工质量有可靠的技术保障；

（3）审批承包人的工程开工申请报告，检查现场施工准备工作的落实情况；

（4）审查承包人提交的有关原材料、半成品和构配件的质量证明文件，确保工程质量有可靠的物质基础；

（5）审查或查验现场作业人员的岗位操作资格，不满足规定要求的不允许进行施工操作，从操作人员的素质上控制工序质量；

（6）审核承包人提交的反映工序、半成品和成品质量的统计资料，运用数理统计方法进行汇总分析；

（7）审核有关新技术、新工艺、新材料的技术鉴定文件，审查其在本工程中的应用申请报告，根据具体情况批准其在本工程中的使用，确保应用质量；

（8）审查分包单位的资质证明文件，控制分包项目的质量。

2. 采用多种手段监督控制施工质量

（1）对施工质量有严重影响的工序、出现质量缺陷处理难度极大的工序、隐蔽工程等工序的施工过程，监理人员将始终在现场观察、监督与检查，发现质量问题的苗头和影响质量的因素变化，采取措施将可能出现的质量缺陷和质量事故消灭在萌芽状态。

（2）采用测量的方法对施工放线进行检查，严格控制，发现偏差立即纠正，在进行工序的检查验收时，对于位置和几何尺寸的任何偏离在指令承包人改正之后再签署验收凭证。

（3）采用试验的方法对每道工序中使用的原材料的性能和质量、配合比、半成品和成品的物理力学性能进行测试，通过具体的试验数据评价和确认各种材料和工程成品的内在品质。

（4）对于承包人的违规作业、现场检查发现的质量问题以及工序或工艺控制措施问题，监理工程师将采用发布指令的方式指出施工中存在的问题，督促承包人及时整改，对于重要的问题，如因时间紧迫，监理工程师可先以口头的方式下达给承包人，并在24小时内补充书面指令对口头指令进行确认。

（5）严格要求承包人按规定的质量控制程序进行工序质量的检查验收，确保每道工序的质量都在监理工程师的把握之中。

（6）如果承包人的施工质量达不到规定的标准，其又不愿意按照监理工程师的指示承担质量缺陷的处理责任，并进行有效的处理使之达到标准要求，监理工程师将拒绝对不合格的或存在质量缺陷的工程开具支付凭证，停止对承包人支付部分直至全部工程款，由此造成的损失由承包人负责。

3. 工序活动的动态控制

对于重要的工序，监理工程师将连续实施跟踪控制，工序活动的跟踪控制程序如下：

（1）以监理工程师批准的单位工程的施工措施、单元工程施工工艺、质量保证措施和质量检查制度为质量控制的基础。

（2）分清主次，重点控制。选定重要的、关键的工序，或根据质量控制经验认为容易发生质量问题的工序，分析影响工序质量的因素，拟订对策并落实对策。

（3）在施工中对工序进行全过程的跟踪检查，监督承包人的各项作业活动，发现问题，及时纠正；每道工序完成之后，应严格工序间的交接检查，只有在监理工程师检查确认其质量合格后，才能进行下一道工序的施工，隐蔽工程才能覆盖；监理工程师对质量控制活动的意见和承包人对这些意见的答复或反馈、试验报告、质量合格证、质量检查验收签证单、不合格项的报告和整改指令以及对不合格项的处理情况等施工质量记录将作为工程档案保留，作为评价、查询和了解工序质量情况以及工程维修和管理的资料和信息。

4. 设置质量控制点对工程质量进行预控

为保证工序质量，监理工程师将确定一些重点控制对象、关键部位和薄弱环节作为主要的质量控制点，事先分析可能造成质量问题的原因，针对这些原因制定对策进行预控。在本工程的质量控制中，将选择下列对象作为质量主控点：

（1）施工过程中的关键工序、环节或隐蔽工程。

（2）施工中的薄弱环节，或质量不稳定的工序、部位或对象。

（3）对后续工程施工或后续工程质量或安全有重大影响的工序、部位或对象。

（4）采用新技术、新工艺、新材料的部位或环节。

（5）施工上无足够把握、施工条件困难的或技术难度大的工序或环节。

5. 严格进行施工过程的质量检查

在工程的施工过程中，监理工程师将不断地进行现场巡视，加强现场的监督与检查，对重要的工序进行全过程的跟踪检查，保证施工过程中的任何工程对象始终处于监理工程师的掌控之中，避免工程质量缺陷或质量事故。在施工过程中监理工程师应严格实施复核

性检查:

(1) 隐蔽工程在被遮蔽或被覆盖前,必须经过监理工程师的检查验收,确认其质量合格后,才允许覆盖,这是防止质量隐患和潜在质量事故的重要措施。

(2) 每道工序完工之后,经监理工程师检查认可其质量合格并签字确认后,才能移交给下一道工序继续施工。

(3) 在每个单元工程施工之前,对该单元工程之前已经进行的一些与之密切相关的工作质量及正确性进行复核,未经检验、复核或检验不合格时,不得开始下一个单元工程的施工。

(4) 在进行复核性检查时,先由承包人提交有关质量资料,包括工序或隐蔽工程的质量自检记录,监理工程师对照承包人提交的质量资料进行检查、测量或试验等复核工作,符合质量要求的予以书面确认,发现问题则视问题的大小或严重程度,口头指示或以书面的形式指令承包人改正或返工。

(5) 在每项工程完工后,监理工程师应监督承包人对已完工的工程采取妥善的措施予以保护,监理工程师应对承包人的成品保护工作的质量与效果进行经常性检查,避免因成品缺乏保护或保护不善而造成损坏或污染,影响工程的整体质量。

6. 行使质量监督权,控制施工质量

在工程的施工过程中,凡出现下列情况之一者,监理工程师将行使质量监督控制权,下达停工整改指令,及时进行工程质量的控制:

(1) 施工中出现质量异常情况,经监理工程师提出后,承包人未采取有效措施进行改正,或改正措施不力未能彻底扭转质量状况时。

(2) 隐蔽工程未经监理工程师检查验收确认合格,承包人擅自覆盖时。

(3) 已发生的质量缺陷或质量事故迟迟未按监理工程师的要求进行处理,或者是自己已发生的质量缺陷或质量事故还在继续发展或将对施工人员、设备或工程本身的安全造成严重危害时。

(4) 未经监理工程师的审查批准,擅自变更设计或修改图纸进行施工时。

(5) 未经技术资格审查的人员或不具备操作资格的人员进入现场施工时。

(6) 使用的原材料、构配件不合格或未经检查确认时,或擅自采用未经审查认可的替换材料时。

(7) 擅自使用未经监理工程师审查批准的分包商进场施工时。

在因上述原因发出停工指令后,监理工程师应监督承包人进行整改。并对整改的情况进行跟踪检查,对整改的效果进行验证。在整改完成并达到监理工程师的要求,经承包人提出复工申请并得到监理工程师的批准后,方可恢复施工。

3 工程进度控制

3.1 进度控制的内容

3.1.1 进度控制的原则

本工程为一系统工程,各单位工程的分部、单元工程间衔接紧密,在对分部、单元工程进度的有效控制下,监理工程师通过对各单位工程的进度目标控制来实现各单位工程施工进度目标,从而保证总体目标工期的实现。

3.1.2 进度控制目标

确保工程总体施工进度按合同工期完工。

3.1.3 进度控制的内容

3.1.3.1 建立健全监理工程师的进度控制组织,督促承包人采取有效的组织措施以保证进度的顺利实施

3.1.3.2 建立并根据现场的实际情况完善进度控制的程序和方法

3.1.3.3 严格审查各承包人的施工进度计划,主要审查内容如下:

(1) 是否符合监理机构提出的施工总进度计划编制要求。
(2) 施工总进度计划与合同工期和阶段性目标的响应性与符合性。
(3) 施工总进度计划中有无项目内容漏项或重复的情况。
(4) 施工总进度计划中各项目之间逻辑关系的正确性与施工方案的可行性。
(5) 施工总进度计划中关键路线安排的合理性。
(6) 人员、施工设备等资源配置计划和施工强度的合理性。
(7) 原材料、中间产品和工程设备供应计划与施工总进度计划的协调性。
(8) 本合同工程施工与其他合同工程施工之间的协调性。
(9) 用图计划、用地计划等的合理性,以及与发包人提供条件的协调性。
(10) 其他应审查的内容。

3.1.3.4 会同各方尽可能预测各种不利因素对进度计划产生的影响,如地质、气候、材料、设备、资金、设计变更等。

3.1.3.5 做好物资供应进度计划,督促承包人的自购物资按时进场和妥善地保管,协助发包人搞好发包人物资的及时供应,以保证施工的顺利进行。

3.2 进度控制的制度

1. 施工进度计划审批制度

(1) 由项目总监理工程师组织专业监理工程师审核施工总进度计划。
(2) 专业监理工程师审查承包人提交的年度、月度计划,并向总监理工程师汇报。
(3) 项目总监理工程师在确定满足要求并与建设单位协商后,批准承包人填报的《工程施工进度计划报审表》,作为进度控制依据。

2. 施工进度调整检查制度

(1) 专业监理工程师负责检查进度计划的实施,随时检查施工进度计划的关键控制点,了解进度计划实施情况,并记录实际进度情况。
(2) 总监理工程师定期向建设单位汇报工程实际进展状况。严格控制施工过程中的设计变更,对工程变更、设计修改等事项,专业监理工程师负责进行进度控制预分析,如发现与原施工进度计划有较大差异时,应书面向总监理工程师报告并报建设单位。
(3) 总监理工程师负责组织专业监理工程师审查承包人报送的施工进度调整计划提出审查意见,经总监理工程师审批后报送建设单位同意后,签发《工程施工进度计划报审

表》。

3. 监理例会制度

工地监理会议是监理工程师组织协调的重要手段，通过工地会议监理工程师与承包人讨论施工过程中的各种进度问题，必要时可邀请业主或有关人员参加。

3.3 进度控制的措施

3.3.1 进度控制程序

进度控制程序见进度控制流程图详见第 9 章图 9.4（略）。

3.3.2 进度控制的方法

3.3.2.1 利用计算机技术

本工程的进度控制是一个复杂的系统工程，实际实施过程中，将依据工程的特性和实际的施工条件以及承包人提交的进度计划，合理划分施工项目，充分利用计算机技术的优势，考虑多方面的因素和实际情况变化，进行动态控制，及时作出调整（包括施工措施、逻辑关系、单项工期等），保证工程总进度目标的实现。

3.3.2.2 单位工程控制

在工程总进度确定后，各单位工程（如对某一建筑物划分成几个单位）工期控制是首先要考虑的。因此，单位工程工期拟以半月为单位进行控制，必要时以周为控制点。每半月检查各单位工程情况，了解存在的问题，督促承包人按计划施工。对影响单位工程进展的因素进行分析、研究并及时加以解决。对超出工程师权限的事项及时报发包人。同时，定期将单位工程的进展情况反映到网络计划中，便于工程总进度的统一协调。在总进度统一协调后，将信息反馈到单位工程，指导单位工程按计划施工，以保证施工进度阶段性控制目标的实现。

3.3.2.3 工序控制

在无较大的不可预见因素时，应按施工总进度的工序执行，避免无计划工序对工程施工造成干扰和冲突，影响工程进展。各工序的紧前、紧后及平行关系要清楚地反映在施工总进度上。监理工程师在执行过程中应检查承包人是否按既定的工序顺序进行施工。在发生不可预见的影响工程进度的事件时，在授权范围内，工程师将协调修改计划工期，以期满足新条件下的需要，保证目标进度的实现。

3.3.2.4 形象面貌控制和工程量控制

根据施工总进度计划，编制施工项目形象面貌进度图，以周、月为单位，将实际施工进展反映到形象面貌图中，便于直观地分析比较和控制。进度形象面貌图同时也报送发包人。

3.3.3 整体进度控制措施

1. 建立健全监理工程师的进度控制组织

督促承包方采取有效的组织措施以保证进度的顺利实施。

采用三级控制的方法来进行进度控制。

第一级为工程总监理工程师负责的工程总进度控制，此为最高级进度控制。该级可从各施工项目组织人员形成总进度控制和协调小组，定期或不定期讨论和商定当前的或潜在的重大进度问题、各标之间的相互干扰的问题以及来自工程外部的干扰等问题。

第二级为各主要施工项目总进度控制,由负责各施工项目的监理工程师承担。该级进度控制的作用是接受第一级进度控制的指导,向上一级控制提供信息,协助一级进行工程总进度控制,并指导三级进度控制。

第三级为各单项工程进度控制,该级在二级进度控制的指导下工作,具体监控各单项工程的进度实施并向二级进度控制报进度的基本资料和信息,协助二级进度控制工作。

三级进度控制职责分明,效率高,能有效地掌握工程进展动态,便于进度控制的实施。

2. 建立进度控制的工作措施

(1) 对本工程进度进行动态控制。采用计算机软件进行工程项目管理,对施工单位提交的进度计划进行审查和动态控制:主要是评价其施工进度的可行性、合理程度,是否符合合同文件中的要求和合同进度的要求,是否与施工单位提交的施工组织设计相适应。

(2) 建立进度控制体系和层次。建立本工程进度计划体系和层次,进行动态控制。

(3) 对资源投入量和产量控制形成制度化。对工程进行动态控制,必须以施工单位在各个施工部位的每天实际完成工程量及各种投入设备的数量和效率作为分析和评价的基础。

(4) 建立周进度预审和月进度审查的控制手段。每周施工单位可通过计算机汇报完成情况的报表,每月底施工单位应上报月进度完成情况,此月报应包括本月完成情况的网络进度计划,监理工程师评价其完成情况,分析后续进度,如发现进度严重拖期情况,应分析原因,要求施工单位赶上进度并提交修改后的网络进度计划供监理工程师审查批准。批准后的更新网络进度计划将成为新的目标计划,作为今后比较的依据。

(5) 周进度计划的提交、审查和控制。监理工程师必须每周编制周进度报告,对实际情况进行记录,并分析原因和采取措施。

(6) 月报告、月进度更新及评价。在月初,施工单位应提交一份详细有关上月的进度报告,包括所有施工设备利用率、各部位各类型的施工强度、形象面貌(包括相应的图纸、照片)和更新的月进度计划以及在施工过程中遇到的种种问题。监理工程师应把每月的实际完成情况和目标进度相比较,并在周进度计划评价的基础上,对月进度进行分析和评价、提出措施,并编制相应的月进度计划报告。

在月底,施工单位提交下月的月进度计划,经监理工程师批准后成为下月的目标计划。

(7) 记录实际进度。在施工过程中,以天为中心建立的对实际施工情况记录的进度称为实际进度,其详细反映了实际施工时的资源投入情况、遇到的不利情况和施工结果等,将实际进度和基线进度进行比较,就可以发现实际进度和基线进度之间的差异,并可分析出现差异的原因。

(8) 更新目标进度计划。做好进度控制工作中的三控制工作,即事前控制、事中控制和事后控制。其中事前控制的主要工作是编制良好的控制性进度和严格审查承包方的进度,事中控制主要是检查和督促承包方对进度计划的实施,事后控制主要是信息反馈、整理、分析与纠偏活动。

(9) 本工程主要由导流工程、引水系统、大坝填筑这三大项目组成，这些项目既是质量控制的难点，又都是进度控制的重点，对其中的每一项的控制都不能掉以轻心。

(10) 监理工程师要使用进度管理软件（如 PROJECT）对进度进行分析、调整，使进度的管理更加科学化、规范化。

3.3.4 关键工作进度控制措施

工程项目施工进度控制工作内容和措施。工程项目的施工进度控制从审核施工单位提交的施工进度计划开始，直至工程项目缺陷期满为止，其主要工作内容和措施如下：

1. 编制施工阶段进度控制工作细则

施工进度控制工作细则是在工程项目监理规划的指导下，由工程项目监理班子中进度控制监理工程师负责编制的更具有实施性和操作性的监理业务文件。其主要内容包括：

(1) 施工进度控制目标分解图；
(2) 施工进度控制的主要工作内容和深度；
(3) 进度控制人员的具体分工；
(4) 与进度控制有关各项工作的时间安排及工作流程；
(5) 进度控制的方法（包括进度检查日期、数据收集方式、进度报表格式、统计分析方法等）；
(6) 进度控制的具体措施（包括组织措施、技术措施；经济措施及合同措施等）；
(7) 施工进度控制目标实现的风险分析；
(8) 尚待解决的有关问题。

事实上，施工进度控制工作细则是对工程项目监理规划中有关进度控制内容的进一步深化和补充。它对监理工程师的进度控制实务工作起着具体的指导作用。

2. 编制或审核施工进度计划

为了保证工程项目的施工任务按期完成，监理工程师必须审核施工单位提交的施工进度计划。施工进度计划应确定分部工程项目的开工、完工顺序及时间安排，施工准备工作，竣工资料整理及验收时间。

当工程项目有总施工单位时，监理工程师只需对总施工单位提交的施工总进度计划进行审核即可。而对于单位工程施工进度计划，监理工程师只负责审核而不管编制。

3. 按年、季、月编制工程综合计划

在按计划期编制的进度计划中，监理工程师应着重解决各施工单位施工进度计划之间、施工进度计划与资源（包括资金、设备、机具、材料及劳动力）保障计划之间及外部协作条件的延伸性计划之间的综合平衡与相互衔接问题。并根据上期计划的完成情况对本期计划做必要的调整，从而作为施工单位近期执行的指令性计划。

4. 下达工程开工通知

监理工程师应根据施工单位和业主双方关于工程开工的准备情况，选择合适的时间发布工程开工通知。工程开工通知的发布，要尽可能及时，因为从发布工程开工通知之日算起，加上合同工期后即为工程竣工日期。如果开工通知发布拖延，就等于推迟了竣工时间，甚至可能引起施工单位的索赔。

5. 监督施工进度计划的实施

这是工程项目施工阶段进度控制的经常性工作。监理工程师不仅要及时检查施工单位报送的施工进度报表和分析资料，同时还要进行必要的现场实地检查，核实所报送的已完项目时间及工程量，杜绝虚报现象。

在对工程实际进度资料进行整理的基础上，监理工程师应将其与计划进度相比较，以判定实施进度是否出现偏差。如果出现进度偏差，监理工程师应进一步分析此偏差对进度控制目标的影响程度及其产生的原因，以便研究对策，并督促施工单位采取纠偏措施。必要时还应对后期工程进度计划做适当的调整。

6. 组织现场协调会

监理工程师应每月、每周定期组织召开不同层级的现场协调会议，以解决工程施工过程中的相互协调配合问题。

7. 签发工程进度款支付凭证

监理工程师应对施工单位申报的已完分项工程量进行核实，在质量监理人员通过检查验收后签发工程进度款支付凭证。

8. 审批工程延期工程延期

9. 进度报告

向业主提供进度报告监理工程师应随时整理进度资料，并做好工程记录，定期向业主提交工程进度报告。

10. 督促施工单位整理技术资料

11. 审批竣工申请报告、协助组织竣工验收

当工程竣工后，监理工程师应审批施工单位在自行预验基础上提交的初验申请，组织业主和设计单位进行初验。在初验通过后填写报告及竣工验收申请书，并协助业主组织工程项目的竣工验收，编写竣工验收报告书。

12. 处理争议和索赔

在工程结算过程中，监理工程要处理有关争议和索赔问题。

13. 整理工程进度资料

在工程完工以后，监理工程师应将工程进度资料收集起来，进行归类、编目和建档，以便为今后其他类似工程项目的进度控制提供参考。

14. 工程移交

监理工程师应督促施工单位办理工程移交手续，颁发工程移交证书。在工程移交后的缺陷期内，还要处理验收后质量问题的原因及责任等争议问题，并督促责任单位及时修理。当缺陷期结束且再无争议时，工程项目进度控制的任务即告完成。

3.3.5 工程进度偏差控制措施

3.3.5.1 工程进度延误的通病（影响工程项目施工进度的因素和产生的原因）

（1）工程进度延误的原因工程进度延误是由施工单位自身原因所造成的，其原因是多方面的。

（2）不能按期开工。是指在建设单位与施工单位签订施工承包合同后，施工单位未能在建设单位规定的开工时间进驻现场，并开始施工，由此而造成工期拖延。

(3) 设备不能满足工程需要。这主要包括施工单位按合同规定应进场的设备不能按期进场,设备数量不足,生产率达不到规定的要求;或者是设备的完好率较低,不能满足施工进度要求,造成工期延误。

(4) 人力不足这主要是指施工单位所投入的劳动力、技术人员、管理人员等不能满足工程进度计划的要求,导致工程的延误。

(5) 施工组织不善。这主要是指施工单位对工地各方面的组织、管理方法不当,造成施工程序或秩序混乱;或施工手段落后,各方面的行动不能协调一致造成工、料、机等的浪费;甚至出现工人消极怠工,造成工期延误。

(6) 材料短缺。施工单位自行采购的材料、构件等,不能按期到货,致使工程中断,停工待料,造成延误。

(7) 质量事故。施工单位在工程施工中,未能按照合同规定的技术标准和规范进行施工,从而造成工程质量不符合检测检验标准,或判定为不合格产品,需返工或重建的工程,并因此而引起工程的延误。

(8) 安全事故。施工单位在施工中,未能遵守安全操作规程或出现意想不到的安全事故,从而造成工程的延误等,发生工程进度延误,建设单位根据合同规定,采取反索赔措施,以维护自己的利益。一般在合同文件中都列有工程延误违约罚款的条款,并明确规定了罚款额的计算方法。

3.3.5.2 工程进度偏差控制措施

工程进度的调整一般是不可避免的,但如果发现原有的进度计划已落后、不适应实际情况时,为了确保工期,实现进度控制的目标,就必须对原有的计划进行调整,形成新的进度计划,作为进度控制的新依据。而调整工程进度计划的主要方法有:

(1) 压缩关键工作的持续时间:在不改变工作之间顺序关系,而是通过缩短网络计划中关键线路上的持续时间来缩短已被施长的工期。

(2) 组织搭接作业或平行作业:

(3) 在不改变工作的持续时间,而只改变工作的开始时间和完成时间。

4 工程资金控制

4.1 资金控制的内容

4.1.1 资金控制的原则

(1) 施工合同是监理工程师进行计量与支付的根本。投资控制中的关键工作是协调好发包人与承包人之间的支付行为,使每一笔工程费用都符合施工合同的要求,并做到准确合理。

(2) 计量和支付是工程费用监理的核心。监理工程师要控制好合同中工程量清单所列各项费用的计量和支付外,还应对清单之外的各类合同支付进行严格监理,并尽可能减少各类附加的费用。

4.1.2 资金控制的目标

除重大设计变更外,工程的结算价款控制在设计概算总价格以内。

4.1.3 资金控制的内容

工程投资控制的主要监理工作内容包括以下各项：
(1) 审批承包人提交的资金流计划。
(2) 审核工程付款申请，签发付款证书。
(3) 根据施工合同约定进行价格调整。
(4) 根据授权处理工程变更所引起的工程费用变化事宜。
(5) 根据授权处理合同索赔中的费用问题。
(6) 审核完工付款申请，签发完工付款证书。
(7) 审核最终付款申请，签发最终付款证书。

4.2 资金控制的制度

(1) 清单项目的支付。对于合同清单内的支付项目，将按下列程序进行审核、签证并报发包人审查后支付：

1) 组织测量、试验和其他有关专业，对承包方报送的月支付申请报表进行工程量的核定，工程质量情况证明及相关资料的检查认定。

2) 根据核定的工程量，审查支付工程项目细项是否在合同支付范围内。

3) 核定落实后，按照合同中计量与支付条款进行计价，经总监理工程师签发后呈报发包人进行支付工作。

(2) 对于所有的合同外支付，按照合同的内容，征得发包人的书面确认或按照已形成的有关协议来加以处理。

(3) 建立工程款支付签证审核制度。在工程建设监理合同文件中，必须明确规定授予监理单位在投资控制方面的权力（监理单位享有工程款支付的审核权和签认权。未经监理单位签字认可，业主方不支付工程款），并通知施工单位。

按工程承包合同约定的工程价格范围和结算方式（按月结算，竣工后一次结算，分阶段结算等），项目监理组人员对已完成的分项分部工程数量进行核对或与施工单位共同测定后，签字认可。

审核施工单位的进度款结算表和工程进度款复核申请书，经复核确认后，总监理工程师向施工单位签发工程付款凭证，然后施工单位将工程付款凭证以及专业监理工程师签证的工程款和工程量的编制与复核清单报送业主方。

(4) 建立工程款支付台账，制定工程款支付程序。
(5) 严格合同支付并扣除工程预付款、材料款等预付款数额。

4.3 资金控制的措施

4.3.1 资金控制的程序

工程计量方法、程序和工程支付程序以及分析方法参见程序框图。

4.3.2 现场计量、支付签证与设计变更

4.3.2.1 工程计量

(1) 合同工程量。对合同工程量清单中所规定的各项工程量，监理工程师将严格按照合同中计量与支付条款对已完成的、质量合格的工程签发付款凭证，同时还要在现场进行

实地测量，避免工程量尤其是明挖工程量发生差错。

（2）设计变更和工程索赔。在实际施工过程中，由于施工条件及自然条件的改变可能会导致设计变更和工程索赔，并最终导致工程费用的变化，为此，将从合同条款、技术规定方面入手严格计量工作，其具体的控制办法将在设计变更方面进行说明。

（3）附加工程量，在施工过程中，还有可能产生一些附加工程量，其内容包括：

1）因安全需要而增加的工作量；

2）合同中未予以明确或遗漏或含混，但经各方认定其合理而应予以支付的工程量；

3）施工中因某些品种、规格的材料短缺而经批准允许承包人进行材料代换时，所带来的工程数量的变化。对上述工程的计量，我们将采用不同的方式来区别处理。

4.3.2.2 支付凭证

（1）清单项目的支付

对于合同清单内的支付项目，将按下列程序进行审核、签证并报发包人审查后支付：

1）组织测量、试验和其他有关专业，对承包人报送的月支付申请报表进行工程量的核定，工程质量情况证明及相关资料的检查认定。

2）根据核定的工程量，逐一审查支付工程项目细项是否在合同支付范围内。

3）核定落实后，按照合同中计量与支付条款进行计价，经总监理工程师签发后呈报发包人进行支付工作。

（2）对于所有的合同外支付，按照合同的内容，征得发包人的书面确认或按照已形成的有关协议来加以处理。

4.3.2.3 工程变更

工程变更对投资的影响较大，工程变更一般都会带来新增项目及新增单价以及工程量方面的变化。

（1）新增项目的确认。根据合同及工程量报价单中已有的工程项目，来确认变更后的项目是否新增项目，如果属于新增项目，首先还是从工程量报价单中寻求相似的单价，如无相似的单价，将另作新增单价进行处理。新增项目的确认，按照合同中的相应条款进行处理。

（2）新增单价。对于新增单价的编制，监理工程师将按照合同中已有的价格水平和取费标准，根据承包人的施工措施，首先确定一个单价，然后分别同发包人和承包人协商并征得发包人的同意后，纳入合同，作为支付的依据。新增单价确定，按照合同中的相应条款进行处理。

（3）工程量的增减。因设计变更而导致的工程量的变化，将把设计提供的工程量按合同中的工程项目进行分析，计算相应工程项目工程量的增减变化幅度，然后按照合同中的相应条款进行处理。

4.3.3 资金控制的措施

资金控制采取的主要措施可以从组织措施、经济措施、技术措施、合同措施等。

5 施工安全及文明施工监理

5.1 施工安全监理的范围和内容

安全监理主要包括：爆破安全监理、施工机械监理和施工安全监理三方面的内容，应注意事先监理和主动监理，这是提高安全施工的方法。在施工准备阶段，督促施工单位建立安全管理保证体系，可减少施工中的不必要安全事故。

5.2 施工安全监理的制度

5.2.1 安全教育培训制度

安全教育是提高全员安全意识、安全素质的保证，必须认真抓好。

(1) 新员工必须经过安全教育，并必须经考试合格方可参加施工。

(2) 教育的时间一般不能少于40学时。

(3) 特殊工种（驾驶员、试验员）必须经过安全培训，考试合格后持证上岗作业。

(4) 定期每周一次进行安全学习，不断提高安全意识、技术素质，提高安全技术业务水平。

(5) 安全教育内容是安全生产思想教育，从加强思想路线方针、政策和劳动纪律两个方面进行。

(6) 安全教育要求体现"六性"，即全员性、全面性、针对性以及成效性、发展性、经常性。

(7) 要开展好主管部门及我单位布置的各项安全生产活动，使安全生产警钟长鸣，防患于未然。

(8) 教育培训形式：采用集中学习或自学的方式，每周至少一次并予以记录。

5.2.2 工作安全制度

根据监理人员工作性质，特制订以下制度：

(1) 进入施工现场，必须按照现场情况结合国家规定佩戴安全装备（如：安全帽、安全绳等），严禁穿拖鞋、凉鞋以及不符合要求的着装进入施工现场。

(2) 进入施工现场，必须遵守施工现场的安全规定（包括施工单位自订的安全规定）。

(3) 进入施工现场，必须先确认工作地点的安全状况，做到"不伤害自己、不被别人伤害、不伤害别人"。

(4) 进入施工现场，设备仪器必须选择安全、稳定的位置放置。

(5) 当工作地点存在安全隐患或无必备的安全设施时，有权拒绝进入工作。

(6) 禁止操作施工单位的施工机械（如：挖掘机、推土机、车辆等），使用施工单位的试验和测量仪器时应征得施工单位同意，并严格按操作规程使用，保证使用安全。

(7) 离开办公室和寝室时，应关闭所有电源，确保用电安全。

5.2.3 安全监理施工方案（措施、专项方案）审查、备案制度

(1) 监理单位应按以下要求对施工单位的报审文件进行审查：

1) 审查施工安全管理制度、施工组织是否满足工程建设安全文明施工管理的需要；

2) 审查施工组织设计中的安全技术措施或者危险性较大的分部分项工程专项施工方案是否符合水利工程建设标准强制性条文和安全工作规程的要求；

3) 审查安全文明施工策划方案（或实施细则）是否满足安全文明施工标准化工作规定。重点审查施工总平面布置是否合理，办公、宿舍、食堂、仓库、道路、施工用电等临时设施及排水、防火、防雷电、防强风等措施是否满足安全技术标准及安全文明施工

要求；

4）审查现场施工人员及设备配置是否满足安全施工及工程承包合同的要求；

5）审查施工单位分包管理是否满足有关管理规定；

6）审查进场设备、工器具、安全防护用品（用具）的安全性能证明文件是否符合要求；

7）审查施工单位的危险源辨识和控制措施，以及应急救援预案和应急救援体系是否有效；

8）组织施工图内审，审查设计文件是否满足水利工程建设标准强制性条文、施工安全操作及安全防护的需要。

（2）审查要点：

1）程序性审查。是否有编制人、审核人、施工单位技术负责人签认并加盖单位公章；专项施工方案须经专家论证、审查的，是否执行；不符合程序的应予退回。

2）符合性审查。必须符合安全生产法律、法规、规范、工程建设强制性标准；必要时应附有安全验算结果；须经专家论证、审查的项目，应附有专家审查的书面报告；安全专项施工方案还应有紧急救援措施。

3）针对性审查。应针对本工程特点、施工部位、所处环境、施工管理模式、现场实际情况，具有可操作性。

（3）监理机构组织安全监理工程师及各专业工程师对方案进行审查，并分专业写出审查意见。

（4）总监汇总签署监理审查意见后向有关部门备案。

（5）未进行审查的项目不得签署开工通知。

5.2.4 安全隐患处理制度

为杜绝建设工程安全事故发生，项目监理机构应在日常的监理工作中把落实监理安全责任放在首要的位置，利用巡检、专项安全检查旁站监督等手段，及时发现和制止可能引发安全事故的隐患。

（1）当发现施工安全隐患时，监理工程师首先应判断其严重程度。当存在安全事故隐患时应及时签发《监理工程师通知单》，要求施工单位进行整改。

（2）当发现严重安全事故隐患时，总监理工程师应签发《工程暂停令》，指令施工单位暂时停止施工，必要时应要求施工单位采取临时安全防护措施，同时上报建设单位。

（3）当施工单位拒不整改或拒不执行监理指令时，项目监理机构应及时向建设行政主管部门进行汇报。

（4）项目监理机构应要求施工单位就存在的安全事故隐患提出整改方案，整改方案经监理工程师审核批准后（必要时应经设计单位认可），施工单位进行整改处理，项目监理机构应对处理结果进行检查、验收。

（5）安全事故隐患整改处理方案应包括以下主要内容：

1）存在安全事故隐患的时间、部位、性质、现状、发展变化等；

2）现场调查的有关数据和资料；

3）安全事故隐患的原因分析和判断；

4) 安全事故隐患的处理方案;

5) 是否需要采取临时防护措施;

6) 确定安全事故隐患的整改责任人、整改完成时间;

7) 预防该安全事故隐患的重复出现的措施。

(6) 专业监理工程师和总监应对处理方案进行认真、深入地分析以找出安全事故隐患的真正起源。必要时,可请设计、施工、供应、建设单位等有关各方共同参加。

5.2.5 安全巡视检查制度

(1) 重大施工危险源工程的施工安全监理实施细则,应有针对性地巡视监理方案,明确本工程巡视监理的施工作业控制点及要求

(2) 总监理工程师应按施工安全监理规划和施工安全监理实施细则,安排施工安全监理人员进行施工安全监理的巡视监督工作,并检查实施情况。

(3) 安全巡视监理每天不少于一次,对高危作业的关键工序应进行必要的旁站监理。施工安全监理人员应将巡视、旁站监理情况填写巡视旁站监理记录表。

(4) 各专业工程的安全巡视、旁站监理的施工作业控制点,按照有关规定和工程项目实际情况具体确定,事先做好方案。

(5) 项目监理机构应组织建设单位、施工单位共同开展施工现场的安全生产检查活动,制定安全检查计划。

(6) 施工现场安全检查活动类型有定期安全检查、专项安全检查和季节性、节假日安全检查。

(7) 施工现场安全检查的内容根据法规和规范性标准要求,结合安全检查活动的目的和工程具体情况进行确定,包括现场安全和安全资料等方面。项目监理机构应事先制定检查标准和检查方法,明确参与检查的人员。

(8) 安全检查过程中发现安全隐患,应采取措施及时处理,消除安全隐患,保证施工安全。

(9) 施工安全监理人员应做好检查记录,并将检查结果通过工程例会等形式向建设工程各方主体通报。

5.2.6 其他

严格执行法律法规及强制性标准,监理程序标准化。

"伤亡事故"按照国家有关规定和我单位《安全生产管理办法》执行。

"奖惩制度"按照我单位《安全生产管理办法》执行。

5.3 施工安全监理的措施

5.3.1 施工安全监理的措施

本着"管生产必须管安全"的原则,贯彻预防为主的方针,保护工程建设人员人身安全、健康和国家财产,安全管理的主要工作内容如下:

(1) 在工程开工前,监理工程师应督促承包人制定并落实施工安全措施,建立安全管理机构,检查安全人员配备是否足够合理,设施是否齐全。

(2) 协助发包人与承包人签订安全施工责任书,并在开工后以及每个单项工程开始前

检查施工安全措施的落实情况，施工安全措施不落实监理工程师不得签署开工指令。

（3）在对承包人的施工组织设计审批中，应检查其中有无不安全的施工程序和方法，研究其预计的安全设施和安全措施的可行性和存在的问题，如经审查不满足安全要求，对报告不予批准，直至改进后各方面满足要求为止。

（4）监理工程师将要求承包人针对爆炸品，事先作出或采取所有必要的安排或预防措施，并应遵守与爆炸品有关的条例、法律和规定。并且将对承包人关于炸药的储存、运输和使用的上述安排和预防措施进行审查。

（5）对现场工作人员应按有关要求进行劳动保护。

（6）各种施工机械和电器设备，均应按有关安全操作规程、规范操作养护和维修。

（7）检查在封闭型工区内是否有充足的照明和良好的通风，以保证施工现场环境对施工人员的健康无损害，空气的能见度要便于观测或满足当地安全规定及招标文件所提出的安全及健康保证规定。

（8）在工程进展过程中，监理工程师应随时对承包人的安全措施进行检查，发现影响安全施工的违章行为及时口头进行纠正，对屡教不改或情节严重者发出书面警告，直至下达停工通知。对检查发现的安全隐患应督促承包人限期整改，否则予以停工或禁止开工。

（9）如果合同文件规定承包人必须对其进入工地的设备和人员进行保险，监理工程师还应对其检查和审核，由于工程进行中不断有设备进入工地，同时劳务人员和职员的人数也在变化，还应经常地、不定期地对承包人的保险工作进行检查，对没有及时保险的项目，应指示承包人及时保险。

（10）在施工过程中出现人身伤亡或财产严重损失等重大安全事故时，监理工程师应立即下令停止相关部位的施工活动，书面通知承包人按照事故报告的程序立即通知安全监督主管部门和发包人，并配合有关部门对事故进行调查和处理。只有在获得安全监督主管部门的同意后，监理工程师方可下达复工指令。

（11）监理工程师应及时按月或按年度进行安全总结工作，并向上级部门汇报。重大事故应立即汇报，并认真传达落实上级部门对安全工作的指示文件和精神，按照内部的劳动保护和安全保障的法规，管理好监理工程师内部的安全工作，组织培训和教育内部人员树立安全观念，增强安全意识，避免监理工程师自身发生安全事故。

（12）每月定期组织业主、监理、承包人组成联合检查小组进行一次安全大检查，填写安全隐患事故排查表，召开安全专题会议。

5.3.2 督促承包单位编制专项安全方案并复核措施

对规范规定的达到一定规模的危险性较大的工程应当编制专项施工方案，并附具安全验算结果，经总承包单位技术负责人签字以及总监理工程师核签后实施，由专职安全生产管理人员进行现场监督。

垂直运输机械作业人员、安装拆卸工、爆破作业人员、起重信号工、登高架设作业人员等特种作业人员，必须按照国家有关规定经过专门的安全作业培训，并取得特种作业操作资格证书后，方可上岗作业。

5.3.3 环境保护监理方法和措施

建设本工程将为地方经济建设和生态环境建设带来更大的发展，应避免工程建设对环境带来的不利影响,促进生态环境的改善。因此,开展施工环境监理是一项十分重要的工作。

1. 施工场地环境保护监理任务

(1) 施工过程中控制噪声时段和范围,并对施工作业人员进行噪声防护。

(2) 对土石方开挖及建筑物施工的弃渣、废渣、废料、施工机械的破损零件、设备以及生产、生活垃圾的管理,要监督承包人按工程建设合同文件规定,将其运至指定地点,按要求进行集中堆放或焚烧、掩埋等处理,防止形成施工环境的污染。

对施工弃水、生产废水、生活污水以及施工粉尘、废气、废油等,均应按合同及规范规定进行处理,达到排放标准后方准予以排放,防止污染水源或环境。

(3) 要控制施工噪声。监理部要监督承包人,按工程建设合同规定,对施工过程及施工附属企业中噪声严重的施工设备和设施进行消音、隔音处理。按合同文件规定,拆除委托人不再需要保留的施工临时设施,清理场地,恢复植被和绿化环境。

(4) 进入现场的材料、设备必须放置有序,防止任意堆放器材杂物阻塞工作场地周围的通道和影响环境。

(5) 工程完工后,监理部应督促承包人按总承包合同文件规定,做好施工区界限之外的植物、生物和建筑物保护并使其维持原状。

(6) 对施工活动界限之内的场地,监理部要监督承包人按工程建设合同文件要求采取有效措施,防止发生对施工环境的破坏。

2. 施工环境保护监督方法和措施

(1) 监理部指定安全专责工程师专人负责施工环境保护措施的贯彻落实。监督、检查并统计、汇总施工现场环保情况,每月编制环保月报内容报委托人。

(2) 督促承包人做好施工现场环境保护宣传教育工作,增强工程参建人员环保意识和保护环境自觉性,努力实现环境保护控制目标。

3. 环境保护控制方法和措施

监理工程师应要求承包人遵守国家有关环境保护和法律规定,文明施工,注重环境保护。施工中采取措施控制施工现场的各种粉尘、废水、废气、固定抛弃物以及噪声、振动对环境的污染和危害。施工过程中的环境保护,监理工程师主要采取下列手段。

(1) 在审核承包人施工方案的同时,审核环保措施,对无环保措施或达不到环保要求的施工方案,坚决否定。

(2) 根据国家和施工合同的环保要求,检查承包人的施工情况,对不符合要求的情况立即给予制止和纠正。配合地方环保部门,对施工区环保情况进行检查。施工中的开挖、堆渣、弃渣等要符合合同规定,禁止随意倾倒施工料渣。

(3) 施工现场内的材料分门别类,整齐堆放,对现场残存材料进行妥善处理,在完工后现场清除一切残存杂物。

(4) 施工过程中,不得破坏施工区以外的任何自然状态。施工完成后,根据合同恢复施工区的环境。对达不到健康要求的施工场所,指令承包人进行整改,必要时报委托人同意后下达停工通知。

(5) 每个单项工程完工后,对现场残存材料进行妥善处理。在完工后现场清除一切残存杂物，妥善处理施工废水、废物。

(6) 采取有效措施控制施工过程中的扬尘。

(7) 施工中，禁止向江河中倾倒施工料渣，避免施工料渣落入江河中。

(8) 保护好施工区段的树木、草皮和生态环境。

5.4 文明施工监理

督促承包人根据委托人有关要求创建文明工地，并在施工组织设计中详细阐明文明施工措施，经总监审批后即作为施工及监理的依据之一。

1. 场容场貌

(1) 督促承包人按规定做好施工区域与非施工区域之间分隔护栏的设置，施工场地道路平整，并力争建筑物工程实施围栏封闭施工。

(2) 督促承包人将场内的建筑材料划区域整齐堆放，并采取安全保卫措施，并将施工区域与非施工区域分隔，使场容场貌整齐、整洁、有序、文明。

(3) 督促承包人做好施工标牌设置，管理人员必须佩卡上岗。

(4) 督促承包人落实专人，经常性维护与保持场内道路和施工沿线中心、居民的出入口和道路畅通。道路经常洒水养护，防止尘土飞扬污染空气。

2. 工地卫生

(1) 检查督促工地的排水设施和其他应急设施保持畅通、有效、安全，生活区内做到排水畅通，无污水外流或堵塞排水沟现象。

(2) 检查督促承包人设专人管理工地卫生，生活垃圾要有容器放置并有规定的地点，定时清理。

(3) 检查督促承包人在规定地点堆放建筑垃圾。

(4) 督促承包人建立工地卫生管理制度，每周检查执行情况，同时检查按规定配置的工地卫生设施。

(5) 工程竣工后，检查督促承包人在规定期限内完成现场清理工作。

3. 文明建设

督促承包人制定文明工地建设标准，并在施工期做好文明工地宣传、文明班组建设、文明施工及治安综合治理等工作。同时督促、协助承包人做好施工队伍的管理，加强对其人员进行法制、规章制度、消防知识、文明施工等教育。

6 合同管理的其他工作

6.1 变更的处理程序和监理工作方法

按施工合同和监理委托合同的约定实施合同管理，一般包括工程变更、工程延期、费用索赔、争端与仲裁、承包人违约、分包、转让等。

6.1.1 规定

(1) 发包人认为需要而提出变更时，项目总监应根据合同有关规定办理。

(2) 承包人请求变更时，监理工程师审查并报发包人批准同意后，根据合同有关规定办理。

(3) 对于本工程实施过程中的工程变更，严格按照施工合同规定执行。

6.1.2 变更程序

1. 意向通知

监理工程师经批准决定根据有关规定对工程进行变更时，向承包人发出变更意向通知，内容主要包括：

(1) 变更的工程项目、部位或合同文件内容。

(2) 变更的原因、依据及有关的文件、图纸、资料。

(3) 要求承包人据此安排变更工程的施工中合同文件修订的事宜。

(4) 要求承包人向监理工程师提交他认为此项变更给其费用带来的影响的估价报告。

2. 资料收集

监理工程师宜指定专人受理变更，变更意向通知发出的同时，着手收集与该变更有关的一切资料，包括：变更前后的图纸（或合同、文件）；技术变更洽商记录；技术研讨会记录；来自发包人、承包人和监理方面的文件与会谈记录；行业部门涉及该变更方面的规定与文件；上级主管部门的指令性文件等。

3. 费用评估

监理工程师根据掌握的文件资料和实际情况，按照合同的有关条款，考虑综合影响，完成下列工作之后对变更费用做出评估，并报发包人审批。

(1) 审核变更工程数量；

(2) 确定变更工程的单价及费率引起的费用。

4. 协商价格

监理工程师本着客观公正的原则与承包人就费用估价中的单价与费率进行磋商，并由监理工程师推荐最终的价格报发包人审批。

5. 颁发工程变更通知

变更资料齐全、变更价格确定之后，经发包人批准，监理工程师向承包人发出工程变更通知。

6.1.3 确定费用

1. 工程数量

监理工程师对工程数量的评审依据是：

(1) 变更通知及变更设计图纸。

(2) 监理工程师的现场计量。

2. 价格

监理工程师按下列顺序，确定变更工程单价与费率的方法：

(1) 采用工程量清单内的单价和费率。

(2) 采用合同内规定的价格计算方法。

(3) 采用国家、部、省（市）级机构颁布的概预算定额及造价信息价格。

(4) 参考承包人预算及实际支出证明，协商一个价格。

(5) 采用计日工方法。

(6) 由于承包人责任造成的或承包人为方便其施工而提出的变更，所增加的费用不予补偿。

6.2 违约事件的处理程序和监理工作方法

6.2.1 规定

(1) 当承包人有下列事实，监理工程师确认承包人违约。
1) 给公共利益带来伤害、妨碍和不良影响。
2) 未严格遵守和执行国家及有关部门的政策与法规。
3) 由于承包人的责任，使发包人的利益受到损害。
4) 不严格执行监理工程师的指示。
5) 未按合同规定管好工程。

(2) 当承包人有下列事实，监理工程师确认承包人严重违约。
1) 无力偿还他的债务或陷入破产，或主要财产被接管或主要资产被抵押，或停业整顿，或物质被扣押等，因而放弃合同。
2) 无正当理由不开工或拖延工期。
3) 无视监理工程师的警告，一贯公然忽视履行合同规定的责任与义务。
4) 未经监理工程师的同意，随意分包工程，或将整个工程转包出去。

6.2.2 违约处理

(1) 监理工程师确认承包人属一般违约后，做以下工作：
1) 书面通知承包人在尽可能短的时间内，予以纠正。
2) 提醒承包人一般违约有可能导致严重违约。
3) 上述无效时，书面报发包人。
4) 确定发包人雇佣他人执行指示，或承包人自行纠正违约，但已给发包人费用带来的影响，办理扣除承包人相应费用的证明。

(2) 监理工程师确认承包人严重违约，发包人进行部分或全部合同终止后，应做以下工作：
1) 指示承包人将其为该合同的目的而可能签订的任何协议的利益，如材料和货物的供应、服务的提供等转让给发包人。
2) 认真调查并与发包人和承包人协商之后，签发部分或全部合同终止的支付证明。

6.3 索赔的处理程序和监理工作方法

6.3.1 规定

监理工程师确认下述条件满足时，报发包人批准，受理费用索赔。
(1) 承包人必须是依据合同有关规定向发包人索赔额外的费用。
(2) 承包人在出现引起索赔事件后，在规定的时间内向监理工程师提交索赔意向，并同时抄送发包人。
(3) 承包人在索赔事件结束后规定的时间内向监理工程师提交正式索赔报告，并根据监理工程师需求随时提供有关索赔依据。

6.3.2 索赔数额

监理工程师按照合同有关规定,并与承包人协商,提出最终的索赔数额报经发包人批准后,通过期中付款证书予以支付。

6.3.3 类型

1. 难以预见的不可抗力情况所引起

(1) 除工地气候之外的异常气候。

(2) 外界障碍（化石、文物、地下建筑）。

(3) 通常无法预测和防范的自然力。

2. 发包人责任引起

(1) 未按合同规定为承包人合理的工程进度计划提供对现场的占有权和出入权（合同另有规定者除外）。

(2) 未按合同规定向承包人及时付款。

(3) 占用或使用永久性工程区段而造成损失和损害。

(4) 违约使合同中途终止。

6.3.4 费用索赔受理程序

1. 收集资料,做好记录

监理工程师在收到承包人索赔意向后,应立即做好工地实际情况的调查和日常记录,同时授权有关监理人员受理该索赔,并负责收集来自现场以外的各种文件资料与信息。

2. 审查承包人的索赔申请

收到承包人正式索赔申请应主要从以下几个方面进行审查：

索赔申请的内容符合规定,即列明索赔发生、发展的原因及申请所依据的合同条款；附有索赔数额计算的方法、价格与数量的来源细节和索赔涉及的有关证明、文件、资料、图纸等。

审查通过后,如发包人批准,可开始下一步的评估,否则应建议承包人收回申请。

3. 索赔评估

主要从以下几个方面进行评定：

(1) 承包人提交的索赔申请资料必须真实、齐全,满足评审的需要。

(2) 申请索赔的合同依据必须正确。

(3) 申请索赔的理由必须正确与充分。

(4) 申请索赔数额的计算原则与方法应恰当,数量应与监理记录和评估人员掌握的资料一致,价格与取费的来源能被发包人接受,可根据监理的现场记录和掌握的资料,修订承包人的计算方法与索赔数额并与承包人进行协商。

4. 审查报告

审查报告由以下文件组成。

(1) 正文。评估人员的授权依据及名单；受理承包人索赔申请的工作日期；工程简况；确认的索赔理由及合同依据；经调查、协商、确定测算方法及由此确定的索赔数额。

(2) 附件。监理工程师对该索赔的评语以及承包人的索赔申请,包括涉及的文件、资料、证明等。

5. 确定索赔

发包人在收到监理送交的审查报告并批准后,签发索赔审批书。

6.3.5 争端与仲裁

6.3.5.1 争端的规定

(1) 监理工程师在收到争议通知后应在合同规定的时间内,完成对争议事件的全面调查与取证。同时对争议的解决提出建议报发包人批准后,并按监理合同规定获得发包人授权后作出书面决定,通知承包人;未获得发包人授权则由发包人与承包人直接协商。

(2) 监理工程师发出书面通知后在合同规定的时间内,如果承包人不要求仲裁,则决定为最终决定。

(3) 只要合同未被放弃或终止,监理工程师应要求承包人继续精心施工。

6.3.5.2 仲裁的规定

监理工程师应做以下工作:

(1) 在仲裁通知发出后的 56 天之内,对争议设法进行友好调解,同时督促承包人继续遵守合同,并执行监理工程师的决定。

(2) 在仲裁期间以公正的态度提供证据和作证。

(3) 在仲裁后执行裁决。

6.4 分包管理的监理工作内容

6.4.1 规定

(1) 监理工程师严禁承包人把整个工程转包出去。

(2) 必须经发包人批准同意,并按规定办理分包工程手续,承包人才能将工程分包出去。

(3) 分包的同意不解除承包人根据合同规定所应承担的任何责任和义务。

6.4.2 审批分包

依据监理合同规定"对承包人选择的分包项目和分包单位的确认权和否认权"监理工程师获得发包人授权后,应从分包人的资格及证明,包括企业概况、财务资本情况、工程人员的资历、施工机械状况等几个方面审查承包人分包工程的申请报告。

6.5 担保及保险的监理工作

1. 工程担保

监理部根据施工合同约定,督促施工单位办理各类担保,并审核施工单位提交的担保证件;在签发工程预付款证书前,监理部应依据有关法律、法规及施工合同的约定,审核工程预付款担保的有效;监理部定期向建设单位报告工程预付款扣回的情况。当工程预付款已全部扣回时,应督促建设单位在约定的时间内退还工程预付款担保证件;在施工过程中和保修期,监理部应督促施工单位全面履行施工合同约定的义务。当施工单位违约,建设单位要求保证人履行担保义务时,监理部应协助建设单位按要求及时向保证人提供全面、准确的书面文件证明资料;监理部在签发保修责任终止证书后,应督促建设单位在施工合同约定的时间内退还履约担保证件。

2. 工程保险

监理部应督促施工单位按施工合同约定的险种办理应由施工单位投保的保险,并要求施工单位在向建设单位提交各项保险单副本的同时抄报监理部;监理部应按施工合同约定对施工单位投保的保险种类、保险额度、保险有效期等进行检查;当监理部确认施工单位未按施工合同约定办理保险时,应采取下列措施:指示施工单位尽快补办保险手续。当施工单位拒绝办理保险时,应协助建设单位代为办理保险,并从应支付给施工单位的金额中扣除相应的投保费用;当施工单位已按施工合同约定办理了保险,其为履行合同义务所遭受的损失不能从承保人处获得足额赔偿时,监理部在接到施工单位申请后,应依据施工合同约定界定风险与责任,确认责任或者合理划分合同双方分担保险赔偿不足部分费用的比例。

7 协调

7.1 协调工作的主要内容

监理工作的好坏在很大程度上取决于监理工程师的协调能力,监理工程师的组织协调工作在整个监理工作中占有的比重和地位都是很高的。特别是在本工程的施工中,必将存在多个施工项目同时施工,对施工场地和施工道路的使用及相互干扰,必然需要协调。

工程监理组织机构组织协调任务主要发包人与承包人关系协调。协调时,既要考虑外部环境因素(地形、地貌、气候、发包人利益),又要考虑内部环境因素(承包人素质、设备、管理)。

根据发包人授权,总监理工程师或总监理工程师授权的其他人将负责各个施工项目之间的总协调工作。组织协调工作由相应施工项目的具体监理人员承担。一般情况下,与工程直接有关的单位主要有发包人、承包人和监理,由于各单位所处的位置及其所代表的利益不一致,对工程中有关投资、进度、质量及合同等方面的看法就存在一定的差异。为此,作为监理工程师,需要对各方之间的关系进行协调。在本工程的监理工作中,我们重点就发包人与承包人、承包人与当地人之间的关系进行协调。

1. 发包人与承包人

施工过程中,发包人与承包人对工程的质量、进度和投资的要求和侧重点客观上存在着一定的差异,对于这种差异,我们将首先按照合同认真分析发包人的要求和承包人的条件,分别与发包人和承包人进行协商,最后以协调会的形式解决彼此间存在的差异,形成会议纪要,使双方都按纪要求履行各自的义务。

2. 承包人与当地人

承包人在按照监理工程师批准的计划施工并同时使用由发包人提供的一些施工临时设施,如施工噪音、爆破施工时,可能会出现一些矛盾,为此,监理工程师将根据现场实际情况,及时地召集由有关各方参加的现场协调会议,解决相互之间的施工干扰。

7.2 协调工作的原则与方法

7.2.1 协调工作的原则

监理工程师要深入现场,了解各工作面的进展情况、存在的问题,定期参与协调会议，向发包人和承包人通报工程形象进度，指出应该注意的事项，提高质量、进度、安全、环保等意识，齐心协力搞好工程建设。同时，请发包人解决在施工中央与地方政府、居民等外界所发生的矛盾，为承包人创造良好的外部环境。

7.2.2 协调工作的方法

1. 会议协调

工地例会包括以下主要内容：

(1) 检查上次例会议定事项的落实情况，分析未完事项原因；
(2) 检查分析工程项目进度计划完成情况，提出下一阶段进度目标及其落实措施；
(3) 检查分析工程项目质量状况，针对存在的问题提出改进措施；
(4) 检查工程量核定及工程款支付情况；
(5) 解决需要协调的有关事项；
(6) 其他有关事宜。

每月底定期组织召开监理例会，不定期组织召开专题会议，会议由监理单位记录并整理成会议纪要，然后分发给与会单位。

2. 技术分析协调

(1) 提请召开各有关单位主要技术负责人会议，对工程中出现的重大问题，及时进行商讨，取得共识，指导工程建设。
(2) 参与发包人组织的现场设计交底会议。

8 工程质量评定与验收监理工作

8.1 工程质量评定

(1) 施工单位每完成一道工序及一个单元，都必须经过"三检"，应有详细地自检记录，尤其重视原始资料的整理、保存，保证技术资料的完整性和准确性，隐蔽工程和主要结构工程因技术资料不全，不实而无法确认质量等级的，不得组织评定。

(2) "三检"合格后，由施工单位凭上序工程《水利水电施工质量终检合格证》和《工序质量评定表》向监理申办开工（仓）签证，监理部进行抽检评定等级，对于非联检项目在1~6小时内完成必要的抽检工作，联检在3~12小时完成验收签证。上道工序及上一单元工程未经复核检验或复核检验不合格，不得进行下一道工序及下一单元工程施工。

(3) 监理工程师在检查工作中发现的工程质量缺陷和一般的问题，应随时通知施工单位及时改正，做好记录并及时记入监理日志，指明质量部位问题的性质及整改意见，限期纠正，待改正并重验合格签证后，方可进行下一道工序施工。

(4) 如施工单位不及时改正，情节严重的监理工程师可在报请总监理工程师批准后，发出《部分工程暂停指令》待施工单位改正后报计量单位进行复核，合格后发出《复工指令》方可重新开工。

(5) 单元工程质量在施工单位班组自检的基础上，由施工单位工程负责人组织有关人员评定，并经施工单位专职质量检查员核定，报现场工程师评定其质量等级。

（6）分部工程完工后，经自检合格，填写单元工程施工质量报验单，经监理工程师现场查验后，复核分部工程质量等级。报质量监督机构核备，大型水利枢纽工程主体建筑物的分部工程，需报质量监督机构核定其工程质量等级。

（7）单位工程质量应由施工单位项目负责人（或技术负责人）负责自检，由施工单位总负责人或技术总负责人组织评定，在施工单位自评基础上，由监理部门复核，质量监督机构核定等级。

8.2 工程验收

8.2.1 工程验收程序

工程施工完成后都要经过验收，工程验收工作分为分部工程验收、阶段验收、单位工程验收、合同工程完工验收、竣工验收（包括初步验收）。

工程验收的依据是：工程承建合同文件（包括其技术规范等）；经建设单位或监理部审核签发的设计文件（包括施工图纸、设计说明书、技术要求和设计变更文件等）；国家或行业的现行设计、施工和验收规程、规范、工程质量检验和工程质量等级评定标准，以及工程建设管理法律等有关文件。

分部工程验收、阶段验收、单位工程验收、合同工程完工验收和投入使用验收、竣工验收一般均以前阶段签证为基础、相互衔接、不重复进行。对已签证部分，除有特殊要求抽样复查外，一般也不再复验。监理工程师要在各阶段的验收中协助建设单位做好准备工作。

1. 分部工程验收

分部工程验收工作组由监理部总监主持，由设计、施工、运行管理单位有关专业技术人员组成，每个单位不超过 2 人为宜。验收成果为分部工程验收鉴定书；在施工单位提交验收申请后，监理部应组织检查分部完成情况并审核施工单位提交的分部验收资料并对资料存在的问题进行补充、修正；分部验收通过后，监理部应签署《分部工程验收鉴定书》，并督促施工单位按照《分部工程验收鉴定书》中提出的遗留问题及时进行完善和处理。

2. 单位工程完工验收

完工验收由业主单位主持验收，验收委员会由监理、设计、施工、运行管理、质量监督等专业技术人员组成，每个单位以 2~3 人为宜。必须有质量监督机构的质量评定意见，所有分部工程必须全部合格；监理部在验收前按规定提交和提供单位工程验收监理工作监理报告和相关资料；在单位工程，监理部应监督施工单位提交单位工程验收施工管理工作报告和相关资料并进行审核，指示施工单位对报告和资料中存在的问题进行补充、修正；监理机构接受施工单位报送的单位工程验收申请报告后，监理部检查单位工程验收应具备的条件，检查分部工程验收中提出的遗留问题的处理情况，通过预验预审后签署意见报告项目法人，并参加单位工程评定。

3. 竣工验收

竣工验收由上级主管部门或政府相关部门主持，验收委员会由验收主持单位确定。工程项目法人、建设、设计、施工、监理、运行管理单位作为被验收单位不参加竣工验收委员会；监理部作为被验收单位对验收委员会提出问题作出解释。

8.2.2 工程验收监理工作

(1) 监理工程师组织专业监理工程师依据有关法律、法规、工程建设强制性标准、设计文件及总承包合同，对承包人报送的竣工资料进行审查，并对工程质量进行竣工预验收。对存在的问题，及时要求承包人整改。整改完毕由总监理工程师签署工程竣工报验单。

(2) 监理部参加由发包人组织的竣工验收，并提供相关监理资料。对验收中提出的整改问题，监理部应要求承包人进行整改。工程质量符合要求，由项目总监会同参加验收的各方签署竣工验收报告。

(3) 在竣工验收后，经承包人申请，总监理工程师签发工程移交证书后，工程进入质量缺陷保修期。

9 缺陷责任期监理工作

9.1 缺陷责任期的监理内容

(1) 缺陷责任期的起算、终止及延长的依据和程序：

1) 按施工合同约定，在工程移交证书中注明缺陷责任期的起算日期。

2) 若缺陷责任期满后仍存在施工期的施工质量缺陷未修复或有施工合同约定的其他事项时，监理部在征得建设单位同意后，作出相关的工程项目保修期延长的决定。

3) 缺陷责任期期满，施工单位提出缺陷责任期终止申请后，监理部在检查施工单位已经按照施工合同约定完成全部工作，且经检验合格后，应及时办理工程项目缺陷责任期终止事宜。

(2) 缺陷责任期监理的主要工作内容。建筑物完建后未通过完工验收正式移交建设单位以前，监理部应督促施工单位负责管理和维护。对通过单位工程和阶段验收的工程项目，施工单位仍然具有维护、照管、保修等合同责任，直至完工验收，在合同工程项目通过工程完工验收后，及时通知、办理并签发工程项目移交证书。工程项目移交证书颁发之后，管理工程的责任由建设单位承担。

9.2 缺陷责任期的监理措施

(1) 对尾工项目实施监理，并为此办理支付签证。

(2) 监督施工单位对已完建设工程项目中所存在的施工质量缺陷进行处理。若该质量缺陷是由建设单位的使用或管理不周造成，监理部应受理建设单位提出追加费用支付申请。在建设单位未能执行监理工程师的指示或未能在合理时间内完成工作时，监理部可建议建设单位雇佣他人完成质量缺陷修复工作，并协助业务处理因此项工作所发生的费用。

(3) 协助建设单位检查验收尾工项目，督促施工单位按施工合同约定的时间和内容向建设单位移交整编好的工程资料。

(4) 签发工程款最终支付凭证。

(5) 签发工程项目缺陷责任期终止证书。

(6) 若缺陷责任期满后仍存在施工期施工质量缺陷未修复，监理部应继续指示建设单位完成修复工作，并待修复工作完成且经检验合格后，再颁发项目工程缺陷责任期终止证书。

（7）监理部完成全部监理合同内容后，提请建设单位出具《××××水库工程业绩证明材料》。

（8）承担质量保修期监理工作时，安排监理人员对建设单位提出的工程质量缺陷进行检查和记录，对承包单位进行修复的工程质量进行验收，合格后予以签认。

（9）监理人员应对工程质量缺陷原因进行调查分析并确定责任归属，对非承包单位原因造成的工程质量缺陷，监理人员应核实修复工程的费用和签署工程款支付证书，并报建设单位。

10 信息管理

10.1 信息管理的程序、制度及人员岗位职责

10.1.1 信息管理的程序

（1）在履行本工程的建设监理服务合同规定的义务的同时，监理部还将应主业的要求承担合同文件规定以外的其他服务，包括任何附加的和额外的服务。

（2）在本工程的监理服务合同履行期间和监理服务合同履行结束后，监理部将主动征询发包人、承包人等对本工程建设监理服务的意见，并指定专人及时处理发包人或承包人针对监理部服务质量反馈的信息。

（3）应发包人要求承担的建设监理额外服务或附加服务，其履行的程序、控制检验方法和质量保证措施与正常的监理服务完全相同，绝不能因为这些工作是监理服务合同以外的额外的或附加的服务而降低对技术水平和服务质量的保证要求。

（4）良好的内部环境：制定完整的信息管理体系和方法，明确各监理人员的岗位职责制，各专业分部、单位工程设置专人负责，及时发现和处理问题，并对各种信息进行收集、分析、整理、传递、反馈。

（5）良好的外部环境：信息传递和管理涉及同工程有关的各方，监理工程师督促和帮助各有关方面建立并做好信息反馈工作，避免由于任何一环信息传递不及时，信息管理出现混乱和偏差，可能给工程带来损失。

（6）加强信息传递的时效性。制订各类信息反馈、传递时限要求，确保信息及时、准确地反馈、传递。

（7）保持信息管理的连贯性。保持信息传递的方法和信息管理人员的连贯性，规定内业资料管理人员的责任，明确其工作程序和步骤，以保证信息传递的连续性。

（8）保证信息反馈的真实可靠性。一方面理顺监理机构内部渠道，保证反馈后的信息的真实可靠；另一方面提醒、督促承包人完善内部体系，确保各项决定得到落实。

（9）监理文件的送达时间以施工单位授权部门与机构责任人或指定签收人的签收时间为准。

（10）施工单位对收到的监理文件有异议，可于接到该文件的7天内（并在实施前），向监理部提出确认或要求变更申请。监理部在7天内对施工单位提出的确认或变更要求作

出书面回复，逾期未予回复表示监理部对原指令以确认。

（11）施工单位如对监理文件或监理部的确认有异议，可于文件或确认意见送达后的7天内向建设单位申请复议，并承担由此而产生的一切费用与损失。

（12）除非监理部或建设单位复议或合同争议评审组或通过仲裁程序对监理文件已作出撤销、变更或修改，否则在确认、复议、评审或仲裁期间，原已送达的监理文件继续有效。

（13）属于紧急工程文件，必须在其左上角一个明显位置加盖"急件"章，受理方在一个合理的时间内做出处理。在非常情况下，还可以先通过电话或口头传递文件内容要点，并在随后的8小时内补送书面正式文件。

10.1.2 信息管理制度

（1）监理机构的资料管理员负责工程施工信息收集、整理、保管、传递。

（2）总监理工程师组织定期工地会议或监理工作会议，资料管理员负责整理会议记录。

（3）监理工程师定期或不定期检查承包人的原材料、构配件、设备的质量状态以及工程实物量和工程质量的验收签认。

（4）监理工程师督促检查承包人及时整理施工技术文件。

（5）监理工程师、监理员巡视施工现场并填写《现场监理日志》，准确记录有关信息。

（6）监理人员随时向总监理工程师报告工作，并准确及时提供有关资料。

10.1.3 信息（资料员）管理岗位职责

（1）管理建设监理工作的全部信息档案。

（2）出席并编写总监理工程师或副总监或监理工程师主持的各类会议纪要，并分发有关各方。

（3）建立完善的来往文函和监理机构的相关文件管理办法，编制或安装相应的文函管理软件。

（4）负责文函和文件的接收、分发和发送。

（5）制订文函管理和处理流程，报总监理工程师批准。

（6）跟踪主要文函处理，提醒总监理工程师督促相关人员对文函做出及时、准确处理。

（7）督促各相关部门编写并提交月、年度报告，并进行汇总。

（8）协助编写月、年度报告。

（9）进行竣工资料的收集整编及归档移交工作。

（10）现场监理机构的后勤管理和协调工作。

（11）承担总监理工程师委托的其他工作。

10.1.4 信息（资料员）管理工作内容

（1）信息档案：各方来往文件、各类合同、设计文件、进度计划、施工费用与支付等。

（2）监理记录：会议记录、监理日志、各类报表、天气记录、监测试验记录、验收记录等。

（3）监理月报与监理工作总结。

10.2 文档清单、编码及格式

10.2.1 文档编码及格式
10.2.1.1 文件编制
（1）监理表格文件和外部监理协调文件均为非红头文件，其文号按下列编制：

备忘录文件文号编为"监理〔2025〕备　号"。

指令文件采用"监理〔2025〕指　号"。

警告通知采用"监理〔2025〕警告　号"。

（2）红头文件文号按下列编制：

"龙源监〔2025〕　号"。

10.2.1.2 文件格式
（1）文件标题应当准确简要地概括文件属性与主要内容。

（2）正文内容要条理清楚、层次分明、数据准确、简明扼要、用语规范，必须引用文函的，应先引标题，后引文函号。必须注明日期的，应当写具体的年、月、日。

（3）文件中的数字，除成文时间、层次序数、惯用语、缩略语以及具有修辞色彩语句中作为词素的数字使用汉字外，应当使用阿拉伯数码。

（4）须采用主题词的，按国家或国家部门发布的公文文件主题词规范选用或编写。

（5）主送、抄送等单位应用全称或规范化简称，以示尊重。

10.2.1.3 成文日期
成文日期为文件形式时间，通常情况下以签发时间为准。若必须另行报经批准的，以批准签署时间为准。

10.2.2 文件信息流管理系统
工程项目分级编码。代码和编码分别标示如下：

代码：单位工程（a），分部工程（b），单元工程（c），工序（d）。

编码：单元工程编码为：1-1-1；分部工程编码为：1-1；单位工程编码为：1。

10.2.3 文件资料归档系统
文件资料归档系统按以下有关格式或规定建立。

（1）监理部监理表详见 SL 288—2014《水利工程施工监理规范》。

（2）工程质量评定用表详见 SL/T 631.1—2025《水利水电工程单元工程施工质量验收标准》。

（3）当地有关文件。

10.2.4 文档清单
本工程对监理成果的管理归档由档案局进行检查验收，因此，监理的最终文件清单要按 DA/T 28—2002《国家重大建设项目文件归档要求与档案整理规范》的要求执行，监理成果文件清单如下：

（1）监理合同协议、监理大纲、监理规划、细则及批复。

（2）施工及设备器材供应单位资质审核、设备、材料报审。

（3）施工组织设计、施工方案、施工计划、技术措施审核，施工进度、延长工期、索赔及付款报审。

(4) 开(停、复、返)公令、许可证、中间验收证明书。

(5) 设计变更、材料、零部件、设备代用审批。

(6) 监理通知、协调会审纪要、监理工程师指令、指示、来往函件。

(7) 工程材料监理检查、复核、实验记录，报告。

(8) 监理日志、监理周(月、季、年)报、备忘录。

(9) 各项测量成果及复核文件、外观、质量、文件等检查、抽查记录。

(10) 施工质量检查分析评估、工程质量事故、施工安全事故报告。

(11) 工程进度计划、实施分析统计文件。

(12) 变更价格审查、支付审批、索赔处理文件。

(13) 单元工程检查及开工(开仓)签证、工程分部分项质量认证、评估。

(14) 主要材料及工程投资计划、完成报表。

(15) 监理工作声像材料。

10.3 计算机辅助信息管理系统

信息管理采取人工决策和计算机辅助管理相结合的手段。特别是利用计算机准确及时地收集、处理、传递和存储大量数据，并进行工程进度、质量、费用的动态分析，以达到工程监理的高效、迅速、准确。

利用计算机分类保存所有监理过程资料档案，所有资料必须分别保存在两台以上电脑中，包括监理过程中的进度、质量、费用、安全、会议、影像等资料，并用移动硬盘保存。确保资料保管的安全性。

10.4 文件资料预立卷和归档管理

10.4.1 文件和资料的范围

文件和资料的控制管理是建设监理服务控制的重要环节，因为不仅本工程建设监理服务和现场监督、检查、控制、评审的依据以文件形式存在，而且建设监理服务的结果也将以文件形式进行记录。与本工程建设监理服务相关的主要文件包括但不仅限于：

(1) 工程建设监理合同。

(2) 本工程的设计文件、施工承包合同书。

(3) 施工设计图纸。

(4) 与本工程建设有关的国家、地方或行业的法律法规和规程规范。

(5) 本单位的质量体系文件、服务质量计划、建设监理规划和实施细则。

(6) 监理部的内部管理制度。

(7) 使用的计算机软件。

(8) 建设监理过程中形成的所有各类记录、报告和文函。

10.4.2 文件的获得和批准

(1) 施工设计图纸由发包人提交给监理部，由监理部验证并审查合格后作为现场施工和监督检查的依据。

（2）与本工程建设有关的国家、地方或行业的法律法规和规程规范。

（3）本工程的建设监理规划由项目总监组织编写、审查，我单位总工程师审定批准并提交给发包人确认后作为建设监理实施控制的指导性文件；项目监理实施细则由专业监理工程师组织编写，项目总监审查批准后实施。

（4）监理机构的内部管理制度由项目总监指定有关人员编写，经项目总监审查批准后发布实施。

（5）本工程建设监理服务所需的计算机软件按照项目总监确认的有效版本使用。

（6）建设监理服务过程中的所有各类记录、报告和文函应按照"检验和试验"的规定履行校审和签发手续。

10.4.3 文件和资料的管理

（1）监理部在现场使用的文件和资料均应为该文件和资料的现行有效版本，如接到有关部门的修改或补充通知应及时进行更新。

（2）为参考或积累知识而保留的任何文件应标注"参考文件"的标识，或与有效的或受控的文件分别存放。

10.4.4 文件和资料的归档管理

（1）本工程建设监理的文件和资料在服务合同履行期间由监理部管理。

（2）所有文件和资料应分类存放，妥善保管，便于查阅，防止丢失或损坏。

（3）所有文件和资料管理由文档管理员进行管理，并定期进行检查和清理。

（4）在合同履行结束后，监理部应按照合同文件的规定将发包人需要的文件和资料整编后移交给发包人并提供移交回执清单；其他有用的文件和资料整理并建立清单后送交我单位归档管理。

（5）在合同履行结束后，对于作废的或无用的文件和资料，由文档管理员提出清单，经项目总监批准后销毁。文件的销毁在有关人员的监督下进行。销毁人员和监督人员应在销毁文件的清单上签字后存档保存。

11 监理设施

11.1 现场监理办公和生活设施计划

现场监理部将配置部分检测仪器对承包人的测量成果和试验成果进行抽样检测，以保证其资料的准确性和可靠性，同时配备计算机管理，为发包人提供电子信息文件，对我方没有相应仪器而需要检测的项目，采取见证（跟踪）取样、见证试验和平行检测的方式，送有资质的试验机构（业主单位委托的检测单位，试验费用由业主负责）试验。具体设备配置见表10.1.11.1。

表10.1.11.1　　投入本工程的主要技术装备和检测器具表

序号	名　称	规格/型号	数量	投入时间	备注
一	办公生活设施				
1	计算机	××	3		

续表

序号	名　称	规格/型号	数量	投入时间	备注
2	笔记本电脑	××	2		
3	打印机	××	2		
二	交通工具				
1	交通车	越野车	2		
三	其他				
1	全站仪	TC702	1		
2	水准仪	N2	1		
3	回弹仪		2		
4	砂浆试模	7.07×7.07×7.07	10		
5	混凝土试模	150×150×150	20		

11.2 现场交通、通信、办公和生活设施使用管理制度

（1）监理部全体监理人员必须维护公司的荣誉和利益，遵守"守法、诚信、公正、科学"的准则。

（2）监理部全体监理人员必须遵守如下监理人员行为准则：履职尽责，敬业奉献；规范程序，严守标准；科学严谨，进取创新；质量为本，安全至上；执行有力，稳步推进；廉洁自律，诚信守约。

（3）监理部各级监理人员必须严格遵守监理人员工作守则和岗位职责。

（4）要互相帮助、互相支持，既分工明确，又相互协作。各员工都应加强业务和技术方面的学习，努力提高自身监理工作水平。

（5）注意自己的言谈举止，上班衣着整洁，上工地时必须正确佩戴安全帽，注意时刻维护公司形象。

（6）文明办公、礼貌待客，办公区及宿舍内不得大声喧哗。保持办公区及宿舍内干净卫生，不准在办公室吸烟，不准随地吐痰、乱扔纸屑和烟头等。

（7）必须做到爱护公司财产，不浪费、不损坏、不丢失物品，如有损坏、浪费或丢失将照价赔偿。

（8）按时上下班，上午上班时间为8:00—12:00，下午上班时间为14:00—18:00，不得迟到，不得早退。需要连续旁站（或夜间加班）的，根据现场工作需要确定上下班时间，必须保证连续旁站监理。

（9）上班时间不得在电脑上玩游戏、聊天等做与工作无关的事情。

（10）节约用水、节约用电、节约用纸，离开宿舍和办公室前必须关闭电脑、电灯、电热毯、取暖器等用电设施，关好房门。因此造成不良后果责任自负。

（11）必须24小时保持手机通畅，以方便联系工作，否则造成后果自负。

（12）监理资料、规范、办公用品及设施应严格管理，不得私自外借。

（13）所有影像资料必须随工程进度同步拍摄并存入电脑，做好标识。

(14) 车辆使用管理规定：

1）严格遵守驾驶操作规程和交通规则，严禁酒后开车，严禁无证驾驶，确保行车安全，违章处罚责任自负；违规驾驶造成事故，责任自负。

2）做好车辆的日常维护和保养工作，保持车辆整洁、干净，随时保证安全出车。

(15) 制定现场交通、通信、办公和生活设施使用管理制度。

12 监理实施细则编制计划

12.1 监理实施细则文件清单

本工程监理实施细则清单详见表10.1.12.1。

表 10.1.12.1　　　　　　　　监理实施细则清单表

序号	文 件 名 称	备 注
一	专业工程监理实施细则	
1	施工导（截）流工程专业工程监理实施细则	
2	土石方明挖专业工程监理实施细则	
3	地下洞室开挖专业工程监理实施细则	
4	支护工程专业工程监理实施细则	
5	钻孔和灌浆工程专业工程监理实施细则	
6	碾压堆石料填筑工程专业工程监理实施细则	
7	混凝土工程专业工程监理实施细则	
8	砌体工程专业工程监理实施细则	
9	压力管道制造和安装专业工程监理实施细则	
10	钢闸门、拦污栅、启闭机安装专业工程监理实施细则	
11	机电设备安装专业工程监理实施细则	
12	工程安全监测专业工程监理实施细则	
二	专业工作监理实施细则	
1	测量专业工作监理实施细则	
2	地质专业工作监理实施细则	
3	试验检测专业工作监理实施细则	
4	施工图纸核查与签发专业工作监理实施细则	
5	计量支付专业工作监理实施细则	
6	工程验收专业工作监理实施细则	
7	信息管理专业工作监理实施细则	
8	进度控制专业工作监理实施细则	
9	变更索赔专业工作监理实施细则	
三	安全监理实施细则	
1	基坑支护与降水工程安全监理实施细则	

续表

序号	文 件 名 称	备 注
2	土方和石方开挖工程安全监理实施细则	
3	模板工程安全监理实施细则	
4	脚手架工程安全监理实施细则	
5	爆破工程安全监理实施细则	
6	围堰工程安全监理实施细则	
四	原材料、中间产品和工程设备进场核验和验收监理实施细则	

12.2 监理实施细则编制工作计划

本工程监理实施细则编制工作计划详见表10.1.12.2。

表 10.1.12.2　　　　　监理实施细则编制工作计划表

序号	文 件 名 称	计划完成时间	备 注
一	专业工程监理实施细则		
1	施工导（截）流工程专业工程监理实施细则	××年××月	
2	土石方明挖专业工程监理实施细则	××年××月	
3	地下洞室开挖专业工程监理实施细则	××年××月	
4	支护工程专业工程监理实施细则	××年××月	
5	钻孔和灌浆工程专业工程监理实施细则	××年××月	
6	碾压堆石料填筑工程专业工程监理实施细则	××年××月	
7	混凝土工程专业工程监理实施细则	××年××月	
8	砌体工程专业工程监理实施细则	××年××月	
9	压力管道制造和安装专业工程监理实施细则	××年××月	
10	钢闸门、拦污栅、启闭机安装专业工程监理实施细则	××年××月	
11	机电设备安装专业工程监理实施细则	××年××月	
12	工程安全监测专业工程监理实施细则	××年××月	
二	专业工作监理实施细则		
1	测量专业工作监理实施细则	××年××月	
2	地质专业工作监理实施细则	××年××月	
3	试验检测专业工作监理实施细则	××年××月	
4	施工图纸核查与签发专业工作监理实施细则	××年××月	
5	计量支付专业工作监理实施细则	××年××月	
6	工程验收专业工作监理实施细则	××年××月	
7	信息管理专业工作监理实施细则	××年××月	
8	进度控制专业工作监理实施细则	××年××月	
9	变更索赔专业工作监理实施细则	××年××月	

续表

序号	文件名称	计划完成时间	备注
三	安全监理实施细则		
1	基坑支护与降水工程安全监理实施细则	××年××月	
2	土方和石方开挖工程安全监理实施细则	××年××月	
3	模板工程安全监理实施细则	××年××月	
4	脚手架工程安全监理实施细则	××年××月	
5	爆破工程安全监理实施细则	××年××月	
6	围堰工程安全监理实施细则	××年××月	
四	原材料、中间产品和工程设备进场核验和验收监理实施细则	××年××月	

13 其他

13.1 主要监理工作方法

1. 现场记录

监理机构认真、完整记录每日施工现场的人员、设备和材料、天气、施工环境以及施工中出现的各种情况。

2. 发布文件

监理机构采用通知、指示、批复、签认等文件形式进行施工全过程的控制和管理。

3. 旁站监理

监理机构按照监理合同约定，在施工现场对工程项目的重要部位和关键工序的施工，实施连续性的全过程检查、监督与管理。

4. 巡视检验

监理机构对所监理的工程项目进行定期或不定期的检查、监督和管理。

5. 跟踪检测

在承包人进行试样检测前，监理机构对其检测人员、仪器设备以及拟订的检测程序和方法进行审核；在承包人对试样进行检测时，实施全过程的监督，确认其程序、方法的有效性以及检测结果的可信性，并对该结果确认。

6. 平行检测

监理机构在承包人对试样自行检测的同时，独立抽样进行的检测，核验承包人的检测结果。

7. 协调解决

监理机构对参加工程建设各方之间的关系以及工程施工过程中出现的问题和争议进行调解。

13.2 建设监理文函和报告的交付

（1）对于本工程监理服务的文函和定期报告，由项目总监审查批准签字、监理部盖章后送有关部门,要求收文部门在"发文簿"上签收并与文件一并归档保存。

(2)对于本工程的建设监理报告应按照规定审核批准后,由项目总监在合同规定的时间按照规定的方式交付给发包人。要求发包人提供回执并与文件一并归档保存,作为监理服务合同履行结束的依据。

10.2 专业工程监理实施细则实例

（工程项目名称）工程
碾压堆石料填筑专业工程监理实施细则

贵州××监理有限公司××工程项目监理部
××××年××月××日

第10章 工程建设监理实例

监理实施细则审批表

工程名称：××工程　　　　　　　　　　　　　　　　　　　　　　　　编号：×Z01
合同编号：JLHT2024-01

致：工程技术部、总监理工程师： 　　我项目监理部根据已批准的监理规划、相关标准、设计文件，施工组织设计、专项施工方案等技术资料完成了××工程碾压堆石料填筑专业工程监理实施细则的编制，请予以审查。 　　附件：××工程碾压堆石料填筑专业工程监理实施细则   　　　　　　　　　　　　　　　　　　　　　　　　　编制人：张×× 　　　　　　　　　　　　　　　　　　　　　　　　　日　期：2024年3月26日
工程技术部审核意见： 　　经审核，编制的监理实施细则满足相关法律、法规、规范标准及设计文件与合同文件要求。   　　　　　　　　　　　　　　　　　　　　　　　　　审核人（签字）：吴×× 　　　　　　　　　　　　　　　　　　　　　　　　　日　　　　期：2024年3月28日
总监理工程师审批意见： 　　同意按照本监理实施细则开展现场监理工作。  　　监理机构：贵州××监理有限公司××工程项目监理部 　　总监理工程师（签字）：石×× 　　日　　　　　期：2024年3月29日

目　录

1 适用范围 …………………………………………………………………… 172
2 编制依据 …………………………………………………………………… 172
3 专业工程特点 ……………………………………………………………… 172
4 专业工程开工条件检查 …………………………………………………… 173
5 现场监理工作内容、程序和控制要点 …………………………………… 174
6 检查和检验项目、标准和工作要求 ……………………………………… 180
7 资料和质量评定工作要求 ………………………………………………… 182
8 采用的表式清单 …………………………………………………………… 184

第10章　工程建设监理实例

1　适用范围

本细则适用于××水库工程混凝土面板堆石坝坝体堆石料填筑工程施工过程监理工作的管理及要求。

2　编制依据

（1）工程合同文件（《××水库工程建设监理合同书》、《施工合同》）
（2）《××水库工程监理规划》
（3）国家、水利行业以及地方有关的法律法规和规定：
1）《建设工程质量管理条例》（国务院令第279号）
2）《水利工程质量管理规定》
3）《水利工程建设标准强制性条文管理办法（试行）》（水国科〔2012〕546号）
4）《水利工程建设项目验收管理规定》
（4）行业规程规范：
1）《水利工程建设标准强制性条文》（2020年版）
2）SL 288—2014《水利工程施工监理规范》
3）SL 223—2008《水利水电建设工程验收规程》
4）SL 176—2007《水利水电工程质量检验与验收规程》
5）SL/T 631.1—2025《水利水电工程单元工程施工质量验收标准　第1部分：土石方工程》
6）SL 398—2007《水利水电工程施工通用安全技术规程》
7）SL 399—2007《水利水电工程土建施工安全技术规程》
8）SL 721—2015《水利水电工程施工安全管理导则》
9）SL 714—2015《工程施工安全防护设施技术规范》
10）SL 49—2015《混凝土面板堆石坝施工规范》
11）SL 228—2013《混凝土面板堆石坝设计规范》
12）SL 52—2015《水利水电工程施工测量规范》

3　专业工程特点

×水库工程位于××市境内，工程等别为Ⅲ等中型工程，永久建筑物为3级。

工程由水源工程和输水工程两部分组成。水源工程主要建筑物有混凝土面板堆石坝、右岸岸边开敞式溢洪道、右岸放空底孔及供水取水口组成；输水工程由泵站与管道及水池组成。

坝体由特殊垫层料、垫层料、过渡料、主堆石料、下游坡面干砌块石护坡和上游铺盖料以及盖重区保护石碴料组成。有关设计技术要求分述见表10.2.3.1～表10.2.3.3。

表 10.2.3.1　　　　　　　　　　　分区料源要求表

材料分区	岩性	坝料要求
特殊垫层区（2B）	人工破碎及筛分后的灰岩料	弱风化石料轧制
垫层区（2A）	人工破碎及筛分后的灰岩料	弱风化石料轧制
过渡区（3A）	人工破碎的灰岩料	弱风化石料
主堆石区（3B）	灰岩料	弱风化石料
弃渣盖重（1B2）	灰岩料	无要求
粉煤灰/黏土铺盖（1A/B1）	粉煤灰/黏性土	无要求
下游砌块石（P）	灰岩料	强风化以下石料

表 10.2.3.2　　　　　　　　　　　坝料质量控制标准表

控制项目	特殊垫层料	垫层料	过渡料	主堆石料
颗粒级配	符合设计要求	符合设计要求	符合设计要求	符合设计要求
超径颗粒含量	无	无	<1%	<1%
黏粒含量（$d<0.075$mm）	4%～8%	4%～8%	<5%	<5%
泥团、杂物	无	无	无	无

表 10.2.3.3　　　　　　　　　　　坝体填筑料技术参数表

材料分区	干密度 /(g/cm³)	孔隙率 /%	细颗粒含量 $D<5$mm/%	黏粒含量 $D<0.075$mm/%	渗透系数 /(cm/s)	最大粒径 /mm	填筑工程量 /万 m³
特殊垫层区	2.23	17	30～55	4～8	1×10^{-4}～1×10^{-3}	40	0.077
垫层区	2.23	18	35～55	4～8	1×10^{-4}～1×10^{-3}	100	1.35
过渡区	2.20	20	20～30	0～5	1×10^{-3}～1×10^{-2}	300	1.46
主堆石区	2.13	22	5～20	0～5	$>1\times10^{-2}$	600	14.67
弃渣盖重							0.45
黏土铺盖							0.42
粉煤灰							0.085
下游护坡							0.24

4　专业工程开工条件检查

4.1　分部工程开工申报审批

（1）分部工程开工申请按照《分部工程开工申请表》（详见 SL 288—2014《水利工程施工监理规范》附录 E 表 CB15《分部工程开工申请表》）格式及内容申报。

（2）《分部工程开工申请表》中的"检查结果"填写要求具体说明如下：

1）"施工技术交底和安全交底情况"栏：可参照 SL 288—2014《水利工程施工监理规范》附录 E 表 CB15 表"附件 1、附件 2"格式，应作为《分部工程开工申请表》附件随同报送。

2)"主要施工设备到位情况"栏:填写经监理机构审核的 SL 288—2014《水利工程施工监理规范》附录 E 表 CB08《施工设备进场报验单》的表格编号。

3)"施工安全、质量措施落实情况"栏:填写经监理机构审批的本分部工程施工方案或专项施工方案的文件编号。

4)"工程设备检查验收情况"栏:填写经各单位签字验收的《工程设备进场开箱验收单》编号;若未进场则应填写工程设备计划采购厂家名称、实施生产许可证或实施质量认证的产品应具有相应的许可证或认证证书、计划到达现场的最后时限;若无此项内容则填"无"。

5)"原材料、中间产品质量及准备情况"栏:已进场的原材料、中间产品填写经监理机构审核的 SL 288—2014《水利工程施工监理规范》附录 E 表 CB07《原材料/中间产品进场报验单》的表格编号;以及混凝土、砂浆配合比报告的报审文件编号。

6)"现场施工人员安排情况"栏:填写拟投入的各类工种人数以及已到位的各类工种人数。

7)"风、水、电等必需的辅助生产设施准备情况"栏:填写拟投入的各类生产设施的进场、安装、试运行情况。

8)"场地平整、交通、临时设施准备情况":简单描述完成情况。

9)"测量放样情况"栏:填写经监理机构审核的 SL 288—2014《水利工程施工监理规范》附录 E 表 CB13《测量成果报验单》的表格编号,测量资料至少应包括:施工测量控制网成果,若有土石方开挖应附开挖部位的原始地形成果。

10)"工艺试验情况"栏:填写经确认的碾压堆石料工艺试验成果报告文件编号。

11)当在分部工程开工时暂不需要准备的项目时,可填写计划完成的准备时间。

(3)分部工程开工申报资料经施工单位项目经理签署并加盖公章后报送监理机构。

(4)监理机构收到《分部工程开工申请表》后,由总监理工程师或监理工程师组织在 7 天内完成审核工作,审核合格后,由总监理工程师或监理工程师签发《分部工程开工批复》(详见 SL 288—2014《水利工程施工监理规范》附录 E 表 JL03);若分部工程开工条件不满足要求时,监理机构应及时通知承包单位。

4.2 单元工程开工申报审批

单元工程开工。第一个单元工程应在分部工程开工批准后开工,后续单元工程凭监理工程师签认的上一单元工程施工质量合格文件方可开工。

5 现场监理工作内容、程序和控制要点

5.1 施工质量控制

5.1.1 现场监理工作内容

(1)根据经批准的施工单位质量保证体系,检查在施工过程中,施工单位质检员、施工员到位情况,以及三级自检制度执行情况。

(2)按照《水利工程建设标准强制性条文》、有关技术标准和施工合同约定,对施工

质量及与质量活动相关的人员、原材料、中间产品、工程设备、施工设备、工艺方法和施工环境等质量要素进行监督和控制。

(3) 按有关规定和监理合同约定,通过跟踪检测、平行检测复核施工单位的工程质量检测工作是否符合要求。

(4) 按有关规定和施工合同约定,检查、验证施工单位的工程质量缺陷或事故处理工作是否符合要求。

(5) 按有关规定和监理合同约定,复核单元工程质量等级;主持或参加分部工程、单位工程验收。

5.1.2 监理工作程序

(1) 工序、单元工程验收程序参见 SL 288—2014《水利工程施工监理规范》附录 C-1 单元工程(工序)质量控制监理工作程序图。

(2) 质量评定监理工作程序参见 SL 288—2014《水利工程施工监理规范》附录 C-2 质量评定监理工作程序图。

5.1.3 控制要点

(1) 根据经批准的施工单位质量保证体系,检查在施工过程中,施工单位质检员、施工员到位情况,以及三级自检制度执行情况。

1) 监理人员在巡视、旁站过程中,注意重要隐蔽过程、关键部位施工中施工单位施工员是否在岗;

2) 工序、单元工程现场验收时,核查施工单位初检人员、质检员是否参与,并签署验收意见。

3) 施工单位现场碾压试验时,检查施工单位试验人员到岗情况。

(2) 根据设计施工图、施工规范、经批准的施工组织措施或施工技术方案,应重点检查:

1) 各施工部位是否按照设计施工图施工,重点检查填筑单元和填筑料分区是否测量放线,各分区界线是否画线标识明晰,或采用插方向标记和层厚高度杆为控制参照物。不允许出现主堆石料超压过渡料、过渡料超压垫层料的情况。

2) 检查使用的碾压填筑料的质量是否符合设计要求,重点检查:

a) 料场开采区域的植被、覆盖层、溶沟溶槽、不可用岩层是否清理完成。

b) 堆石料开采的爆破参数是否符合爆破试验成果。当开采料级配发生较大变化时,应指示施工单位共同核查爆破参数。

c) 核查施工单位是否对装料的挖机司机进行技术交底,避免铲车装料时混入泥团、级配偏大或偏小。

3) 施工中是否按照经批准的施工技术方案(或碾压试验成果报告)确定的施工参数施工,如:碾压设备行走速度、松铺厚度、加水量、碾压遍数等。

4) 平料时,各分区、分块界线处易出现大粒径集中现象,特别是过渡料与主堆石料接触带处,应及时要求施工单位处理。

5) 主堆石区与岸坡、混凝土建筑物的接触带是否填筑过渡料。

(4) 每周定期核查跟踪检测与平行检测频次计划要求,确保满足规范取样次数;每月汇总施工单位和监理机构的检测资料，分析施工生产质量水平情况，发现问题及时查明原因予以整改。

（5）在巡视、旁站检查中发现问题，监理人员应及时向施工单位质检员或施工员提出整改要求，不能立即整改的则记录在《监理日记》或《监理旁站记录》或《监理日志》备案；因整改需要时间较长不能立即整改，监理部应在24h内下达《整改通知》。施工单位无正当理由未按照整改期限或拒绝整改的，监理部应及时向项目管理单位报告要求下达《暂停施工通知》，发出《暂停施工通知》时至少应做到：①现场通知施工单位的质检员或负责该项目的管理人员已确认问题的存在；②将问题情况拍照留存。

5.2 施工进度控制

5.2.1 现场监理工作内容

工程施工进度控制的工作主要包括：施工进度计划的审批和单项工程施工进度计划实施过程的符合性检查、纠偏调整、停工与复工等内容。

（1）审批施工进度计划。根据本项目进度控制需要，监理机构应要求承包单位编制以下施工进度计划，报监理机构审批：

1）堆石料填筑工程施工进度及实施措施。

2）堆石料填筑工程施工合同年（月）进度计划。

（2）施工进度的符合性检查、纠偏调整。监理机构应跟踪检查施工进度，分析实际施工进度与施工进度计划的偏差，重点分析关键路线的进展情况和进度延误的影响因素，并采取相应的监理措施。

（3）停工与复工：

1）在发生下列情况之一时，监理机构应经发包人同意后签发暂停施工指示：

a）工程继续施工将会对第三者或社会公共利益造成损害。

b）为了保证工程质量、安全所必要。

c）承包单位发生合同约定的违约行为，且在合同约定时间内未按监理机构指示纠正其违约行为，或拒不执行监理机构的指示，从而将对工程质量、安全、进度和资金控制产生严重影响，需要停工整改。

2）在发生下列情况之一时，监理机构应签发暂停施工指示后抄报发包人：

a）发包人要求暂停施工。

b）承包单位未经许可即进行主体工程施工时，改正这一行为所需要的局部停工。

c）承包单位未按照批准的施工图纸进行施工时，改正这一行为所需要的局部停工。

d）承包单位拒绝执行监理机构的指示，可能出现工程质量问题或造成安全事故隐患，改正这一行为所需要的局部停工。

e）承包单位未按照批准的施工组织设计或施工措施计划施工，或承包单位的人员不能胜任作业要求，可能会出现工程质量问题或存在安全事故隐患，改正这些行为所需要的局部停工。

f）发现承包单位所使用的施工设备、原材料或中间产品不合格，或发现工程设备不合格，或发现影响后续施工的不合格的单元工程（工序），处理这些问题所需要的局部停工。

　　g）发生了应暂停施工的紧急事件时。

　3）具备复工条件后，及时发出复工通知。

5.2.2　监理工作程序

　　进度控制监理工作程序参见 SL 288—2014《水利工程施工监理规范》附录 C‐3 进度控制监理工作程序图。

5.2.3　控制要点

　　(1) 工程施工进度计划的审核，其主要审核内容为：

　　1）在施工进度计划中有无项目内容漏项或重复的情况。

　　2）施工进度计划与合同工期和阶段性目标的响应性与符合性。

　　3）施工进度计划中各项目之间逻辑关系的正确性与施工方案的可行性。

　　4）关键路线安排和施工进度计划实施过程的合理性。

　　5）人力、材料、施工设备等资源配置计划和施工强度的合理性。

　　6）材料、构配件、工程设备供应计划与施工进度计划的衔接关系。

　　7）本施工项目与其他各标段施工项目之间的协调性。

　　8）施工进度计划的详细程度和表达形式的适宜性。

　　9）发包人提供施工条件要求的合理性。

　　(2) 实施过程的符合性检查、纠偏调整。

　　1）实施过程的符合性检查方法：

　　a）监理部利用计算机采用编制"S"曲线用以描述实际施工进度状况和用于进度控制。

　　b）按批准的施工进度计划督促承包单位按计划投入施工资源。对承包单位每日的施工设备、人员、原材料的进场予以记录在《监理日志》中。

　　c）监理部应对施工进度计划的实施全过程，包括施工准备、施工条件和进度计划的实施情况，进行定期（每周、每月）检查，对实际施工进度进行分析和评价，对关键路线的进度实施重点跟踪检查。

　　d）监理部应根据施工进度计划，协调有关参建各方之间的关系，定期（每周、每月）召开监理例会，及时发现、解决影响工程进度的干扰因素，促进施工项目的顺利进展。

　　2）施工进度计划符合性分析方法：

　　a）按日、周、月为单位编制"S"曲线，以每周、月为统计时段，从图表中直观反映单项工程实际施工进度与计划偏差值，工程量以进尺 m^3 为"Y轴"单位。

　　b）以每周、月为统计时段，统计非承包单位原因（如：外界阻工、恶劣天气、设计文件滞后、非承包单位因素的设计变更、招标文件或设计文件未明示的不良地质条件、不可抗力等）和承包单位原因（如：施工资源未按计划或需要投入、施工质量问题、承包单位因素造成的设计变更、施工措施考虑不周全以及应由承包单位解决处理的外界因素等）造成的施工进度偏差占用自由时差、总时差情况，分析单项工程、单位工程以及合同项目施工进度与计划的偏差值。

3) 施工进度计划的纠偏调整：

a) 在检查中发现实际工程进度与施工进度计划（特别是关键路线）发生了实质性偏离时，应通知承包单位及时调整施工进度计划。

b) 定期（每周、每月）统计、整理、分析承包单位按计划投入施工资源情况，与计划不符且不能满足计划需要时，应通知承包单位及时调整投入。

c) 当工程变更导致工期变更时，按合同条款执行。

d) 当发生工期索赔时，按合同条款执行。

e) 监理部在批准和调整施工进度计划前，应获得项目法人批准同意。

f) 无论何种原因造成施工进度计划延迟，施工单位均应按监理机构的指示，采取有效措施赶上进度。施工单位应在向监理机构提交修订合同进度计划的同时，编制一份赶工措施报告提交监理机构审批。

(3) 停工与复工：

1) 监理部下达暂停施工通知前，应充分分析、判断暂停施工通知的原因、影响程度和范围、停工范围是否符合合同与规范规定，并确保证据充分、可靠。

2) 监理机构应根据授权的规定，发出暂停施工通知前应征得发包人同意。

3) 下达暂停施工通知后，监理部应指示施工单位妥善照管工程，并督促有关方及时采取有效措施，排除影响因素，为尽早复工创造条件。

4) 在具备复工条件后，监理机构应及时签发复工通知，明确复工范围，并督促施工单位执行。

5.3 施工安全监理

5.3.1 现场安全监理工作内容

（1）督促承包单位对作业人员进行安全交底，监督承包单位按照批准的施工方案组织施工，检查承包单位安全技术措施的落实情况，及时制止违规施工作业。

（2）定期和不定期巡视检查施工过程中危险性较大的施工作业情况。

（3）定期和不定期巡视检查承包单位的用电安全、消防措施、危险品管理和场内交通管理等情况。

（4）核查施工现场施工起重机械、整体提升脚手架和模板等自升式架设设施和安全设施的验收等手续。

（5）检查承包单位的度汛方案中对洪水、暴雨等自然灾害的防护措施和应急措施。

（6）检查施工现场各种安全标志和安全防护措施是否符合水利工程建设标准强制性条文及相关规定的要求。

（7）督促承包单位进行安全自查工作，并对承包单位自查情况进行检查。

（8）参加发包人和有关部门组织的安全生产专项检查。

（9）检查灾害应急救助物资和器材的配备情况。

（10）检查承包单位安全防护用品的配备情况。

5.3.2 控制要点

（1）根据经批准的施工单位安全保证体系，检查在施工过程中施工单位专职安全员到位情况，以及安全保证体系的制度执行情况。

（2）根据本工程危险源识别及控制措施、安全监理工作方案，以及施工合同中"技术标准和要求"和经批准的"施工安全措施或方案"重点检查部位为：

1）料场爆破参数是否符合经批准的专项方案执行，开挖时警戒人员是否到岗。

2）坝基坑岸坡是否有危石、悬石未处理。

3）施工运输道路的边坡和路基是否稳定，路面是否防滑。

4）河床段趾板灌浆施工是否存在与填筑作业存在平行作业情况，拦挡防护设施是否安全可靠。

5）停放、维修施工机械和搭建临时建筑物区域是否安全、稳定。

6）作业施工人员安全防护用品是否配置、使用是否符合要求。

7）是否有作业人员在填筑施工区域内戴耳机、玩手机的现象，特别注意查看运输车驾驶员。

8）施工单位的险情预防人员是否巡视检查到位。

9）基坑降水设备排水量是否满足计划要求，降水速度是否符合要求。

5.4 工程款计量支付

5.4.1 现场监理工作内容

1. 工程计量

（1）本监理标段范围的承包合同工程计量方法应符合技术条款各章的有关规定；工程费用支付应按承包合同通用和专用合同条款的约定进行计量支付。

（2）监理机构应核查承包单位应提供的一切计量设备和用具是否符合国家度量衡标准的精度要求。

（3）按照承包合同约定，凡施工单位未能提出符合合同约定并获得监理机构认可的超出施工图纸所示和合同技术条款规定的有效工程量以外的超挖、超填工程量，施工附加量，加工、运输损耗量等均不予计量。

（4）根据合同完成的有效工程量，由承包单位按施工图纸计算，或采用标准的计量设备进行称量，并经监理人签认后，列入承包单位的每月完成工程量报表。当分次结算累计工程量与按完成施工图纸所示及合同文件规定计算的有效工程量不一致时，以按完成符合施工图纸所示及合同文件规定计算的有效工程量为准。

（5）分次结算工程量的测量工作，应在监理人员在场的情况下，由承包单位负责。必要时，监理人员有权指示承包单位对结算工程量重新进行复核测量，并由监理人员核查确认。

2. 工程款支付

（1）本工程具体按照《××水库工程施工合同》双方协商的支付方案执行。

（2）监理机构应在施工合同约定时间内，完成对承包单位提交的工程进度付款申请单及相关证明材料的审核，同意后签发工程进度付款证书，报项目法人。

5.4.2 监理工作程序

工程款监理工作程序参见 SL 288—2014《水利工程施工监理规范》附录 C-4 工程款

5.4.3 控制要点

（1）计量支付工作前，须收集、接收、熟悉与本监理标段有关的招投标文件、合同文件，以及招标图纸及其设计技术要求资料。

（2）可支付的工程量应同时符合以下条件：

1）经监理机构签认：属于合同工程量清单中的项目，或发包人同意的变更项目以及计日工。

2）所计量工程是承包人实际完成的并经监理机构确认质量合格。

3）计量方式、方法和单位等符合合同约定。

（3）工程计量应符合以下程序：

1）工程项目开工前，监理机构应监督承包人按有关规定或施工合同约定完成原始地形的测绘，并审核测绘成果。

2）在接到承包人提交的工程计量报验单和有关计量资料后，监理机构应在合同约定时间内进行复核，确定结算工程量，据此计算工程价款。当工程计量数据有异议时，监理机构可要求与承包人共同复核或抽样复测；承包人未按监理机构要求参加复核，监理机构复核或修正的工程量视为结算工程量。

3）监理机构认为有必要时，可通知发包人和承包人共同联合计量。

（4）工程进度付款申请单应符合下列规定：

1）付款申请单填写符合相关要求，支持性证明文件齐全。

2）申请付款项目、计量与计价符合施工合同约定。

3）已完工程的计量、计价资料真实、准确、完整。

6 检查和检验项目、标准和工作要求

6.1 巡视检查

（1）是否按照设计文件、施工规范和批准的施工方案、工法施工。重点核查：

1）各类埋件（如：止水、安全监测仪器等）是否良好保护；

2）碾压工序过程按照本章6.2.2条执行。

3）现场配置的施工设备、劳动力是否符合施工方案的配置计划，是否满足进度计划强度的要求。

（2）是否使用合格的材料、构配件和工程设备。重点核查：

1）检查堆石料的外观质量情况，是否含泥或被其他污物污染。

2）使用安全监测设备是否经进场报验，若未经报验，要求承包单位立即完成进场报验手续方可使用。

3）使用的构配件在吊运、安装时，是否达到设计或规范强度要求。

（3）施工现场管理人员，尤其是质检人员是否到岗到位。

（4）施工操作人员的技术水平、操作条件是否满足工艺操作要求，特种操作人员是否持证上岗。

(5) 施工环境是否对工程质量、安全产生不利影响。重点核查：

1) 临边、高边坡侧、架空支撑等部位施工的安全防护设置。

2) 外部是否有污水、污物进入或被运输车辆带入工作面内。

(6) 水保和环保设施。重点核查：

1) 生产、运输产生的粉尘、废水和废弃料的处理设施是否满足要求。

2) 冲洗产生的废水的处理设施是否满足要求。

(7) 已完成施工的部位是否存在质量缺陷。

6.2 旁站监理

6.2.1 旁站监理范围

(1) 部位：混凝土面板堆石坝。

(2) 工序：堆石料填筑工程的压实工序。

6.2.2 控制要点

(1) 旁站监理控制要点依据：

1) SL/T 631.1—2025《水利水电工程单元工程施工质量验收标准 第1部分：土石方工程》第6.4～第6.6节。

2) SL 49—2015《混凝土面板堆石坝施工规范》。

3) 《××水库工程混凝土面板堆石坝坝体设计及安全文明施工技术要求》。

4) 《××水库工程坝体填筑现场碾压试验报告》。

(2) 控制要点。

1) 碾压参数：

材料分区	铺料厚度/cm	碾压遍数/(静/振)	最优含水率/%	行车速度/(km/h)
特殊垫层区（2B）	22	2/6	6.8	2
垫层区（2A）	45	2/8	7.2	2
过渡区（3A）	45	2/8	6.5	2
主堆石区（3B）	90	2/8	4.3	2

2) 碾压设备参数：

名　称	型号	重量/kg	激振力/kN	振动频率/Hz
自行单钢轮振动碾	×S263J	26000	405	27

上述参数每班至少抽检1次；当发现不符合时整改后应再抽检1次。

3) 填筑料分区有效宽度的控制。重点控制垫层料和过渡料的有效宽度，过渡料不应侵占垫层料位置，堆石料不应侵占过渡料位置。

填筑过程中，按填筑单元和填筑料分区严格测量放线，各分区采用白灰画线标识明晰，并插方向标记和层厚高度杆为控制参照物，以便施工人员掌握和质检人员监控。

4) 主堆石区与岸坡、混凝土建筑物接触带，应按设计要求填筑过渡料，并控制好接触带的碾压质量。

5) 填筑料颗粒分离控制。垫层料和过渡料在卸料、铺料时应避免颗粒分离，对严重分离的垫层料和过渡料应予以挖除。垫层区、过渡区和主堆石料区交界处应避免超径大块石集中和架空现象，超径石应予以剔除。过渡料区填筑过程中，存在超径石如符合主堆石料区的粒径要求可用推土机或挖掘机推运到离界面较远的主堆石区使用。

6) 填筑料加水量控制。由于垫层料细料含量多，必须严格控制加水量并防止高压水流冲刷，以免形成弹簧土。垫层料洒水办法宜采用喷头形成雾状水喷洒，洒湿厚度控制在 5~15cm 为宜。

7) 周边缝下特殊垫层区碾压控制。周边缝下特殊垫层区应采用人工配合机械薄层摊铺，每层厚度不超过 20cm，采用小型平板振动器压实。

8) 本工程采用直线行车往返错距式，重叠率为振动碾压轮宽的 10%（即 20cm），各碾压段之间的搭接不应小于 1.0m。

9) 坝体埋设的安全监测仪器的保护。已安装的监测仪器应采用白灰画线或插杆、插旗标识明晰，严防机械和人为损坏。

6.2.3 监理旁站值班记录

监理旁站值班记录按照 SL 288—2014《水利工程施工监理规范》附录 E 表 JL26 格式填写，其中"控制要点"检测的数据和结果应填写在"监理现场检查、检测情况"栏目中。

6.3 检测项目、标准和检测要求

根据 SL 49—2015《混凝土面板堆石坝施工规范》、《××水库工程混凝土面板堆石坝坝体设计及安全文明施工技术要求》要求，本工程坝体填筑料的检测项目、标准和检测要求，跟踪检测和平行检测的数量和要求见平行检测计划。

7 资料和质量评定工作要求

7.1 资料

（1）施工过程中有关碾压堆石料填筑施工方面的通知、报告等文件。

（2）依据相关规程规范填写的有关质量验收、评定表格：

1) 工序/单元工程施工质量验收评定表。
2) 水工建筑物外观质量评定表。
3) 重要隐蔽单元工程（关键部位单元工程）质量等级签证表。
4) 分部工程施工质量评定表。
5) 单位工程施工质量评定表。
6) 单位工程施工质量检验资料核查表。
7) 工程项目施工质量评定表。

（3）原材料、中间产品、构配件、设备等试验检测报告。

（4）事故及缺陷处理报告等相关材料。

（5）其他有关的记录。

7.2 质量评定工作要求

7.2.1 工序或单元（分项）工程施工质量评定程序流程图

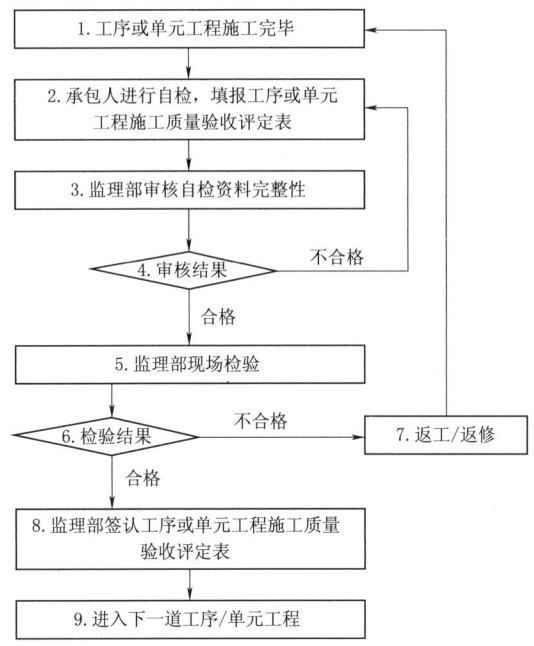

7.2.2 工序或单元（分项）工程施工质量评定工作内容

(1) 监理部收到承包人报送的验收工序或单元工程施工质量验收评定表后，应在 4h 内完成复核，复核包括以下内容：

1) 检查承包人报送的资料是否真实、齐全。

2) 对照施工图及施工技术要求，结合监理部平行检测和见证检测的结果，复核工序或单元工程施工质量是否达到标准要求。

3) 检查已完成的工序或单元工程遗留问题的处理情况，在承包人报送的工序或单元工程施工质量验收评定表中填写复核记录，并签署工序或单元工程施工质量验收评定意见，评定工序或单元工程质量等级，相关责任人履行签认手续。

(2) 施工质量验收评定标准：

按照 SL 176—2007《水利水电工程质量检验与验收规程》规定执行。

(3) 单元（分项）工程施工质量验收评定未达到合格标准的，应及时进行处理，处理后应按以下规定进行验收评定：

1) 全部返工重做的，重新进行质量验收评定。

2) 经加固处理并经设计和监理单位鉴定能达到设计要求的，其质量评定为合格。

3) 处理后单元（分项）工程部分质量指标仍未达到设计要求时，经原设计单位复核，建设单位、监理单位确认能满足安全和使用功能要求，可不再进行处理；或经加固处理后，改变了建筑物外形尺寸或造成工程永久缺陷的，经建设单位、设计单位及监理单位确认能基本满足设计要求，其质量可认定为合格，并按规定进行质量缺陷备案。

(4) 重要隐蔽单元工程和关键部位单元工程的验收评定应由建设、设计、监理、施工等单位的代表组成联合小组，共同验收评定，并应在验收前通知工程质量监督机构。

7.2.3 工序或单元（分项）工程施工质量验收评定工作注意事项

(1) 工序或单元（分项）工程完成后，应由承包人自评合格后才能申请验收评定，否则监理部不予受理。

(2) 重要隐蔽单元工程和关键部位单元工程的验收评定应由建设单位组织（或委托监理单位）各参建单位进行联合验收评定，并在此之前通知工程质量监督机构，以便其决定是否参加。

(3) 质量验收评定合格后，监理部应及时签署结论，不能在事后补签（特殊情况除外），责任单位、责任人及相关责任人均应当场履行签认手续，防止漏签或造假。

7.2.4 工序或单元（分项）工程施工质量验收评定记录资料要求

(1) 施工记录一定要完整、齐全，叙事要清楚，时间、地点、施工部位、工序内容、质量情况（或问题）、施工方法、措施、施工结果、现场参加人员等，均应记录清楚，不应追记或造假。责任单位和责任人应当场签认。

(2) 所有检验项目包括原材料和工程设备进场检验，施工质量项目（主控和一般）及抽检（或见证）检验的重要质量指标和效果检验，均应依据相关标准和规定判定该项目检验结果是否符合标准和设计要求，以便验收评定得出合理结论。

8 采用的表式清单

(1) 施工、监理单位的工作表格按照 SL 288—2014《水利工程施工监理规范》附录 E 执行。

(2) 施工安全管理工作表格按照 SL 721—2015《水利水电工程施工安全管理导则》附录 E 执行。

(3) 本工程碾压堆石料质量评定工作表格按照 SL/T 631.1—2025《水利水电工程单元工程施工质量验收标准 第1部分：土石方工程》：

1) 工序施工质量检验表采用表 A.0.1-1 和表 A.0.1-2。
2) 单元工程施工质量验收表采用表 A.0.1-3 和表 A.0.2-2。
3) 堆石料填筑单元工程施工质量验收标准采用表 6.4.3。
4) 反滤（过渡）料填筑单元工程施工质量验收标准采用表 6.5.2。
5) 垫层填筑单元工程施工质量验收标准采用表 6.6.3。

10.3 专业工作监理实施细则实例

（工程项目名称）工程
测量专业工作
监理实施细则

贵州××监理有限公司××工程项目监理部
××××年××月××日

第 10 章 工程建设监理实例

监理实施细则审批表

工程名称：××工程　　　　　　　　　　　　　　　　　　　编号：×Z02
合同编号：JLHT2024－01

致：工程技术部、总监理工程师：
我项目监理部根据已批准的监理规划，相关标准、设计文件，施工组织设计、专项施工方案等技术资料完成了××工程测量专业工作监理实施细则的编制，请予以审查。 　　附件：××工程测量专业工作监理实施细则   　　　　　　　　　　　　　　　　　　　　　　　　　　　编制人：张×× 　　　　　　　　　　　　　　　　　　　　　　　　　　　日　　期：2024 年 3 月 26 日
工程技术部审核意见： 　　经审核，编制的监理实施细则满足相关法律、法规、规范标准及设计文件与合同文件要求。   　　　　　　　　　　　　　　　　　　　　　　　　　　审核人(签字)：吴×× 　　　　　　　　　　　　　　　　　　　　　　　　　　日　　期：2024 年 3 月 28 日
总监理工程师审批意见： 　　同意按照本监理实施细则开展现场监理工作。    　　监　理　机　构：贵州××监理有限公司××工程项目监理部 　　总监理工程师（签字）：石×× 　　日　　期：2024 年 3 月 29 日

目 录

1 适用范围 …………………………………………………………… 188
2 编制依据 …………………………………………………………… 188
3 专业工作特点和控制要点 ………………………………………… 188
4 监理工作内容、技术要求和程序 ………………………………… 190
5 采用的表式清单 …………………………………………………… 193

第 10 章 工程建设监理实例

1 适用范围

本细则适用于××水库工程项目监理部(以下简称监理部)测量专业监理工作,用于规定监理部在本工程测量监理工作的内容、技术要求、工作程序和信息管理。

2 编制依据

(1)《××水库工程监理合同》(合同编号:ZYSDFSK-JL-01)。
(2)《××水库工程施工合同》(合同编号:ZYSDFSK-SG-01)。
(3)《××水库工程监理规划》。
(4) SL 288—2014《水利工程施工监理规范》。
(5) SL 52—2015《水利水电工程施工测量规范》。
(6) 设计文件与图纸、建设单位提供的测量控制点资料、经监理部批准的施工测量方案及专项安全技术措施(作业指导书)。

3 专业工作特点和控制要点

3.1 专业工作特点

3.1.1 工程简介

××水库位于××市××镇××河段上。水库校核洪水位 897.25m,总库容 207 万 m^3。工程等别为Ⅳ等,工程规模属小(1)型。

水库枢纽工程包括:挡水、取水、泄水、灌溉与供水系统。

3.1.2 本工程测量专业工作特点

本标段主要为原始地形地貌测量、线路走向、纵横断面测量、管线测量、水工建筑物施工测量、地下工程施工测量、金属结构和机电施工测量、变形观测施工测量、辅助工程施工等,故测量工作种类多、涉及范围虽集中但建筑物内部测点极多,且属于山区,选择通视条件极为重要,针对原已知控制点的复核、控制点加密尽量采用 GPS 静态观测,结合专业软件对观测数据进行平差处理,但静态观测时间不得少于 1h;原始地形地貌、道路工程断面等施测工作,尽量采取 RTK 方式测量,减少测量工作强度,提高工作效率。

3.2 专业工作控制要点

(1)根据测量专业工作等级要求,核查施工单位拟投入的测量仪器设备精度是否满足要求。

(2)用于施工测量的各类仪器设备是否经法定计量单位检定,并在检定有效期内适用。

(3)对施工单位报送的施工测量方案的审核时,应复核施工测量工作的方法是否符合 SL 52—2015《水利水电工程施工测量规范》规定。

(4) 平面和高程控制测量控制要点：

1) 基准点或基线等级、精度、点数是否满足要求。

2) 控制点数（包括洞口）、布设等级是否符合要求。

3) 控制点埋设是否稳定；是否选在通视良好、交通方便、地基稳定且能长期保存的地方。

4) 测量精度是否满足要求，测量方法、仪器（采用 GPS 或全站仪常规测量方法）是否符合要求。

5) 平差计算方法是否符合要求。

6) 控制点成果最弱点位精度、最弱边相对误差是否符合要求。

(5) 地形或断面测量控制要点：

1) 布点间距、密度、范围是否满足要求。

2) 是否增加了地形特征点采样。

3) 断面桩号选择是否符合要求。

4) 成果图与现场实际地形或断面是否相符。

5) 地形图和断面图比例尺、等高距、分幅、图式是否符合 SL 52—2015《水利水电工程施工测量规范》规定。

6) 对工程量计算软件选择、断面选择数量及代表性、计算成果检查应符合规范及合同要求。

(6) 施工放样控制要点：

1) 对直接用于施工放样的控制点，通视条件是否满足要求、是否方便放样。

2) 放样时是否有校核条件，放样点精度是否满足要求。

3) 施工放样时应着重检查的部位：

a) 土石方明挖工程中高边坡开挖开口线。

b) 土石方填筑工程中的填筑边线。

c) 建筑物轮廓线或轴线、高程、垂直度或坡比；机电设备安装高程、位置、垂直度检查；闸门宽度、长度检查，闸门铰座位置、高程、同轴度检查，闸门运行轨道轴线检查。

(7) 变形监测测量控制要点：

1) 基准点埋设方式及稳定性、精度等级，与监测点的几何图形是否满足要求。

2) 监测点埋设方式、代表性是否能满足监测对象的观测要求。

3) 检测测量方法、测量精度是否满足要求。

4) 数据计算及成果分析内容是否齐全、准确无误。

(8) 竣工测量控制要点：

1) 布点间距、密度、范围、测量精度是否满足要求。

2) 是否增加了特征点采样。

3) 断面桩号选择是否符合要求。

4) 对建基面、隧洞开挖面上不良地质范围是否进行了测量。

5) 实际测量成果与设计值对比差值。

(9) 测量工作平行检测采取联合测量时，监理测量人员应检查施工单位对测量仪器操作是否规范，在当天工作结束时立即复制测量数据。

4 监理工作内容、技术要求和程序

4.1 监理工作内容

4.1.1 施工测量控制网设计和建立

开工前应要求施工单位完成施工测量控制网设计和建立，并将下列成果资料报监理部批准：

(1) 控制网布置图和测量技术设计书。
(2) 控制网测量平差计算成果。
(3) 技术总结及成果表。

4.1.2 监理部对施工测量控制网设计和建立成果的审核内容

审核内容应包括：

(1) 测量专业人员资质证书是否符合要求。
(2) 测量仪器率定校正资料是否符合要求。
(3) 测量成果是否符合 SL 52—2015《水利水电工程施工测量规范》要求。

4.1.3 施工单位提交的"施测方案"审批

(1) 承包人编报的工程测量施测方案应包括以下内容：

1) 项目概述。
2) 执行规范及依据。
3) 施工测量主要精度指标。
4) 控制网测量方案。
5) 重要部位施工放样方案。
6) 原始地形图及断面测量方案。
7) 测量质量保证措施。
8) 测量安全保证措施。
9) 施测进度计划、配备的测量人员资质情况、仪器设备配置及检定情况。

(2) 监理机构审核见本书 4.1.2 条。

4.1.4 原始地形、竣工的测量

(1) 监理部接到施工单位原始地形或竣工测量的通知后，应按照约定的时间派出监理人员与施工单位联合测量。
(2) 原始地形或竣工测量的数据应在每次测量完成后予以备份。
(3) 监理工程师应根据监理部备份数据复核施工单位报送的原始地形或竣工测量数据资料和原始地形图。

4.1.5 施工放样

(1) 监理部对监理范围的重要隐蔽工程和关键部位的放样工作，应采取联合测量的方式。

(2) 监理工程师应根据监理部备份数据复核施工单位报送施工测量放样成果报告。

(3) 明挖、隧洞开挖、混凝土衬砌轮廓线放线和高程测量复核；隧洞开挖每循环放样复核；金属结构制造尺寸、安装位置和高程及轴线复核；机电设备安装位置和高程及轴线复核。

(4) 地下控制点延伸、高程传递检查；超、久挖检查，断面检查，贯通误差结果及平差检查。

4.2 技术要求

4.2.1 测量控制网

(1) 等级精度：

1) 根据本工程规模、建筑物型式，首级平面、高程控制网不低于三等（包括三等，下同）。

2) 公路工程平面、高程控制网不低于五等。

3) 交通洞、灌浆平洞相向开挖长度均小于5km，各工作面相向开挖长度均小于5km，地下平面、高程控制网不低于四等。

4) 对灌浆平洞地下控制网附合线路要进行往、返观测。

5) 为满足金属结构、机电设备安装精度要求，安装专用控制网、安装轴线及高程基点均应由等级控制点测设，相对于邻近等级控制点（平面和高程）的点位限差为±10mm；安装专用控制网内及安装轴线点间相对点位限差应为±2mm。高程基点间的高差测量限差为±2mm。

6) 最末级平面控制点相对于同级起始点或邻近高一级控制点的允许点位中误差应为±10mm；最末级高程控制点相对首级高程控制点的允许高程中误差，对于混凝土建筑物应为±10mm，对于土石建筑物应为±20mm。

(2) 点位应埋设牢固、稳定；控制点坐标、高程应定期检查复核。

4.2.2 地形测量

(1) 测图比例尺在1:200～1:1000之间选择，地形图上等高距、地物点中位差应符合 SL 52—2015《水利水电工程施工测量规范》5.1.4条、5.1.5条规定。

(2) 地形点密度应符合 SL 52—2015《水利水电工程施工测量规范》5.3.1条规定。

(3) 地形图测绘应符合 SL 52—2015《水利水电工程施工测量规范》5.3.5条规定。

4.2.3 施工放样

(1) 土建工程施工放样：

1) 地上工程开挖轮廓点的点位中误差应符合 SL 52—2015《水利水电工程施工测量规范》7.2.1条规定。

2) 地下工程开挖轮廓点放样限差相对于洞轴线为0～100mm；混凝土衬砌立模点放样限差相对于洞轴线为20mm。

3) 对于高程放样中允许误差应为±10mm的部位应采用水准测量法，放样部位离等级高程点的距离不应超过0.5km。

4）建筑物立模、填筑轮廓点的点位中误差应符合 SL 52—2015《水利水电工程施工测量规范》7.3.1 条规定。

（2）变形监测：

1）水平位移监测基准网和工作基点网主要技术指标应符合 SL 52—2015《水利水电工程施工测量规范》12.2.2 条规定。

2）各项监测的监测点测量中误差应符合 SL 52—2015《水利水电工程施工测量规范》12.1.2 条规定。

3）变形观测周期应按设计规范要求进行。

4）每期观测结束，应及时处理观测数据，编写监测报告。当监测成果出现下列情况之一时，应及时通知建设单位和承包人采取措施：

a）变形量达到预警值或接近允许值。

b）变形量出现异常变化或快速变化。

5）监测点的选点与埋设应符合 SL 52—2015《水利水电工程施工测量规范》12.3.3 条规定或设计要求。

4.2.4 竣工测量

（1）开挖竣工断面的测量技术要求应符合 SL 52—2015《水利水电工程施工测量规范》12.2.2 条规定，比例尺为 1∶200 或与设计图纸相同。

（2）土石方填筑工程测量技术要求应符合 SL 52—2015《水利水电工程施工测量规范》13.3.1 条规定，比例尺不应小于施工详图。

（3）开挖、填筑工程量计算：

1）断面间距：明挖部位 5~20m，比例尺：明挖 1∶200~1∶1000。

2）断面点测量精度及间距应符合 SL 52—2015《水利水电工程施工测量规范》7.5.4 条、7.5.5 条规定。

3）工程量计算应以测量实测成果并结合合同计量规定进行。

4）实际工程量计算成果与施工图纸有差异，可按 SL 52—2015《水利水电工程施工测量规范》7.5.11 条、7.5.12 条规定或合同规定处理。

4.3 监理工作程序

4.3.1 本工程测量专业工作按照如下程序执行：

（1）监理部将建设单位提供的"测量基准点"资料以"监理通知"的格式送达施工单位，并配合建设单位现场移交"测量基准点"。

（2）审核、批准施工单位提交的"施测方案"。

（3）接到施工单位施测通知后，采取联合测量的平行检测方式与施工单位现场测量。

（4）审核、批准施工单位提交的"测量成果报告"；当有异议或错误时应通知施工单位采取复核测量、复核计算、复核制图等方式消除异议或错误。

4.3.2 测量专业监理工作流程图

测量专业监理工作流程如图 10.3.4.1 测量专业工作监理流程图所示。

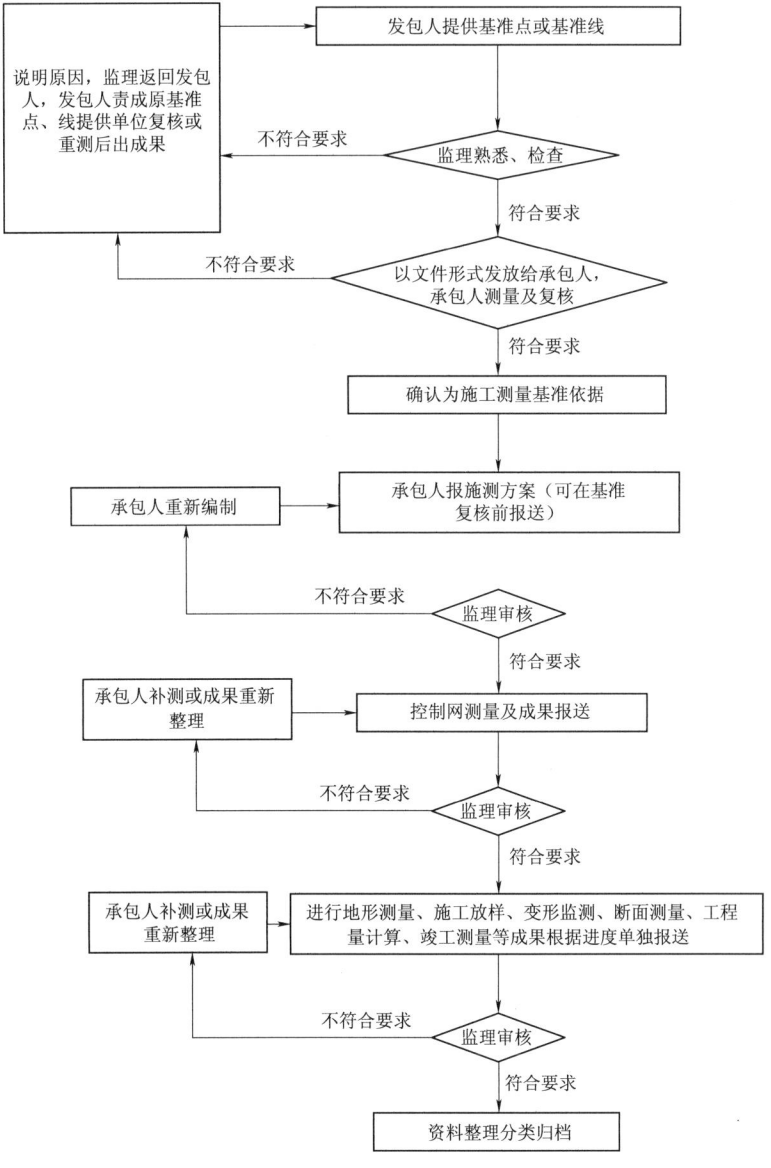

图 10.3.4.1 测量专业工作监理流程图

5 采用的表式清单

（1）测量专业工作表格采用 SL 288—2014《水利工程施工监理规范》附录 E 中以下表格：

1）施工技术方案申报表（CB01）。
2）施工/试验设备进场报验单（CB08）。
3）施工放样报验单（CB11）。

4) 联合测量通知单（CB12）。

5) 施工测量成果报验单（CB13）。

6) 批复表（JL05）

(2) 测量专业工作记录及成果按照 SL 52—2015《水利水电工程施工测量规范》执行。

10.4 安全监理实施细则实例

（工程项目名称）工程
围堰工程安全监理
实施细则

贵州××监理有限公司××工程项目监理部
××××年××月××日

第10章 工程建设监理实例

监理实施细则审批表

工程名称：××工程　　　　　　　　　　　　　　　　　　　　　　　　　编号：×Z03
合同编号：JLHT2024-01

致：工程技术部、总监理工程师： 　　我项目监理部根据已批准的监理规划，相关标准、设计文件，施工组织设计、专项施工方案等技术资料完成了××工程围堰工程安全监理实施细则的编制，请予以审查。 　　附件：××工程围堰工程安全监理实施细则   　　　　　　　　　　　　　　　　　　　　　　　　　　编制人：张×× 　　　　　　　　　　　　　　　　　　　　　　　　　　日　　期：2024年3月26日
工程技术部审核意见： 　　经审核，编制的监理实施细则满足相关法律、法规、规范标准及设计文件与合同文件要求。   　　　　　　　　　　　　　　　　　　　　　　　　　　审核人(签字)：吴×× 　　　　　　　　　　　　　　　　　　　　　　　　　　日　　期：2024年3月28日
总监理工程师审批意见： 　　同意按照本监理实施细则开展现场监理工作。   　　监　理　机　构：贵州××监理有限公司××工程项目监理部 　　总监理工程师(签字)：石×× 　　日　　　　　期：2024年3月29日

目 录

1 适用范围 … 198
2 编制依据 … 198
3 施工安全特点 … 198
4 安全监理工作内容和控制要点 … 199
5 安全监理的方法和措施 … 200
6 安全检查记录和报表格式 … 202

1 适用范围

本细则适用于××水库大坝土建及安装工程项目监理部(以下简称监理部)围堰工程项目安全监理工作。

2 编制依据

(1)《贵州省××水库工程大坝土建及安装工程监理标合同书》(合同编号:FS-315-JL-DBTJAZ(01)-2019)

(2)《贵州省××水库工程大坝土建及安装工程监理规划》

(3) 国家、水利行业以及地方有关安全生产的法律法规和规定:

1)《中华人民共和国安全生产法》(中华人民共和国主席令第十三号)。
2)《建设工程安全生产管理条例》(国务院令第393号)。
3)《水利工程建设安全生产管理规定》(水利部令第26号)。
4)《关于落实建设工程安全生产监理责任的若干意见》(建市〔2006〕248号)。
5)《安全生产事故隐患排查治理暂行规定》(国家安监总局第16号)。
6)《水利水电工程施工危险源辨识与风险评价导则(试行)》(办监督函〔2018〕1693号)。

(4) 水利行业规程规范:

1) SL 288—2014《水利工程施工监理规范》。
2) SL 398—2007《水利水电工程施工通用安全技术规程》。
3) SL 399—2007《水利水电工程土建施工安全技术规程》。
4) SL 401—2007《水利水电工程施工作业人员安全操作规程》。
5) SL 714—2015《工程施工安全防护设施技术规范》。
6) SL 721—2015《水利水电工程施工安全管理导则》。

(5) 设计文件与图纸、经监理部批准的施工组织设计及专项安全技术措施(作业指导书)。

3 施工安全特点

××水库位于贵州省××市西南约3km处,是贵州省规划建设的一座大(2)型水库,工程任务是以城乡生活和工业供水为主,兼顾发电等综合利用。××水库总库容1.04亿m^3。工程建设内容包括水库工程和输水工程两部分。

本工程项目大坝施工采用隧洞导流,上游围堰利用现有黑塘桥大坝加高溢流堰后挡水,下游新建土石临时围堰。

3.1 上游围堰

本标段上游围堰,围堰挡水标准为5年一遇,相应洪峰流量为418m^3/s。

3.2 下游围堰

下游围堰为土石结构,设计洪水标准为 10 年一遇洪水,洪峰流量为 589m³/s,设计洪水水位 853.10m,设计下游围堰顶高程 854.50m。下游围堰在导流洞通水后,再进行施工。

3.3 重大危险源辨识与风险评价

本项目围堰工程的拆除作业、上游施工临时用电为重大危险源,风险等级为重大,可能出现的事故为坍塌(拆除作业)、触电(施工临时用电)。应采取的风险控制措施主要为:

(1)审批专项施工方案。
(2)检查作业人员交底情况。
(3)检查作业人员防护用品使用情况。
(4)检查警戒线布置。
(5)拆除施工顺序是否符合专项施工方案和规范要求。
(6)组织或参加验收施工单位防控措施。

4 安全监理工作内容和控制要点

4.1 安全监理工作内容

对于围堰工程的安全监理工作主要有以下内容:

(1)审查安全技术措施是否符合工程建设强制性标准。
(2)督促承包人对作业人员进行安全交底,监督承包人按照批准的施工方案组织施工,检查承包人安全技术措施的落实情况,及时制止违规施工作业。
(3)定期和不定期巡视检查施工过程中危险性较大的施工作业情况,对围堰拆除作业进行安全监督旁站。
(4)定期和不定期巡视检查承包人的用电安全、消防措施、危险品管理和场内交通管理等情况。
(5)核查施工现场施工起重机械、模板支撑等设施和安全设施的验收等手续。

4.2 安全监理工作控制要点

4.2.1 施工前安全控制要点

(1)复核施工实地环境需要保护的项目是否与经批准的施工方案相符,是否有遗漏。
(2)安全警戒布置是否符合经批准的施工方案,是否存在遗漏的通道。
(3)检查安全技术交底工作是否完成。

4.2.2 施工过程安全控制要点

(1)上游围堰临边安全防护设施、临时用电应通过验收,施工过程中应经常性检查防护设施是否完好,高空作业人员个人安全防护用品是否正确使用。

(2) 下游围堰填筑时指挥人员是否就位，各类安全警示标识、运输导向标识是否满足要求。

(3) 当下方有交叉作业、交通通道时，拦挡设施是否在作业前完成，是否符合经批准的施工方案。

(4) 下游围堰拆除时，安全监督人员是否到位、警戒线是否设置；拆除作业是否符合专项施工方案。

(5) 停放、维修施工机械和搭建临时建筑物区域是否安全、稳定。

(6) 施工、运输道路的边坡和路基是否稳定，路面是否防滑。

(7) 施工单位的险情预防人员是否巡视检查到位。

5 安全监理的方法和措施

5.1 安全监督旁站

对本项目的安全监督旁站的项目为下游围堰拆除作业。安全监督旁站按照以下内容实施：

(1) 检查施工单位现场安全人员到岗、特殊工种人员持证上岗以及施工机械运行准备情况。

(2) 检查现场向作业人员进行施工要求、作业环境的安全交底的情况。

(3) 在现场跟班监督，检查施工过程执行专项施工方案以及工程建设强制性标准情况。

(4) 发现未按专项施工方案施工的，应要求其立即整改；存在危及人身安全紧急情况的，通知现场安全人员立即组织作业人员撤离危险区域。

5.2 巡视检查

本项目属于达到一定规模的危险性较大的工程，应每天进行巡视检查，安全巡视检查按照以下内容实施：

(1) 安全风险公告牌（栏）、安全警示标志检查。

1) 检查是否按照安全警示标志总体规划布置图（或计划），在醒目和重点区域设置安全风险公告牌，在危险部位（如：施工现场入口处、施工起重机械、临时用电设施、脚手架、出入通道口、基坑边缘）设置明显的安全警示标志。

2) 安全风险公告牌（栏）、安全警示标志是否有损坏、被遮蔽现象。

(2) 危险部位的安全防护措施检查。

1) 安全防护措施是否符合 SL 714—2015《工程施工安全防护设施技术规范》规定，应特别注意施工供电线路布置、配电箱、开关箱、漏电保护器是否规范。

2) 安全防护措施是否有损坏、不牢固现象。

(3) 消防设施检查。消防器材配置数量是否符合规范要求，是否可靠有效。

(4) 作业行为合规性检查。

1) 个人劳动防护用品是否齐备及正确使用，特别注意检查高空作业、临边作业人员是否佩戴安全带和安全绳，是否有配而不用或低挂高用现象。

2）垂直交叉作业时，是否采取隔离防护措施，并有专人监护、巡视、检查。

3）工作面上部临边是否堆放有施工材料或废弃物，是否采取固定保护措施。

4）脚手架上放置的施工材料、设备是否超载，是否采取固定保护措施。

5）施工区域周边施工作业可能影响外界的，是否采取隔离防护措施，并有专人监护、巡视、检查。

（5）检查上次或前阶段整改措施执行情况及整改效果。

5.3 安全隐患排查、治理

监理部采取定期和不定期巡视检查施工过程中危险性较大的施工作业情况，同时参与建设单位组织的联合检查，对施工过程中存在的安全隐患进行排查。并按照图 10.4.6.1 "安全监理工作流程图"执行。

5.4 安全防护设施、施工设备、专项施工方案的验收

1. 验收工作程序

（1）施工现场为预防施工中发生人员伤亡事故而设置的各类安全防护设施、用于施工生产的各类临建设施安装完成后，施工单位进行自检，自检合格后通知监理单位进行验收。

（2）施工现场为预防施工中发生人员伤亡事故而设置的各类设备、器具，以及用于施工生产的施工设备和机具在进场时，施工单位按照 SL 288—2014《水利工程施工监理规范》附表 CB08 的格式和内容申报，并通知监理单位共同按照 SL 721—2015《水利水电工程施工安全管理导则》附录 E 相应表格的检查内容要求进行验收。

2. 验收工作要点

安全防护设施、生产设施及设备、危险性较大的单项工程验收工作控制要点详见 SL 721—2015《水利水电工程施工安全管理导则》附录 E 施工安全管理常用表格中各项检查条目，主要项目包括：

（1）扣件式钢管脚手架验收表（E.0.3-33）。

（2）混凝土模板工程验收表（E.0.3-35）。

（3）临边洞口防护验收表（E.0.3-37）。

（4）施工现场临时用电验收表（E.0.3-39）。

（5）砂石料生产系统安全检查验收表（E.0.3-44）。

（6）混凝土拌和系统安全检查验收表（E.0.3-45）。

（7）三宝、四口安全检查验收表（E.0.3-46）。

（8）施工车辆安全检查验收表（E.0.3-49）。

（9）中小型施工机具安全检查验收表（E.0.3-50）。

（10）施工现场消防设施验收表（E.0.3-54）。

（11）施工现场安全警示标志检查表（E.0.3-56）。

6 安全检查记录和报表格式

(1) 施工、监理单位的工作表格按照 SL 288—2014《水利工程施工监理规范》附录 E 执行。

(2) 施工安全管理工作表格按照 SL 721—2015《水利水电工程施工安全管理导则》附录 E 执行。

安全监理工作流程详见图 10.4.6.1。

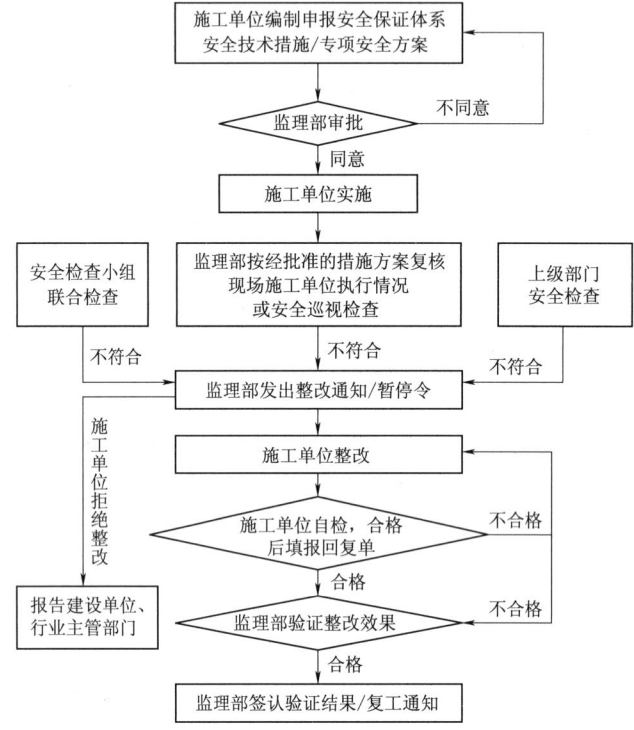

图 10.4.6.1 安全监理工作流程图

10.5 跟踪检测和平行检测监理计划实例

（工程项目名称）工程
跟踪检测和平行检测监理计划

贵州××监理有限公司××工程项目监理部
××××年××月××日

跟踪检测和平行检测监理计划审批表

工程名称：××工程　　　　　　　　　　　　　　　　　　　　　　　　　　　编号：JCJH01
合同编号：JLHT2024-01

致：总监理工程师： 　　我项目监理部根据监理大纲、已批准的监理规划、相关标准、设计文件、施工组织设计、专项施工方案等技术资料完成了××工程跟踪检测和平行检测监理计划的编制，请予以审查。 　　附件：××工程跟踪检测和平行检测监理计划   　　　　　　　　　　　　　　　　　　　　　　　　　　　　　编制人：陈×× 　　　　　　　　　　　　　　　　　　　　　　　　　　　　　日　　期：2024 年 3 月 26 日
工程技术部审核意见： 　　经审核，编制的跟踪检测和平行检测监理计划满足相关规程规范、设计文件和合同要求。   　　　　　　　　　　　　　　　　　　　　　　　　　　　　　审核人：吴×× 　　　　　　　　　　　　　　　　　　　　　　　　　　　　　日　　期：2024 年 3 月 28 日
总监理工程师审批意见： 　　编制的跟踪检测和平行检测监理计划满足相关规程规范、设计文件和合同要求，同意按照本检测计划开展现场监理检测工作。   　　监 理 机 构：（名称及盖章）贵州××监理有限公司××工程项目监理部 　　总监理工程师：（签字）吴×× 　　日　　　　期：2024 年 3 月 29 日

目 录

1 工程概况 …………………………………………………………………… 206
2 编制目的 …………………………………………………………………… 206
3 编制依据 …………………………………………………………………… 206
4 监理跟踪检测和平行检测制度 …………………………………………… 207
5 监理跟踪检测和平行检测规定 …………………………………………… 208
6 监理跟踪检测和平行检测计划 …………………………………………… 211
7 监理跟踪检测和平行检测工作职责 ……………………………………… 213
8 跟踪检测表格 ……………………………………………………………… 213

第 10 章　工程建设监理实例

1　工程概况

1.1　工程项目基本概况

×××水库工程由挡水工程、泄水工程、输水工程、灌溉工程组成。主要建筑物有：①挡水建筑物：混凝土面板堆石坝。②泄水建筑物：由右岸岸边溢洪道、冲沙兼放空隧洞、取水隧洞组成。③输水建筑物：由泵站取水隧洞及输水管线组成。

水库枢纽布置为：钢筋混凝土面板坝＋右岸岸边式溢洪道＋左岸冲沙兼放空隧洞＋左岸取水隧洞。

1.2　工程项目组织

（1）工程项目业主：××水利投资有限责任公司。
（2）设计单位：××水利水电勘测设计研究院。
（3）质检单位：××试验测试检测工程有限公司。
（4）施工单位：××水利水电建设股份有限公司。
（5）监理单位：贵州××监理有限公司。

1.3　工期目标

本工程计划总投资×××万元，承包合同价款为×××万元，计划施工工期为××个月，承包合同约定工期为××个月，监理服务期为××个月，于××××年××月××日工程破土动工。

1.4　监理质量目标

（1）完成建设的工程满足设计文件、国家强制性标准和施工合同文件规定的质量要求。
（2）在合同工程的整个施工期不出现工程质量监理责任事故。
（3）工程质量目标为合格工程。

2　编制目的

为了更好地控制×××水库工程项目施工质量，确保工程质量符合设计图纸和规范要求，达到合同约定的合格工程质量目标。为确保工程的施工质量和安全，加强工程施工监理的检测检验管理和实施，制定本取样计划方案。

3　编制依据

（1）《监理合同》。

(2)《施工合同》。

(3) 设计施工图纸及设计文件。

(4)《水利工程施工监理规范》(SL 288—2014)。

(5)《水工混凝土试验规程》(SL 352—2020)。

(6)《水工混凝土施工规范》(SL 677—2014)。

(7)《水利水电工程单元工程施工质量验收标准》(SL/T 631.1～631.3—2025)。

(8)《建设工程质量检测管理办法》。

(9)《水利工程建设标准强制性条文》(2020 年版)。

(10) 监理规划。

(11) 监理实施细则。

(12) 国家或国家部门、地方颁发的法律与行政法规。

4 监理跟踪检测和平行检测制度

跟踪检测是在监理机构人员的跟踪下,由施工单位的现场试验人员对工程中涉及结构安全的试块、试件和材料在现场取样,由监理人员跟踪并送到经过省级以上建设行政主管部门对资质认可和质量技术监督部门对其计量认证的质量检测单位(以下简称：检测单位)进行检测。

(1) 涉及结构安全的试块、试件和材料跟踪检测的比例不得低于有关技术标准中规定取样数量的 7%,下列试块、试件和材料必须实施跟踪检测：

1) 用于承重结构的混凝土及抗冻、防渗试块。

2) 用于承重结构的砌筑砂浆试块。

3) 用于承重结构的钢筋及连接接头试件。

4) 用于承重墙的砖和混凝土小型砌块。

5) 用于拌制混凝土和砌筑砂浆的水泥。

6) 用于混凝土中使用的外加剂。

7) 砂石、骨料、电工、无纺布、止水橡胶等。

8) 规范规定必须实行跟踪检测的其他试块、试件和材料。

(2) 施工过程中,该项目监理工程师应按照跟踪检测计划,对施工现场的取样和送检进行跟踪,取样人员应在试样或其包装上作出标识和标志。标识和标志应标明工程名称、取样部位、取样的日期、样品名称和样品数量,并由监理工程师和取样人员在《现场材料跟踪检测登记表》上签字。并将跟踪检测表归入工程档案内,监理工程师和取样员应对试样的代表性和真实性负责。

(3) 抽样后无法标志的必须由监理工程师与取样员共同送检,发生费用由承包人承担。

(4) 跟踪检测的试块、试件和材料送检时,应由送检单位填写《建筑材料检验委托书》,委托单应有监理工程师和跟踪人员签字。

(5) 检测单位应检查委托标识和标志,确认无误后方可进行检测。跟踪检测的检测报告必须注明是跟踪检测。

（6）在混凝土开工 28 天前承包人应按设计要求，完成拟使用的各种标号混凝土配合比试验，报监理部审核。

（7）购买原材料、半成品前，必须得到监理工程师的同意。进场材料试验合格并经监理工程师同意才能用于工程。

（8）承包单位对本工程的原材料及中间产品的检测试验工作由承包单位委托有相应资质的检测单位完成；监理机构对原材料及中间产品进行的抽样检测由业主委托有相应资质的检测单位完成，按照规范要求数量进行独立抽检。

（9）承包单位应于工程开工前，提交一份满足工程需要的完整的现场试验检测计划，报监理机构和业主单位审批，其内容包括检测单位资质、试验设备及检定情况、试验目的、试验机构设置和人员配备等情况。

（10）用于永久工程的原材料，承包单位应在采购前将拟选生产厂家和产品的有关资料报送监理机构，经审批后方可采购。

（11）承包单位对原材料应严格按规范、标准和合同要求、按检测内容和检测频率及时取样送交检测单位检测，并将检测结果进行整理分析，试验结果以月报形式报送监理审核。

5 监理跟踪检测和平行检测规定

5.1 工程材料、构配件、检测规定

承包单位应按进场材料报验单填报，并附上厂家质量证明、出厂检验单和试验室抽检试验报告报送监理，经监理认证并核定该批材料的审批号后返回一份，承包单位在收件后方准出库，并要求在发料凭证上注明审批号，以便监理验收及质量跟踪。

（1）水泥：

1）运到工地的每批水泥都应附出厂检验合格证，承包单位按 200~400t 同厂家、同品种、同强度等级的水泥为一批进行抽检（不足 200t 也为一批），样品重量不应少于 14kg，并分为二等份，一份用于自行试验；另一份密封保存 3 个月。

2）水泥检测内容应包括强度、凝结时间、安定性、水化热（中、低热水泥），必要时应增做：比重、细度、含碱量、三氧化硫、氧化镁等项目的检测。

3）监理工程师有权要求承包单位进行指定取样、增加取样数，或自行取样复检。

（2）粉煤灰：

1）每批粉煤灰都应附有出厂检验合格证，承包单位应按同品种的粉煤灰每 200t 为一批（不足 200t 也作为一批）进行取样检验，样品重量 10~15kg，分成二等分：一份用于自行试验；另一份需密封保存半年。

2）粉煤灰检测内容包括：细度、烧失量、需水量比、含水量、二氧化硫，必要时应增做相对密度、容重、含碱量等项目检测。

3）监理工程师有权要求承包单位进行指定取样、增加取样数，或自行取样复检。

(3) 外加剂：

1) 承包单位在使用外加剂前必须将每一种外加剂的名称、来源、样品及提供鉴定外加剂品质的其他资料，以及掺量试验成果报告提交监理，征得同意后方可实施。

2) 运到工地的外加剂都应附有检验合格证和出厂检验单，承包单位应按减水剂每5t为一取样单位，引气剂每0.2t为一取样单位，取样、检验。样品同样分为二等份，一份用于自行试验；另一份密封保存半年。

3) 外加剂检测内容包括：固形物含量、溶液pH值、减水率、缓凝时间、强度比、泌水率、密度（液态外加剂）、必要时增做氯离子含量、泡沫性能、表面张力、溶解性、还原糖分（木钙减水剂）、硫酸钠含量（早强剂）。

4) 监理工程师有权要求承包单位进行指定取样、增加取样数，或自行取样复检。

(4) 粗细骨料：

1) 用于工程的砂石料，承包单位必须出具由具有检测资质的单位试验室出具的检验合格证。细骨料以400m³或600t为一个取样报批单位，检测项目包括颗粒级配、细度模数、人工砂石粉含量、含水率。细骨料全指标检测每月进行1～2次。

2) 粗骨料以2000t（碎石）为一个取样报批单位，检测项目包括颗粒级配、超逊径、针、片状颗粒含量。粗骨料全指标检测每月进行1～2次。

3) 监理工程师有权要求承包单位进行指定取样、增加取样数或自行取样复检。

(5) 施工用水。混凝土拌和及养护用水应符合水质标准要求，并每季度检测一次，在水源改变或对水质有怀疑时，应随时进行检验。

(6) 钢筋和钢绞线：

1) 热轧钢筋验收检测内容包括外观检查、屈服点、极限抗拉强度、伸长率、冷弯试验等检测，并以同一牌号、同一炉（批）号、同一截面尺寸的钢筋为一批，每批重量不大于60t，不足者也作为取样单位。

2) 对钢号不明的钢筋进行试验，其抽样数量不得少于6组。

3) 预应力混凝土用钢绞线的必检项目为：外观检查、破坏强度、伸长率、松弛试验、弹性模量。每批以同一牌号、同一规格、同一生产工艺，重量不大于60t为一取样单位，不足者也视作一取样单位。每批中选取3盘进行外观检查与力学性能检验。

规范规定的主要原材料、试件、半成品的取样要求详见表10.5.5.1。

表10.5.5.1 规范规定的主要原材料、试件、半成品的取样要求

名称	取样频率	取样数量	取样方法	规范编号
水泥	每200～400t同厂家、同品种、同强度等级的水泥，为一个取样单位。不足200t也作为一个取样单位	袋装水泥：每1/10编号从一袋中取至少6kg；散装水泥：每1/10编号在5min内取至少6kg	袋装水泥：随机抽取不少于20袋水泥；散装水泥：水泥取样器随机取样	SL 677—2014；GB/T 12573—2008
粉煤灰	连续供应不超过200t为一个取样单位	10kg	从20袋水泥的不同部位等量采集；3个罐车中等量取样	SL 677—2014

续表

名称	取样频率	取样数量	取样方法	规范编号
外加剂	掺量不小于1%的100t为一取样单位，掺量小于1%的50t为一取样单位，掺量小于0.05%的2t为一取样单位	不少于200kg水泥配制量		SL 677—2014
石材	同一产地至少应取样一组	同一产地至少应取样一组	料石检查产品质量证明书	GB 50203—2011
细骨料	同料源每600～1200t为一批	不少于40kg	分别在砂石堆场上、中、下三个部位抽取若干数量、拌和均匀，按四分法缩分提取	SL 677—2014；SL 352—2020
粗骨料	同料源、同规格碎石每2000t为一批，卵石每1000t为一批	不少于40kg	分别在砂石堆场上、中、下三个部位抽取若干数量、拌和均匀，按四分法缩分提取	SL 677—2014；SL 352—2020
砌筑用砂浆	每一检验批且不超过250方砌体的各种类型及强度等级砂浆	每组取70.7mm立方体的试块6块进行力学性能检验	在砂浆搅拌机出料口随机取样制作砂浆试块	GB 50203—2011；SL 352—2020
混凝土用热轧带肋钢筋、光圆钢筋	同一炉（批号）号、同一截面尺寸的钢筋为一批，每批重量不大于60t	每批应取2根钢筋，各取1个拉力试件和1个冷弯试件	在每批材料中任意选取两根钢筋截取，在钢筋端部应先截去50cm，试样长度：拉伸试验：约500mm；弯曲：约300mm	SL 677—2014
钢筋机械连接	以500个同一批材料的同等级、同型式、同规格接头作为一批，不足500个接头按一批计	每一验收批随机切取3个接头做单向拉伸试验	试件切取长度：约500mm	SL 677—2014；JGJ 18—2012
钢筋手工电弧焊接头	以300个同牌号钢筋、同型式接头作为一批，随机切取3个接头	应从同一批中随机切取3个接头做抗拉试验	试件切取长度：约500mm	SL 677—2014；JGJ 18—2012
钢筋气压焊接头	以300个同牌号钢筋、同型式接头作为一批，不足300个接头按一批计。随机切取3个接头	应从同一批中随机切取3个接头做抗拉试验，也可另取3个接头做弯曲试验	试样长度：拉伸试验：约500mm；弯曲：约300mm	SL 677—2014；JGJ 18—2012
混凝土抗压强度	1) 大体积混凝土，28d龄期每500m³成型一组，设计龄期每1000m³成型一组。 2) 结构混凝土，28d龄期每100m³成型一组，设计龄期每200m³成型一组	抗压试块为150mm×150mm×150mm立方体标准试件一组三块	混凝土试件以机口随机取样为主，每组混凝土试件应在同一储料斗或运输车箱内取样制作。浇筑地点取一定数量的试件进行比较	SL 677—2014；SL 352—2020

续表

名称	取样频率	取样数量	取样方法	规范编号
混凝土抗拉强度	28d龄期每2000m³成型一组，设计龄期每3000m³成型一组	抗压试块为150mm×150mm×150mm立方体标准试件一组三块	混凝土试件以机口随机取样为主，每组混凝土试件应在同一储料斗或运输车箱内取样制作。浇筑地点取一定数量的试件进行比较	SL 677—2014；SL 352—2020
混凝土抗渗、抗冻	每季度施工的主要部位取样成型1~2组	抗冻试块为150mm³正立方体标准试件一组三块。抗渗性能实验试件采用上口直径为175mm，下口直径185mm，高150mm的圆锥体试件，每组六块	混凝土试件以机口随机取样为主，每组混凝土试件应在同一储料斗或运输车箱内取样制作。浇筑地点取一定数量的试件进行比较	SL 677—2014；SL 352—2020

5.2 混凝土配合比的设计及试验

（1）各种类型结构物的混凝土配合比必须通过试验选定，其试验方法应按《水工混凝土试验规程》有关规定执行。混凝土配合比至少应具有3d、7d、14d、28d或可能更长龄期的试验或推算资料。

（2）混凝土配合比试验前28d，承包单位应将各种配合比试验的配料及其拌和、制模和养护等配合比试验计划一式4份报送监理机构。

（3）在混凝土配合比试验前至少72h承包单位应书面通知监理工程师，以使得在材料取样、试验、试验室配料与混凝土拌和、取样、制模、养护及所有龄期测试时监理工程师可以赶到现场。

（4）承包单位必须使用现场原材料进行混凝土配合比设计与试验，确定混凝土单位用水量、水泥用量、砂率、外加剂用量。试验所使用的原材料，应事先得到监理工程师的审核认可。

（5）经试验确定的施工配合比，其各项性能指标必须满足设计要求。混凝土施工配合比及试验成果报告，应在混凝土浇筑28d前报监理工程师审批，未经审批的配合比不得使用。

（6）施工过程中，承包单位需改变监理批准的混凝土配合比，必须重新得到监理机构的批准。

6 监理跟踪检测和平行检测计划

××水库工程监理跟踪检测和平行检测计划详见表10.5.6.1、表10.5.6.2。

表 10.5.6.1　×××水库工程原材料取样计划组数

编号	名　称	原材料、试件、半成品数量	取样频次	施工单位取样组数	其中跟踪检测（7%）	监理平行检测（3%）	备注
1	水泥	14130.00t	400t	36	3	1	
2	粉煤灰	3093.11t	200t	16	2	1	
3	外加剂	78.14t	5t	16	2	1	
4	砂	48455.84t	600t	81	6	3	
5	碎石	47405.55t	2000t	24	2	1	
6	毛石	19043.00m³		20	1	0	
7	钢筋	2371.47t	60t	40	3	2	
8	钢筋接头	118574 根	200 个	593	42	18	

表 10.5.6.2　×××水库工程中间产品取样计划组数

序号	施工部位	混凝土强度等级	工程量/m³	取样频次	施工单位取样组数	其中跟踪检测（7%）	监理平行检测（3%）	备注
1	大坝	喷 C20	1827	50m³	37	3	2	
2		C25	11554	100m³	116	9	4	
3		C20	4383	100m³	44	4	2	
4		C15	689	100m³	7	1	1	
5		M7.5	1556	200m³	8	1	1	
6	溢洪道	喷 C20	1070	50m³	22	2	1	
7		C40	1116	100m³	12	1	1	
8		C35	3252	100m³	33	3	1	
9		C25	105	100m³	2	1	1	
10		C20	5429	100m³	55	4	2	
11		C15	7147	100m³	72	6	3	
12		M7.5	500	200m³	3	1	1	

7 监理跟踪检测和平行检测工作职责

7.1 质检专业监理工程师岗位职责

（1）审查承包人报送的各种现场试验计划、程序和方法。

（2）负责对承包人使用的水泥、钢材、各种外加剂、砂石骨料、止水材料等的材质证明和试验成果进行检查。

（3）收集和保存施工单位现场试验的各项成果、资料及复印件。

（4）负责监督检查承包人取样和试验，包括骨料级配、砂石含水量、含泥量、混凝土坍落度、混凝土强度、土料填筑紧密性、容重等。对承包人试验工作的各项成果进行审查、确认、会签。

（5）指导各项目监理员进行现场监督和简单检测、检查的业务（如砂石含水量、混凝土坍落度及其他检查工作），以便及时控制施工质量。

（6）参加混凝土、砌石、砂浆、砂石骨料等的各种检查验收工作，对检查中有关试验方面的工作提出具体检查意见。

（7）协助项目总监进行质量控制和调查施工中出现的质量缺陷，分析原因并提出弥补建议。

7.2 跟踪监理员岗位职责

（1）取样时，跟踪人员在现场进行跟踪立即填写跟踪取样单，并经相关人员签字确认。

（2）跟踪人员和施工人员一起将试样送至检测单位，有专用送样工具的工地，由跟踪人员亲自封样。

（3）跟踪人员在检验委托单上签字。

（4）跟踪人员对试样的代表性和真实性负有法律责任。

7.3 平行检测监理人员职责

平行检测监理人员必须坚持原材料在现场随机抽取，在工程实体上抽取，并单独送检的原则，混凝土取样应在机口及仓面分开取并且注明取样部位，以保证平行检测的真实性。

监理人员应严格进行原材料进场检查，在施工过程中加强巡视，对重要部位、关键部位施工进行平行检查记录，发现问题及时督促施工单位进行整改。

平行取样后立即填写取样单，并经签字确认。

8 跟踪检测表格

跟踪检测表格填写见表10.5.8.1。

第10章 工程建设监理实例

表 10.5.8.1　　　　　　　　跟踪检测取样和跟踪送检记录

编号：

工程名称	
取样部位	
样品名称	
取样数量	
取样地点	

跟踪取样记录	跟踪送检记录
取样人：	送样人：
跟踪人：	跟踪送样人：
取样日期：　　　年　月　日	送样日期：　　　年　月　日

说明　1. 此表由取样人分别在跟踪取样和送样后及时填写，并由取（送）样人、跟踪人签字，存入该工程建设（监理）管理档案。

2. 本表主要记录确保该组（次）取样的代表性、真实性、已采取的措施和确保该组（次）送样的真实性、已采取的措施。

10.6 旁站监理工作方案实例

（工程项目名称）工程
旁站监理工作方案

贵州××监理有限公司××工程项目监理部
××××年××月××日

第 10 章 工程建设监理实例

旁站监理工作方案审批表

工程名称：××工程　　　　　　　　　　　　　　　　　　　编号：PZFA01
合同编号：JLHT2024－01

致：总监理工程师
我项目监理部根据监理大纲、已批准的监理规划、相关标准、设计文件、施工组织设计、专项施工方案等技术资料完成了××工程旁站监理工作方案的编制，请予以审查。 　　附件：××工程旁站监理工作方案   　　　　　　　　　　　　　　　　　　　　　　　　　　　编制人：吴×× 　　　　　　　　　　　　　　　　　　　　　　　　　　　日　　期：2024 年 3 月 26 日
工程技术部审核意见： 　　经审核，编制的旁站监理工作方案满足相关规程规范、设计文件和合同要求。   　　　　　　　　　　　　　　　　　　　　　　　　　　　审核人：吴×× 　　　　　　　　　　　　　　　　　　　　　　　　　　　日　　期：2024 年 3 月 28 日
总监理工程师审批意见： 　　编制的旁站监理工作方案满足相关规程规范、设计文件和合同要求，同意按照本旁站监理工作方案开展现场监理旁站工作。  监 理 机 构：（名称及盖章）贵州××监理有限公司××工程项目监理部 总监理工程师：（签字）张×× 日　　　　期：2024 年 3 月 29 日

目 录

1 工程概况 …………………………………………………… 218
2 编制目的 …………………………………………………… 218
3 旁站监理编制依据 ………………………………………… 218
4 旁站监理范围和监理内容 ………………………………… 218
5 旁站监理工作内容与方法 ………………………………… 219
6 旁站监理程序 ……………………………………………… 219
7 旁站监理人员岗位职责 …………………………………… 220
8 旁站监理记录 ……………………………………………… 220

1 工程概况

××水库工程由挡水工程、泄水工程、输水工程、灌溉工程组成。主要建筑物有：①挡水建筑物：混凝土面板堆石坝；②泄水建筑物：由右岸岸边溢洪道、冲沙兼放空隧洞、取水隧洞组成；③输水建筑物：由泵站取水隧洞及输水管线组成。

本工程计划总投资××万元，承包合同价款为××万元，计划施工工期为××个月，承包合同约定工期为××个月，监理服务期为××个月，于××××年××月××日工程破土动工。

2 编制目的

为了更好地控制××水库工程项目施工质量，确保工程质量符合设计图纸和规范要求，达到合同约定的合格工程质量目标。为确保工程的施工质量和安全，加强工程施工旁站监理的管理和实施，制定本方案。

3 旁站监理编制依据

(1)《监理合同》。
(2)《施工合同》。
(3)《设计施工图纸及设计文件》。
(4)《监理规划》。
(5)《监理实施细则》。
(6)《水利工程施工监理规范》(SL 288—2014)。
(7)《水利工程建设标准强制性条文》(2020年版)。
(8) 国家或国家部门、地方颁发的法律与行政法规。

4 旁站监理范围和监理内容

4.1 旁站监理范围

需要旁站监理的工程重要部位和关键工序一般包括下列范围：
(1) 土石方填筑工程的土料、砂砾料、堆石料、反滤料和垫层料压实工序。
(2) 普通混凝土工程、碾压混凝土工程、混凝土面板工程、防渗墙工程、钻孔灌注桩工程等的混凝土浇筑工序。
(3) 混凝土坝坝体接缝灌浆工程的灌浆工序。
(4) 安全监测仪器设备安装埋设工程的监测仪器安装埋设工序，观测孔（井）工程的率定工序。
(5) 地基处理、地下工程和孔道灌浆工程的灌浆工序。

(6) 锚喷支护和预应力锚索加固工程的锚杆工序、锚索张拉锁定工序。

4.2 旁站监理内容

根据××水库工程特点，拟对以下重要部位、关键部位、关键工序进行旁站监理。

(1) 大坝工程：

①趾板混凝土浇筑；②基础灌浆；③坝体面板混凝土浇筑；④坝体碾压填筑施工；⑤灌浆平洞混凝土衬砌；⑥灌浆平洞回填灌浆；⑦坝顶路面混凝土浇筑；⑧溢洪道边墙、闸墩混凝土浇筑；⑨下游护坦混凝土浇筑。

(2) 引水隧洞工程：

①洞脸混凝土浇筑；②洞身混凝土浇筑；③洞身回填、固结灌浆。

5 旁站监理工作内容与方法

旁站监理的主要工作内容是对关键部位、关键工序的施工过程情况，试验与检验情况，设备、材料的使用情况、质量保证体系运作情况等，实行全过程、全方位的现场跟班监督，确保关键部位、关键工序施工质量。

(1) 检查施工单位现场质检人员是否到位，劳动力组织能否符合施工要求。

(2) 核查施工机械、施工材料的准备情况，检查施工机械的完好性及是否满足施工要求。

(3) 检查施工现场是否满足关键部位、关键工序的施工要求。

(4) 检查特殊工种的上岗证书，无证不准上岗。

(5) 检查施工中的试验方法是否合理，对试验数据准确性进行确认。

(6) 检查用于施工的原材料出厂合格证、质量证明文件、检验报告和外观质量检查，对有试验要求的原材料核查试验报告。

(7) 检查施工单位是否按期提交施工方案组织施工，施工顺序和施工方法是否符合工艺和施工规范以及工程建设强制性标准的要求。

(8) 核查用于施工的试验、检验、测量仪器的检验合格证和确认其有效性。

(9) 检查旁站点施工的组织措施、技术措施、安全措施的落实情况。

(10) 对旁站点的施工进行全过程监督，对其施工质量进行检查确认，对出现的质量问题提出整改意见，重大质量问题及时向总监理工程师汇报。

(11) 对旁站点施工过程中的安全进行检查和控制，发现安全问题及时提出整改意见，重大安全问题或隐患应汇报总监理工程师下达停工指令。

(12) 检查用于该旁站监理的全部材料、半成品和构配件是否经过检验并合格。

(13) 检查操作人员的技术水平、操作条件是否达到标准要求，是否经过技术交底。

(14) 施工单位的管理人员、质量检查人员是否在岗并进行巡查。

6 旁站监理程序

(1) 监理工程师熟悉工程资料、设计文件，根据规范要求编制旁站监理方案。

(2) 旁站监理方案发送建设单位、承包单位各 1 份。

(3) 承包单位根据监理机构制定的旁站监理方案，在需要实施旁站监理的关键部位、关键工序进行施工前 24 小时，应当书面通知工程监理部。

(4) 工程监理部接收承包单位关于旁站点施工的书面通知后，应立即安排相关旁站监理人员。

(5) 旁站监理人员按约定时间到达施工现场，检查确认旁站点的施工条件是否具备，具备条件后同意开始施工。

(6) 从旁站点施工开始至施工结束，旁站监理人员对整个施工过程进行全过程的监督管理。

(7) 对施工过程中出现的问题，旁站监理人员应立即提出整改要求并督促承包单位进行整改，整改完成后方可继续进行施工。

(8) 对出现严重影响质量和安全的问题，旁站监理人员可先行提出停工要求，但需立即向总监理工程师汇报，经总监理工程师核准后签发停工通知。

(9) 旁站点施工结束后，由旁站监理人员填写旁站记录，承包单位质检负责人在旁站记录上签字确认。

7 旁站监理人员岗位职责

旁站人员应经过安全技术交底，熟悉旁站点的施工工艺和施工特点，明确理解质量要求和掌握质量检查方法；熟悉旁站点施工及安全控制监理要点；熟悉施工图纸、相关文件资料和规程、规范。

(1) 检查承包单位现场质检员、安全员到岗情况，特殊工种人员持证上岗以及施工机械、施工材料准备情况。

(2) 在现场全程跟班监督关键部位、关键工序的施工执行施工方案以及工程建设强制性标准执行情况。

(3) 核查进场材料的出厂合格证、质量保证书、出厂检测报告等，现场检查中间产品（砂浆、混凝土）配合质量情况，并在现场监督承包单位进行见证取样检验，按规范要求进行平行检测取样送业主委托的具有资格的第三方进行复验。

(4) 核查承包单位用于施工的测量仪器、仪表的有效性和检验状态。

(5) 检查试验、调试项目符合规范和试验方案要求，确认试验数据。

(6) 做好旁站记录和监理日志，保存旁站监理资料。

8 旁站监理记录

8.1 旁站监理记录主要内容

(1) 旁站监理的部位或工序名称，说明该部位是关键部位或关键工序。

(2) 旁站监理的起讫时间、地点、气候与环境等。

(3) 旁站监理施工中执行技术标准、规范、规程和批准的设计文件、施工组织设计、

《水利工程建设标准强制性条文》的情况（如混凝土浇筑：坍落度、和易性、浇筑层厚度、施工缝留设与处理、保护层厚度、预埋件固定、钢筋位移等的控制情况等）。

（4）旁站监理工作中对所监理的关键部位或关键工序的质量控制情况，对旁站监理的工程质量的总体评价。

（5）旁站监理工作中发现的操作、工艺、质量、安全等方面的问题；有无突发性事故发生；若有突发性事故发生，是什么内容，提出了哪些解决办法等。

（6）旁站监理其他应记录的内容。

8.2 旁站监理记录填写要求

旁站监理记录是监理工程师或者总监理工程师依法行使有关签字权的重要依据。对于需要旁站监理的关键部位、关键工序施工，凡没有实施旁站监理或者没有旁站监理记录的，监理工程师或者总监理工程师不得在相应文件上签字。

（1）旁站监理人员必须认真填写旁站监理记录，字迹整齐，填写齐全。

（2）旁站记录中记载的问题必须有处理经过和处理结果。

（3）旁站记录中涉及业主、承包人或其他监理人员时，应写全名和职务。

（4）旁站监理记录应全面反映旁站监理工作情况。

（5）旁站监理记录按旁站工程项目进行整理。

（6）监理工程师可以随时抽查旁站监理记录，并在空白处签字。

（7）对旁站的关键部位或关键工序，应按照时间或工序形成完整的记录。

（8）记录表内容填写要完整，未经旁站人员和承包单位质检人员签字不得进入下道工序施工。

（9）记录表内施工过程情况是指所旁站的关键部位和关键工序施工情况。例如：人员上岗情况、材料使用情况、施工工艺和操作情况、执行施工方案和强制性标准情况等。

（10）监理情况主要记录旁站人员、时间、旁站监理内容、对施工质量检查情况、评述意见等。将发现的问题做好记录，并提出处理意见。

（11）旁站监理记录应妥善保管，旁站监理结束后，应做好旁站监理相关资料的填报、整理、签审、归档等工作。作为监理验收资料的附件，工程竣工后交公司统一保管。

（12）当工程竣工时，旁站监理记录应按照规程规范的要求整理、装订后归档。

（13）旁站监理的记录应及时、准确；内容完整、齐全；技术用语规范；用词确切、简练。

（14）旁站监理结束后，旁站监理人员和承包单位质量检查员均应在"旁站监理记录表"上签字。

（15）旁站监理填写见表格旁站监理值班记录表，见 SL 288—2014《水利工程施工监理规范》附录 E 表 JL26 旁站监理值班记录。

10.7 监理月报实例

监 理 报 告

(监理〔2024〕报告001号)

合同名称：××水库工程施工监理合同　　　　　　　　　　　合同编号：JLHT2024-01

致：贵州××水库工程管理所
　　事由：现呈报我方编写的 ××××年××月××日至××××年××月××日 监理月报，请贵方审阅。
　　报告内容：监理月报（监理〔2024〕月报001号）

　　　　　　　　　监 理 机 构：贵州××监理有限公司××工程项目监理部
　　　　　　　　　总监理工程师：李××
　　　　　　　　　日　　　　期：××××年××月××日

就贵方报告事宜答复如下：
　　监理月报内容齐全规范，报告内容属实。

　　　　　　　　　发包人：贵州××水库工程管理所
　　　　　　　　　负责人：张××
　　　　　　　　　日　　期：××××年××月××日

说明：1. 本表一式 __2__ 份，由监理机构填写，发包人批复后留1份，退回监理机构1份。
　　　2. 本表可用于监理机构认为需报请发包人批示的各项事宜。

JL25

监 理 月 报

(监理〔2024〕月报001号)

2024 年第 01 期

2024 年××月××日至2024 年××月××日

工 程 名 称：_____××水库工程_____
发 包 人：_____贵州××水库工程管理所_____
监 理 机 构：贵州××监理有限公司××工程项目监理部
总监理工程师：_____李××_____
日　　　　期：_____××××年××月××日_____

第 10 章　工程建设监理实例

目　录

1　本月工程施工概况 …………………………………………………… 225
2　工程质量控制情况 …………………………………………………… 225
3　工程进度控制情况 …………………………………………………… 226
4　工程投资控制情况 …………………………………………………… 226
5　施工安全监理情况 …………………………………………………… 226
6　文明施工监理情况 …………………………………………………… 226
7　合同管理的其他工作情况 …………………………………………… 227
8　监理机构运行情况 …………………………………………………… 227
9　监理工作小结 ………………………………………………………… 227
10　存在问题及有关建议 ………………………………………………… 227
11　下月工作安排 ………………………………………………………… 228
12　监理大事记 …………………………………………………………… 228
13　附表 …………………………………………………………………… 228
14　工程形象照片 ………………………………………………………… 231

1 本月工程施工概况

1.1 工程概况

××水库工程由挡水工程、泄水工程、输水工程、灌溉工程组成。主要建筑物有：①挡水建筑物：混凝土面板堆石坝；②泄水建筑物：由右岸岸边溢洪道、冲沙兼放空隧洞、取水隧洞组成；③输水建筑物：由泵站取水隧洞及输水管线组成。

水库枢纽布置为：钢筋混凝土面板坝＋右岸岸边式溢洪道＋左岸冲沙兼放空隧洞＋左岸取水隧洞。

工程于2015年××月××日举行破土动工仪式，合同工期为××个月。监理单位于20××年××月××日进驻工地施工现场，监理服务期××个月。

1.2 参建单位

业主单位：××水利投资有限责任公司
监理单位：贵州××监理有限公司
施工单位：××水利水电建设股份有限公司
质检单位：××试验测试检测工程有限公司
质量监督单位：××水利工程质量安全监督站
设计单位：××水利水电勘测设计研究院

1.3 本月工程施工概况

本月工程施工完成项目如下：
大坝工程：大坝钻帷幕灌浆孔30m；大坝面板张性缝100m。

2 工程质量控制情况

本月主要是大坝帷幕灌浆施工、上坝公路施工的质量管理。

在施工过程中监理现场督促检查施工质量，要求施工单位必须按规范要求进行施工，做好事前质量控制管理工作，对大坝止水施工实行现场监理旁站。

要求施工单位严格把好材料关，控制原材料质量，所有进场原材料必须具有有效质量证明文件，并经检测合格后方可使用。

对完成的单元工程施工质量进行了单元质量评定，单元工程质量评定情况详见"附表2　工程质量评定月统计表"。

按照规范规定进行了监理平行取样检测，平行检测情况详见"附表3　工程质量平行检测试验月统计表"。

3　工程进度控制情况

3.1　本月计划完成

①大坝防浪墙混凝土118.56m³；②面板止水安装230.57m；③大坝帷幕灌浆370m³；④二期混凝土18.72m³；⑤大坝下游护坡预制块施工430m²。

3.2　本月实际完成

大坝工程：大坝钻帷幕灌浆孔30m；大坝面板张性缝100m。

3.3　工程进度分析

本月工程完成进度与总进度计划比较属滞后。
（1）主观原因：
1）施工单位人员组织机构未按投标承诺人员到现场进行施工控制。
2）施工作业队伍作业人员较少。
（2）客观原因：春节放假。

4　工程资金控制情况

××施工单位申报进度报表。
工程资金控制情况详见"附表1　合同完成额月统计表"。

5　施工安全监理情况

本月施工过程中未发生安全事故。
在监理过程中对施工单位的安全措施不到位、习惯性违章、施工现场缺少警示标牌及防护栏等存在安全隐患的部位进行全面监督检查。
本月主要是大坝帷幕灌浆施工、大坝面板混凝土止水缝施工。要求施工单位对安全管理工作要进一步加强，各施工场面要有安全员巡视值班。
我监理部对整个工程各施工区域进行定期和不定期的全面检查，对检查不符合安全规范及有安全隐患的，以会议纪要、监理通知等形式下发施工单位。要求施工单位采取措施限期整改落实到位，监理部检查各项执行落实情况。
在施工过程中监理现场督促检查安全施工，要求施工单位必须按规范要求进行施工。做好事前控制、事后预防等管理工作。
本月组织进行了一次安全大检查，召开了一次安全检查专题会。

6　文明施工监理情况

（1）督促施工单位将场内的建筑材料划区域整齐堆放，并采取安全保卫措施，并将施工区域与非施工区域分隔，使场容场貌整齐、整洁、有序、文明。

（2）督促施工单位做好施工标牌设置，管理人员必须佩卡上岗。

（3）检查督促工地的排水设施和其他应急设施保持畅通、有效、安全，生活区内做到排水畅通，无污水外流或堵塞排水沟现象。

（4）检查督促施工单位生活垃圾要放置在规定的地点，并定时清理。

（5）检查督促施工单位完成现场清理工作。

（6）监理部监理人员持证上岗。

7 合同管理的其他工作情况

本月组织召开2次会议，拟写会议纪要2期，详见《××纪［20××］×××号》《××纪［20××］×××号》。本月向施工单位发出的监理通知1份，详见《×××［20××］通知×××号》。

8 监理机构运行情况

本月监理机构运行情况良好，无异常情况发生。

9 监理工作小结

依照《监理合同》的权限和职责对工程进行了全面的监理，包括：质量、进度、投资、安全控制、合同及信息管理、工程协调。

（1）对大坝帷幕灌浆施工、大坝面板止水施工进行了全面监理。

（2）对各施工区现场安全施工的检查及执行落实情况进行了监督与跟踪。

（3）督促大坝帷幕灌浆施工、大坝面板止水施工进度。

（4）本月监理部组织进行安全联合检查1次，发送监理通知1份。

（5）本月监理部组织召开专题会议1次，召开监理例会1次，拟写会议纪要2期。

10 存在问题及有关建议

10.1 施工进度滞后

本月施工单位未按施工进度计划完成所施工项目。

10.2 存在影响施工进度的因素

（1）施工单位人员组织机构未按投标承诺人员到现场进行施工控制。

（2）施工作业队伍作业人员较少，且作业人员对施工工艺操作不熟练。

10.3 建议

（1）要求施工单位投标所承诺的主要管理人员到现场履约。

（2）要求施工单位增加有施工经验的施工作业人员。

11　下月工作安排

11.1　下月施工计划

①大坝防浪墙混凝土118.56m³；②面板止水安装230.57m；③大坝帷幕灌浆370m；④大坝下游背坡预制块施工430m²；⑤二期混凝土18.72m³。

11.2　下月监理工作安排

（1）加强对大坝帷幕灌浆、取水洞进口闸门井启闭机室二期混凝土浇筑、溢洪道混凝土浇筑、大坝下游护坡施工质量和安全监督检查工作。

（2）督促施工单位按照会议纪要及监理通知要求做好质量、进度和安全管理工作，确保整个工程施工安全。

（3）做好施工协调工作，监督施工单位做好安全文明施工工作。

12　监理大事记

（1）20××年××月××日监理单位组织建设单位、大坝枢纽施工单位对施工现场各部位进行了安全生产大检查，并召开了××水库工程安全大检查专题会。

（2）20××年××月××日监理单位组织建设单位、设计单位、大坝枢纽施工单位在项目部会议室召开了监理例会。

13　附表

JL25 附表1　　　　　　　　合同完成额月统计表

（监理［2024］完成统001号）

标段	序号	项目编号	一级项目	合同金额/元	截至上月末累计完成额/元	截至上月末累计完成额比例/%	本月完成额/元	截至本月末累计完成额/元	截至本月末累计完成额比例/%
××水库工程	1	1	其他费用	552805.40	500781.55	90.59	0	500781.55	90.59
	2	2	大坝	69830124.01	62610177.59	89.66	0	62610177.59	89.66
	3	3	溢洪道	14251696.91	11883036.13	83.38	0	11883036.13	83.38
	4	4	放空兼冲砂隧洞	6883917.85	5268558.07	76.53	0	5268558.07	76.53
	5	5	取水隧洞	5850191.96	2404741.27	41.10	0	2404741.27	41.10
	6	6	水情监测系统	1333700.00	0	0.00	0	0	0.00
	7	7	金属结构及制安	1154920.25	305817.18	26.48	0	305817.18	26.48
	8	8	电气	370729.36	0	0.00	0	0	0.00

续表

标段	序号	项目编号	一级项目	合同金额/元	截至上月末累计完成额/元	截至上月末累计完成额比例/%	本月完成额/元	截至本月末累计完成额/元	截至本月末累计完成额比例/%
××水库工程	9	9	交通道路	1170000.00	0	0.00	0	0	0.00
	10	10	业主营地	1280000.00	0	0.00	0	0	0.00
	11	11	临时工程	8435800.58	5589864.58	66.26	0	5589864.58	66.26
	12	12	水保环保	1631100.00					
	13	13	劳动安全与工业卫生设施	2764027.02	1520214.85	55.00	0	1520214.85	55.00
	14	14	暂列金额	10000000.00	0	0	0	0	0.00
	15		新增项目		29622542.83		0	29622542.83	
	16		计日工		39780.18		0	39780.18	
			合计	125509013.34	119745514.23	95.41	0	119745514.23	95.41

监 理 机 构：贵州××监理有限公司××工程项目监理部
总监理工程师/监理工程师：李××
日　　　　　　　　期：20××年×月×日

说明：1. 本表一式二份，由监理机构填写。
2. 本表中的项目编号是指合同工程量清单的项目编号。
3. 本表中的完成额按照工程价款支付证书统计。

JL25 附表 2　　　　　工程质量评定月统计表

（监理［2024］评定统 001 号）

序号	标段名称	单位工程			分部工程			单元工程			备注
		合同工程单位工程个数	本月评定个数	截至本月末累计评定个数	合同工程分部工程个数	本月评定个数	截至本月末累计评定比例	合同工程单元工程个数	本月评定个数	截至本月末累计评定个数	截至本月末累计评定比例
1	××水库	3	0	0	32	0	6	18.75%	1382	13	861	62.30%

监 理 机 构：贵州××监理有限公司××工程项目监理部
总监理工程师/监理工程师：李××
日　　　　　　　　期：20××年×月×日

说明：本表一式二份，由监理机构填写。

第10章 工程建设监理实例

JL25 附表3　　　　　　　　　工程质量平行检测试验月统计表

（监理［2024］平行统001号）

标段	序号	单位工程名称及编号	工程部位	平行检测日期	平行检测内容	检测结果	检测机构
××水库	1	大坝工程A1	大坝防浪墙底板横左0+021.9～0+057.9	2024年1月2日	C25混凝土抗压	合格	××检测公司

监理　机　构：贵州××监理有限公司××工程项目监理部
总监理工程师/监理工程师：李××
日　　　　期：20××年××月××日

说明：本表一式二份，由监理机构填写。

JL25 附表4　　　　　　　　　　变 更 月 统 计 表

（监理［2024］变更统001号）

标段	序号	变更项目名称/编号	变更文件、图号	变更内容	价格变化	工期影响	实施情况	备注
××水库工程	1	水库工程取水口	水设字水工09号	关于增设取水口闸门挡墙的通知	详见变更价格申报	非关键线路上的工作，不影响总工期	实际情况正常	

监理　机　构：贵州××监理有限公司××工程项目监理部
总监理工程师/监理工程师：李××
日　　　　期：20××年××月××日

说明：本表一式二份，由监理机构填写。

JL25 附表5　　　　　　　　　　　监 理 发 文 月 统 计 表

(监理〔2024〕发文统001号)

标段	序号	文号	文件名称	发送单位	抄送单位	签发日期	备注
××水库	1	监理〔2024〕001号	监理报告	贵州××水库工程管理所		2024年××月××日	
监 理 机 构：贵州××监理有限公司××工程项目监理部 总监理工程师/监理工程师：李×× 日　　　　期：20××年××月××日							

说明：本表一式二份，由监理机构填写。

L25 附表6　　　　　　　　　　　监 理 收 文 月 统 计 表

(监理〔2024〕收文统001号)

标段	序号	文号	文件名称	发文单位	发文日期	收文日期	处理责任人	处理结果	备注
××水库	1	××〔2024〕回复001	回复单	贵州××工程有限公司	20××年××月××日	2024年××月××日	李四	已签发	
	2	××〔2024〕16号	关于做好××年度保障农民工工资支付工作的紧急通知	贵州××水库工程管理所	20××年××月××日	2024年××月××日	姚三	已签发	
监 理 机 构：贵州××监理有限公司××工程项目监理部 总监理工程师/监理工程师：李×× 日　　　　期：2024年××月××日									

说明：本表一式二份，由监理机构填写。

14　工程形象照片

略。

10.8 监理工作报告实例

××水库工程
监理工作报告

××××年×月××日

监理工作报告审批表

工程名称：××工程　　　　　　　　　　　　　　　　　　编号：JLBG 01
合同编号：JLHT2024-01

致：公司总工办 　　我项目监理部依据建设工程相关法律、法规、有关标准，本工程监理规划、委托监理合同、施工合同、设计文件，根据本工程实际情况，完成了本工程监理工作报告的编制，请审查。 　　附：××项目监理工作报告 　　　　　　　　　　　　　　　　　　　　　　　编制人：吴×× 　　　　　　　　　　　　　　　　　　　　　　　日　　期：××××年××月××日
监理部审核意见： 　　经审查，本工程监理工作报告能满足相关法律、法规、标准及本工程设计文件、技术资料文件与合同文件要求，符合工程项目实际情况，报告内容真实完整，请上级审批。 　　项目监理部：贵州××监理有限公司××工程项目监理部（加盖项目章） 　　总监理工程师：（签字）张×× 　　日　　期：××××年××月××日
公司审批意见： 　　本监理工作报告符合工程项目实际情况，报告内容真实完整，同意报建设单位。 　　监理单位：贵州××监理有限公司（加盖公章） 　　技术负责人：（签字）李×× 　　日　　期：××××年××月××日

第10章 工程建设监理实例

目 录

1 工程概况 ······ 235
2 监理规划 ······ 235
3 监理过程 ······ 237
4 监理效果 ······ 241
5 工程评价 ······ 248
6 经验与建议 ······ 248
7 附件 ······ 248

1 工程概况

1.1 工程概况

1.1.1 地理位置
××水库工程位于贵州省××县。

1.1.2 工程任务
××水库工程任务为以工矿企业供水为主，兼顾乡镇供水。水库正常蓄水位1748m，死水位1730m，水库总库容599万m^3。

1.1.3 工程规模
××水库坝址以上集水面积22.7km^2，水库正常蓄水位1748m，水库总库容599万m^3，水库工程规模属小（1）型，工程等别为Ⅳ等。

1.1.4 工程布置及主要建筑物
××水库工程由挡水工程、泄水工程、输水工程、灌溉工程组成。主要建筑物有：①挡水建筑物：混凝土面板堆石坝；②泄水建筑物：由右岸岸边溢洪道、冲沙兼放空隧洞、取水隧洞组成；③输水建筑物：由泵站取水隧洞及输水管线组成。

1.2 工程建设项目组织情况

本工程主要参建单位如下：
项目法人单位：贵州××水库工程管理所
工程质量监督单位：××水利工程质量安全监督站
工程设计单位：贵州××水利水电勘测设计研究院
工程监理单位：贵州××监理有限公司
工程承包单位：贵州××工程有限公司
大坝安全监测单位：××大坝安全监测中心
平行检测单位：××科研试验测试检测工程有限公司
跟踪检测（见证取样）单位：××工程检测有限公司

2 监理规划

2.1 监理规划及制度建立

2.1.1 监理规划及制度建立
××水库工程大坝枢纽、引水系统及大坝安全监测工程项目监理部于20××年3月15日完成监理规划的编制，20××年4月10日完成监理实施细则的编制，20××年4月18日完成监理管理办法及工作制度编制。并报送××水库工程管理所。

2.1.2 监理工作依据
工程开展建设监理工作的主要监理依据如下（不限于）：

(1) 国家有关工程建设的法律法规、现行有关规定。
(2) 建设工程项目有关的技术标准、规范、规程。
(3) 有关本项目的技术资料及勘察设计文件。
(4) 施工合同、监理合同及其他相关合同。
……

2.2 机构设置

根据工程特点及我监理公司管理规定，在本工程实行总监理工程师负责下的项目管理体制，下设专业项目监理工程师及监理员，为适应工程的需要，采用了直线职能式监理组织结构形式。

2.3 主要监理方法

2.3.1 现场记录
监理机构认真、完整记录每日施工现场的人员、设备和材料、天气、施工环境以及施工中出现的各种情况。

2.3.2 发布文件
监理机构采用通知、指示、批复、签认等文件形式进行施工全过程的控制和管理。

2.3.3 旁站监理
监理机构按照监理合同约定，在施工现场对工程项目的重要部位和关键工序的施工，实施连续性的全过程检查、监督与管理。

2.3.4 巡视检验
监理机构对所监理的工程项目进行定期或不定期的检查、监督和管理。

2.3.5 跟踪检测
在承包人进行试样检测前，监理机构对其检测人员、仪器设备以及拟定的检测程序和方法进行审核；在承包人对试样进行检测时，实施全过程的监督，确认其程序、方法的有效性以及检测结果的可信性，并对该结果确认。

2.3.6 平行检测
监理部在承包人对试样自行检测的同时，独立抽样进行平行检测，检验承包人的检测结果。包括各种材料的物理性能、混凝土的强度等的测定和试验。

2.3.7 组织协调
监理机构对参加工程建设各方之间的关系以及工程施工过程中出现的问题和争议及时进行协调处理。

2.4 监理设备

现场监理部配置部分检测仪器对承包人的测量成果和试验成果进行抽样检测，以保证其资料的准确性和可靠性，同时配备计算机管理，为发包人提供电子信息文件，采取见证（跟踪）取样、见证试验和平行检测的方式，送有资质的试验机构（业主单位委托的检测单位）试验。监理设备详见表10.8.2.1。

表 10.8.2.1　　　　　投入本工程的主要技术装备和检测器具表

序号	名称	规格/型号	数量	投入时间	备注
一	办公生活设施				
1	计算机	××	3		
2	笔记本电脑	××	2		
3	打印机	××	2		
二	交通工具				
1	交通车	越野车	2		
三	其他				
1	全站仪	TC702	1		
2	水准仪	N2	1		
3	回弹仪		2		
4	砂浆试模	7.07mm×7.07mm×7.07mm	10		
5	混凝土试模	150mm×150mm×150mm	20		

3　监理过程

3.1　监理合同执行情况

3.1.1　监理机构准备工作

（1）监理合同签订

××水库工程采取公开招标方式选择监理单位，贵州××监理有限公司参与了竞标，参加了20××年××月××日在××公共资源交易中心进行的开标、评标活动，经依法组建的评标委员会按招标文件的评标标准和方法，对各投标人的投标文件进行评审，并依法推荐和进行公示确定贵州××监理有限公司为中标单位。

于20××年××月××日与××水利投资有限责任公司签订了《××水库工程大坝枢纽、引水系统及大坝安全监测施工监理合同》（合同编号：×××），监理服务期为30个月。

（2）编制监理规划

由总监主持，各专业监理工程师参与，编制了监理规划，经监理单位技术负责人审核、批准，报建设单位确认，作为本工程监理工作的指导性文件。

（3）制定监理实施细则

以相关规程规范技术标准为依据，由各专业监理工程师主持，根据工程实际情况编制了监理实施细则，由总监理工程师审批后，报送建设单位。

3.1.2 施工准备的监理工作

监理部人员进场后,按监理规范和合同要求开展了现场监理工作。及时下发了开工通知。审核了承包单位报送的单位工程和分部工程开工申请表,及时发放了单位工程及分部工程开工通知。

审核了承包单位报送的《施工组织设计》《质量管理体系》《施工技术方案》及施工总进度计划和特种作业人员资格证。

3.1.3 施工图纸的核查与签发

(1) 监理部收到施工图纸后,均在 3 天的时间内进行审查并填写《施工设计图签发表》,审核后予以签发。

(2) 参与施工图纸技术交底会议,由设计人员进行技术交底。

3.1.4 单元工程项目划分

根据施工合同文件、设计图纸和 SL 176—2007《水利水电工程施工质量检验与评定规程》的项目划分原则,由业主单位组织设计、施工、监理等单位共同对××水库工程进行了单元工程项目划分。项目共划分为 3 个单位工程、32 个分部工程、1382 个单元工程。并报工程质量监督机构认定。

3.1.5 监理过程情况综述

监理过程情况如下。

(1) 施工图纸签发、技术交底签发情况:

1) 20××年签发了监理 [20××] 图发 01 号至监理 [20××] 图发 05 号,20××年共计签发了 24 张施工图纸。

2) 20××年签发了监理 [20××] 图发 01 号至监理 [20××] 图发 015 号,20××年共计签发了 66 张施工图纸。

(2) 审核批复施工单位申报施工方案情况:20××年审核批复了监理 [20××] 批复 01 号至监理〔2015〕批复 26 号,20××年共计批复方案 26 次。

(3) 开工通知及监理通知情况:

1) 20××年至今批复了单位工程及分部工程开工通知 27 次。

2) 监理通知情况:20××年至 20××年共签发了监理通知 98 次。

(4) 原材料和中间产品进场审批情况。原材料和中间产品进场审批签认 63 次。

(5) 施工设备进场报验审批情况。施工设备进场报验审批 9 次。

(6) 组织召开监理会议情况。开工至今组织召开监理会议 180 次,拟写并签发会议纪要 180 期。

(7) 监理旁站情况。监理旁站情况:20××年 31 次;20××年 28 次;20××年 358 次;20××年 492 次;20××年 129 次;20××年到 20××年合计旁站监理 1038 次。

3.1.6 施工图设计交底情况

20××年××月××日设计单位进场进行施工图设计交底。20××年××月××日下午设计单位代表卓××到××水库工程,对溢洪道边坡加固处理进行设计交底。20××年7月1日监理单位组织业主单位、设计单位、施工单位进行溢洪道设计交底。20××年3月7日召开了××水库工程大坝面板施工设计技术交底会。

3.2 工程质量控制

3.2.1 质量控制情况

用于本工程的原材料，除施工单位对其主要性能指标按规范进行取样检测外，监理部按规范要求检测频率进行了跟踪检测（见证取样）、平行检测，平行检测委托××科研试验测试检测工程有限公司进行试验检测，跟踪检测（见证取样）委托贵州××工程检测有限公司进行试验检测，所有检测结果均符合设计及规范要求。

3.2.2 质量控制主要过程

（1）单位工程的主要施工准备工作完成后，承包方向监理工程师提出工程开工申请报告，监理工程师根据报告进行现场检查，在满足各项要求的条件下及时批准工程开工并报送发包人。

（2）监理工程师根据技术规范的要求制订工序检查的内容，报总监理工程师批准后指令承包方实施，监理工程师按此规定进行工序作业检查，上一道工序未经过监理工程师检查批准不得进入下一道工序的施工。本工程的基础隐蔽工程均按重要部位单元工程的要求进行了验收，经监理、业主、设计验收合格后才能进行下道工序施工，混凝土浇筑实行开仓检查制度，经监理检查合格签署开仓证后才能进行下道工序作业，原材料进场均进行了报验，经复核检验合格才用于工程施工。

（3）监理部每日进行巡视检查，发现问题及时要求施工单位整改。

（4）对重要部位、关键工序实行旁站监理，本工程进行旁站的部位有：大坝混凝土、溢洪道混凝土、取水口混凝土、冲砂孔混凝土、灌浆工程、坝体填筑碾压、灌浆压水试验及检查孔压水试验、金属结构无损检测。

3.2.3 质量控制程序

质量控制按以下程序进行：

（1）工程开工报告：在各单位工程、分部工程开工之前，项目总监要求承包人提交工程开工报告及进度计划和施工组织设计并进行审批。工程开工报告应标明材料、设备、劳力及现场管理人员等项目的准备情况，并提供放线测量、标准试验、施工图等必要的基础资料。

（2）工程自检报告：承包人的自检人员按照监理工程师批准的工艺流程和提出的工序检查程序，在每道工序完工后首先进行自检，自检合格后，申报监理工程师进行检查验收。

（3）工序检查认可：监理工程师在承包人的自检完成后进行检查验收，对不合格的工序指示承包人进行缺陷修补或返工。检查验收合格后方可进入下一道工序施工。

3.2.4 质量控制方法

（1）监理部建立了质量控制体系，并在监理工作过程中不断改进和完善。

（2）监督承包人建立和健全质量保证体系，并监督其贯彻执行。

（3）按照有关水利工程建设标准强制性条文及施工合同约定，对所有施工质量活动及与质量活动相关的人员、材料、工程设备和施工设备、施工环境进行检查和控制，按照事前审批、事中监督和事后检验等监理工作环节控制工程质量。

(4) 对承包人施测过程进行检查，参加联合测量，共同签认测量结果，对承包人在工程开工前实施的施工放线测量与承包人进行联合测量。

(5) 对承包人经自检合格后的单元工程（或工序）质量，按有关技术标准和施工合同约定的要求进行检验，检验合格给予签证。

(6) 工程完工后需覆盖的隐蔽工程、工程的隐蔽部位，均经监理部验收合格后进行覆盖。

(7) 工程质量评定：SL/T 631.1～631.3—2025《水利水电工程单元工程施工质量验收标准》、SL 176—2007《水利水电工程施工质量检验与评定规程》等相关规程规范和设计要求，监理工程师检查督促施工单位真实、齐全、完整、规范地填写质量评定表和进行工程质量等级自评，在施工单位的工程质量等级自评结果基础上进行复核，并按规定参与工程项目外观质量评定和工程项目施工质量评定工作。

(8) 在承包人按技术规范的规定进行全频率抽样试验的基础上，监理部依据 SL 288—2014《水利工程施工监理规范》要求进行平行检测、跟踪取样和跟踪送检，跟踪检测的项目和数量（比例）为：混凝土试样应不少于承包人检测数量的 7%，土方试样应不少于承包人检测数量的 10%；平行检测的项目和数量（比例）为：混凝土试样应不少于承包人检测数量的 3%，重要部位每种标号的混凝土至少取样 1 组；土方试样应不少于承包人检测数量的 5%，重要部位至少取样 3 组。

3.3 工程进度控制

(1) 依据施工合同计划工期审批承包人的施工进度计划；

(2) 随着工程进展和施工条件的变化，监理部及时要求承包人按合同要求进行进度计划的实时调整；

3.4 工程投资控制

监理部根据业主与施工承包人签订的合同要求，按单价承包的特点，对工程量清单之外的各类计量签证支付进行严格控制。对每月完成的工程量进行现场核实，准确测定工程量，确保工程款支付与工程进度一致。对合同变更严格审查，合理进行工程款结算。

3.5 合同管理

合同管理包括工程变更、工程延期、费用索赔、争端与仲裁、施工承包人违约等。监理过程中做好各种工程的记录，写好现场巡视记录及监理日志，保存各种工程来往文件，以便正确公正地处理索赔事宜。

3.6 信息管理

建立信息管理制度，明确各级监理人员信息管理职责。资料管理员负责施工信息收集、整理、保管、传递。总监组织定期工地会议。资料管理员负责整理会议记录。监理工程师巡视、监理员旁站施工现场并填写现场监理日志和旁站记录，准确记录相关信息。每月月末以建设监理工作月报及时报送业主单位。

3.7 工程协调

建立定期的协调会议制度,通过定期和不定期的工程例会协调解决在施工过程中发生的相关问题。不定期召开专题会议,定期主持召开监理月例会。

3.8 施工安全与文明施工

(1)每月定期组织业主、监理、施工单位组成联合检查小组进行一次安全大检查,填写安全隐患事故排查表,召开安全专题会议,发送监理通知。要求施工单位定期整改回复。
(2)工程完工后,监督承包人按合同约定要求拆除施工临时设施、清理场地。

4 监理效果

4.1 质量控制工作成效

4.1.1 单元工程和分部工程划分

根据 SL 176—2007《水利水电工程施工质量检验与评定规程》规定,结合工程的实际情况,在项目法人组织下,经过参建各方讨论,并报质安站批准,该项目工程划分为3个单位工程(大坝工程、取水工程、附属设施工程)、32个分部工程、1364个单元工程。

其中:大坝工程划分为15个分部工程(其中主要分部工程4个),682个单元工程;取水工程划分11个单位工程(其中主要分部工程2个),595个单元工程;附属工程共划分6个分部工程,87个单元工程。划分见表10.8.4.1。

表10.8.4.1 ××水库工程项目划分

单位工程	分部工程	单元工程划分
A1 大坝工程	B1 坝基开挖与处理	9个单元工程(按设计高程每20m一个单元工程)
	B2 ▲趾板及周边缝止水	29个单元工程(按设计分缝桩号划分)
	B3 ▲大坝灌浆工程	31个单元工程(按设计桩号每30m一个单元)
	B4 ▲混凝土面板及接缝止水	27个单元工程(按设计分缝桩号划分)
	B5 垫层与过渡层	170个单元工程(按高程每80cm一个单元)
	B6 堆石体	86个单元工程(按高程每80cm一个单元)
	B7 上游铺盖和盖重	62个单元工程(按高程每40cm一个单元)
	B8 下游坝面护坡	23个单元工程(按设计高程每20m或分缝划分)
	B9 坝顶	57个单元工程(按设计桩号及浇筑仓位每12m一个单元)
	B10 高边坡处理	52个单元工程(按设计桩号每40m、30m一个单元)
	B11 观测设施	15个单元工程(按每类仪器一个单元)
	B12 进水渠段	24个单元工程(按设计桩号每40m或浇筑15m一个单元)
	B13 ▲控制段	12个单元工程(按设计高程或分缝划分)
	B14 泄槽段	77个单元工程(按设计桩号每40m、36m或15m一个单元)
	B15 消能防冲段	8个单元工程(按设计施工区段或分缝每12m一个单元)

续表

单位工程	分部工程	单元工程划分
A2 取水工程	B1▲进水口竖井闸室段	46个单元工程（每9m或浇筑仓高程每2.5m）
	B2▲取水进水口竖井闸室段	55个单元工程（每10m、9m或浇筑仓高程每2.5m）
	B3 导流兼冲沙无压洞身段	112个单元工程（每40m、12m一个单元）
	B4 出口消能段	13个单元工程（按设计桩号划分）
	B5 围堰工程	22个单元工程（按高程每1m或0.5m和围堰灌浆一个单元）
	B6 导流兼冲沙洞灌浆工程	21个单元工程（按设计桩号每45m一个单元工程）
	B7 取水洞无压洞身段	100个单元工程（按每12m划分）
	B8 取水洞灌浆工程	10个单元工程（按桩号每45m划分）
	B9 金属结构及启闭机安装	26个单元工程（按每9m一个单元）
	B10 管道工程	62个单元工程（按每50m一个单元）
	B11 泵站工程	128个单元工程（按每100m或设计高程划分）

备注：A3 附属工程省略

4.1.2 主要原材料、中间产品、工程施工质量抽检情况

对主要原材料包括坝体填筑料、水泥、粉煤灰、钢材、砂、碎石、外加剂、止水等材料进行了监理平行检测和跟踪（见证）取样检测，对砂浆、混凝土等中间产品进行了监理平行检测和跟踪（见证）取样检测。平行检测和跟踪（见证）取样检测统计情况详见表10.8.4.2～表10.8.4.9。

表10.8.4.2　　　　　　原材料检测抽检统计

序号	抽检项目	进场数量	检测要求	应检数量/组	检测数量/组	检测频次/%	检测结果	备注
1	水泥	4165.46t	200t	20	6	30.0	合格	袋装，平行检测
2	水泥	15665.54t	400t	40	8	20.0	合格	散装，平行检测
					9	22.5	合格	散装，见证取样
3	砂	36853m³ 51595t	600t	86	9	10.4	合格	平行检测
					4	4.6	合格	见证取样
4	碎石	38443m³ (53820t)	2000t	27	16	59.2	合格	平行检测
					8	29.6	合格	见证取样
5	钢筋原材	2228t	60t	37	22	59.5	合格	平行检测

表10.8.4.3　　　　　水泥抽检成果统计（P·O42.5）

评定结果 \ 检测项目	凝结时间/min 初凝	凝结时间/min 终凝	安定性（雷式夹法）	抗压强度/MPa 3d	抗压强度/MPa 28d	抗折强度/MPa 3d	抗折强度/MPa 28d
GB 175—2007规定	≥45	≤600	≤5.0	≥17	≥42.5	≥3.5	≥6.5
组数	23组	23组	23组	23组	23组	23组	23组

续表

评定结果 \ 检测项目	凝结时间/min 初凝	凝结时间/min 终凝	安定性（雷式夹法）	抗压强度/MPa 3d	抗压强度/MPa 28d	抗折强度/MPa 3d	抗折强度/MPa 28d
最大值	241	351	1.0	28	49.3	5.8	8.6
最小值	180	278	0.5	18.5	44.8	3.7	7
平均值	206.30	292.91	0.82	21.52	46.00	4.8	7.8
质量评定	合格	合格	合格	合格	合格	合格	合格

表 10.8.4.4　砂料取样物理性、有害杂质试验抽检成果统计（机制砂 0～5mm）

序号	统计内容	表观密度/(kg/m³)	泥块含量/%	石粉含量/%	细度模数(F.M)	溶物质/%	有机物（比色法）	硫化物按 SO₃ 计/%
1	抽检组数	13组	13组	13组	13组	—	—	—
2	实测最大值	2720	0	16.3	3.24			
3	实测最小值	2680	0	9.4	2.94			
4	平均值	2696.67	0	12.16	3.06			
	评定结果	合格	合格	合格	合格			
	SL 677—2014 规定	≥2500	0	6～18	宜 2.4～2.8	—	—	—

表 10.8.4.5　粗骨料取样物理性能、有害杂质试验抽检成果统计

序号	统计内容		表观密度/(kg/m³)	含泥量/%	泥块量规定值/%	针片状颗粒/%	吸水率/%	超径颗粒原孔筛/%	逊径颗粒原孔筛/%
1	粒径（5～20mm）	组数	12组	12组	12组	12组	12组	12组	12组
		最大值	2710	0.8	0	10	3.35	4.1	9.1
		最小值	2680	0.3	0	2.0	0.73	0	1.2
		平均值	2696.67	0.46	0	5.23	1.73	2.25	3.48
2	粒径（20～40mm）	组数	10组	10组	10组	10组	10组	10组	10组
		最大值	2720	0.4	0	2.9	2.68	2.8	5.6
		最小值	2690	0.1	0	1	0.43	0	3.1
		平均值	2700	0.26	0	5.47	1.05	1.58	4.11
	SL 677—2014 规定		≥2550	≤1%	0	≤15	≤1.5	≤5	≤10
	评定结果		吸水率不满足要求，经复检后满足要求，评定合格						

表 10.8.4.6　钢筋（原材料）力学性能抽检成果统计

钢筋规格	抽检组数	屈服强度/MPa 最大值	屈服强度/MPa 最小值	屈服强度/MPa 平均值	抗拉破坏强度/MPa 最大值	抗拉破坏强度/MPa 最小值	抗拉破坏强度/MPa 平均值	平均伸长率/%	评定结果
HRB400Φ16	4组	463	448	456.5	610	595	603.75	27.875	合格
HRB400Φ25	2组	460	455	458.75	600	590	595	28	合格
HRB400Φ14	3组	453	445	450.17	611	605	608.5	28.25	合格

续表

钢筋规格	抽检组数	屈服强度/MPa 最大值	屈服强度/MPa 最小值	屈服强度/MPa 平均值	抗拉破坏强度/MPa 最大值	抗拉破坏强度/MPa 最小值	抗拉破坏强度/MPa 平均值	平均伸长率/%	评定结果
HRB400Φ22	2组	465	442	455	610	584	598.5	28.375	合格
HPB300Φ8	3组	376	330	455	529	420	470	31.42	合格
HRB400Φ18	3组	460	452	465.17	609	595	603.83	27.67	合格
HRB400Φ32	2组	455	450	452.5	600	595	596.25	26	合格
合计	19组	符合GB 1499—2007的规定			符合GB 1499—2007的规定			合格	合格
相关标准		符合GB/T 232—2010、GB/T 228.1—2010、GB 1499.1—2007、GB 1499.2—2007的规定							

表10.8.4.7　　　　　钢筋焊接质量检测抽检成果统计

钢筋规格及焊接形式	检测组数	破坏荷载/kN 最大值	破坏荷载/kN 最小值	破坏荷载/kN 平均值	抗拉强度/MPa 最大值	抗拉强度/MPa 最小值	抗拉强度/MPa 平均值	评定结果
HRB400Φ16 双面搭接焊	1	121	119	120	600	590	595	合格
HRB400Φ25 双面搭接焊	1	293	292	292	595	595	595	合格
HRB400Φ18 双面搭接焊	1	151	148	149	595	580	587	合格
HRB400Φ22 双面搭接焊	1	226	222	224	595	585	588	合格
HRB400Φ32 机械连接	1	481	479	480	600	595	597	合格
HRB400Φ28 单面搭接焊	1	370	364	367	600	590	597	合格
合计	6	满足JGJ 18—2012、JGJ 107—2010的规定						合格
相关标准		满足JGJ/T 27—2014、JGJ 18—2012、JGJ 107—2010的规定						

表10.8.4.8　　　　　帷幕灌浆检查孔压水检测抽检统计

孔号	工程部位	段次	孔深/m	透水率/Lu	备注
35号检查孔	大坝左岸	1～7	0.7～32.4	2.63、1.71、1.24、1.28、1.26、1.18、0.49	满足设计要求的不大于3Lu
71号检查孔	河床段	1～7	0.7～30.5	2.58、1.27、0.51、0.82、1.94、0.39、0.30	满足设计要求的不大于3Lu
81号检查孔	河床段	1～8	2.0～40.2	2.40、0.56、0.37、0.44、0.33、0.30、0.33、0.23	满足设计要求的不大于3Lu
123号检查孔	大坝右岸	1～9	0.7～46.0	1.41、1.40、0.38、2.43、2.09、0.43、0.05、1.08、0.01	满足设计要求的不大于3Lu

表10.8.4.9　　　　　大坝混凝土强度抽检统计分析

设计强度	抽样组数	平行检测及见证取样组数	龄期/天	强度最大值/MPa	强度最小值/MPa	强度平均值/MPa	离差系数	强度保证率/%	评定结果
C15混凝土	1	1	28	18.8	18.8	18.8	0.08	99	优良
C25混凝土	53	53	28	40.3	25.7	29.2	0.08	96	优良
C20喷混凝土	5	5	28	27.9	22.1	24.98	0.11	99	优良

4.1.3 施工质量的复核及验收

(1) 基础开挖与处理

坝基开挖与处理分部工程于20××年5月18日开挖至20××年12月9日开挖完成，20××年12月19日完成分部工程验收。主要建设内容为：大坝坝基土石方开挖，大坝趾板基础土石方开挖。施工过程中严格按设计要求测量放线，采用机械开挖，预留保护层采用破碎锤、风镐配合人工一次性修整设计边线到位，开挖完成后余渣采用挖机人工配合装车，运至弃渣场。

对坝基开挖完成后进行了联合测量，进行了声波检测，现场声波测试工作于20××年12月8日进行，岩体超声波单孔测试5个孔，测点260个，岩体平均波速度在2600m/s左右，少量测孔中的岩体平均波速度在3000m/s。2017年2月17日，检测单孔声波21个，岩体平均波速度在3100m/s，少量测孔中的岩体平均波速度在4000m/s；对跨孔声波测试，完成测点21个，岩体平均波速度多在2500～3300m/s，各对跨孔中的最低波速值均在2500m/s以上。基础开挖竣工剖面满足设计要求，爆破振动对基岩的影响不大。对软弱夹层和裂隙等地质缺陷处理措施满足设计要求。

坝基开挖施工质量评定为合格。固结、帷幕灌浆综合成果及检查孔压水试验成果满足设计要求。

(2) 大坝填筑及混凝土浇筑

对大坝填筑和趾板及面板混凝土浇筑施工过程采取旁站监理，对混凝土采取跟踪检测和平行检测取样检测，对坝体填筑委托贵州××科研检测测试有限公司现场检测，取样检测结果合格。

单元工程验评过程符合规范要求，施工质量检查评定资料齐全；经施工单位"自检"、监理工程师"复检"，所完成单元工程的施工质量均达到设计和规范要求。

(3) 溢洪道施工

施工工艺、质量控制标准、原材料品质、质量检测满足设计及规范要求，开挖施工过程采取巡视检查，混凝土施工过程采取旁站监理，对混凝土采取跟踪检测和平行检测取样检测，取样检测结果合格。

单元工程验评过程符合规范要求，施工质量检查评定资料齐全；经施工单位"自检"、监理工程师"复检"，所完成单元工程的施工质量均达到设计和规范要求。

(4) 引水放空隧洞

施工工艺、质量控制标准、原材料品质、质量检测满足设计及规范要求，开挖施工过程采取巡视检查，混凝土衬砌施工过程监理采取旁站监理，对混凝土采取跟踪检测和平行检测取样检测，取样检测结果合格。

单元工程验评过程符合规范要求，施工质量检查评定资料齐全；经施工单位"自检"、监理工程师"复检"，所完成单元工程的施工质量均达到设计和规范要求。

(5) 金属结构工程

闸门及埋件、压力钢管在厂内进行分段加工，闸门整体加工完成后，经自检合格后运至现场安装施工。金属结构进场后监理人员现场检查验收，查验原材料检测报告、焊缝无损探伤检测、出厂合格证等，经检查质量合格。

单元工程验评过程符合规范要求,施工质量检查评定资料齐全;经施工单位"自检"、监理工程师"复检",所完成单元工程的施工质量均达到设计和规范要求。

(6) 工程监测

安全监测仪器现场率定检验、安装埋设、施工期观测频次、观测方法、观测精度和监测资料整理分析满足相关规程规范及设计要求。

4.1.4 分部工程和单位工程质量等级评价意见

4.1.4.1 分部工程施工质量等级评定

分部工程已按设计要求施工完成。质量保证资料齐全,施工工艺、方法等符合规程、规范的要求,施工完成的结构位置、尺寸、高程、平整度等符合设计和规范要求;单元工程验评过程符合规范要求,施工质量检查评定资料齐全;经施工单位"自检"、监理工程师"复检",分部工程施工质量达到设计及规范要求,分部工程质量合格。

分部工程施工质量等级评定情况详见表10.8.4.10。

表 10.8.4.10　　　　　　　　　工程质量评定表统计

单位工程	分部工程 序号	分部工程 名称	单元工程 个数	单元工程 已评	单元工程 合格数	单元工程 优良数	单元工程 优良率/%	分部工程质量
大坝工程	1	地基开挖与处理	17	17	17	8	47.1	合格
	2	趾板及周边缝止水	18	18	18	0	0	合格
	3	大坝灌浆工程	17	17	17	0	0	合格
	4	混凝土面板及接缝止水	28	28	28	0	0	合格
	5	垫层与过渡层	123	123	123	0	0	合格
	6	堆石体	88	88	88	0	0	合格
	7	上游铺盖和盖重	92	92	92	0	0	合格
	8	下游坝面护坡	13	13	13	0	0	合格
	9	坝顶	45	37	37	0	0	合格
	10	高边坡处理	52	52	52	0	0	合格
	11	观测设施	27	21	21	17	81	合格
	12	进水渠段	53	53	53	0	0	合格
	13	控制段	16	16	16	0	0	合格
	14	泄槽段	58	58	58	0	0	合格
	15	消能防冲段	12	12	12	0	0	合格
		合计	659	645	645	25		
取水工程	1	进水口竖井闸室段	46	46	46	0	0	合格
	2	取水进水口竖井闸室段	46	46	46	0	0	合格
	3	导流兼冲沙无压洞身段	113	113	113	17	15.0	合格
	4	出口消能段	13	13	13	3	23.1	合格
	5	围堰工程	13	13	13	0	0	合格
	6	导流兼冲沙洞灌浆工程	21	21	21	0	0	合格

续表

单位工程	分部工程		单元工程个数	单元工程			分部工程质量
	序号	名称		已评	合格数	优良数	优良率/%	
取水工程	7	取水洞无压洞身段	104	104	104	0	0	合格
	8	取水洞灌浆工程	10	10	10	0	0	合格
	9	金属结构及启闭机安装	11	11	11	0	0	合格
		合计	377	377	377	20		
		总计	1036	1022	1022	45		

4.1.4.2 单位工程质量等级核定意见

（1）大坝工程

1）大坝工程共分为15个分部工程（其中主要分部4个），合格率100%，其中优良0个，优良率0。

2）原材料、中间产品及半成品、砼、砂浆质量、金属结构质量、检测设备经检验全部合格。

3）施工质量检验资料完整、齐全。

（2）取水工程

1）取水工程共分为11个分部工程（其中主要分部2个），合格率100%，其中优良0个，优良率0。

2）原材料、中间产品及半成品、混凝土、砂浆质量、金属结构质量、检测设备经检验全部合格。

3）施工质量检验资料完整、齐全。

4.2 投资控制工作成效

4.2.1 投资控制工作成效

监理部根据施工承包合同规定，每月与承包人进行联合计量测量，对承包人报送的"工程价款月支付申请"进行审核签证，"工程进度款支付证书"由项目总监审签后报送发包人审批。

工程价款月支付以承包合同为依据，并根据工程实际完成工作量进行结算支付。

4.2.2 投资综合评价

对工程计量认真审核、对月付款申请进行了审核，工程建设内容符合设计要求，工程投资控制基本合理。

4.3 施工进度控制工作成效

4.3.1 施工进度控制

根据工程施工合同规定，合同工期为30个月，工程于20××年3月25日举行破土动工仪式。监理单位于20××年3月15日进驻工地施工现场，监理服务期30个月。

20××年5月14日导流洞正式挂口施工。20××年5月18日大坝右坝肩正式开挖。

20××年9月27日导流洞验收，20××年10月15日河床截流。20××年12月22日开始对大坝基础垫层混凝土进行填筑碾压。20××年12月1日大坝坝体填筑封顶。20××年4月16日大坝面板混凝土开始浇筑，20××年11月15日大坝面板混凝土浇筑完成，20××年4月18日完成大坝上游铺盖和盖重。20××年9月9日通过水库蓄水安全鉴定。

4.3.2 影响工期滞后的原因

由于在项目实施过程中出现如下延误工期情况，导致工程进度滞后：

大坝开挖出现地质原因塌方。

4.4 施工安全监理工作成效

在本工程实施过程中未发生任何安全事故。

4.5 文明施工监理工作成效

对现场环保设施主要有：水泥储存罐和粉煤灰储存罐防尘罩、砂石料储存洒水喷管等，监理部检查并在施工过程中随时抽查其防护效果；对施工区域和库区的生活垃圾和建筑垃圾已清理。

5 工程评价

××水库工程于20××年3月25日破土动工，至今主体工程已按照设计图纸全部施工完成。工程开工至今没有发生质量和安全事故。施工过程中，监理进行了见证取样和平行检测，检测质量合格，对单元工程、分部工程质量进行了评定，质量合格。工程施工质量满足设计及施工规范。建设征地与移民安置已完成并经验收，库底清理已完成。工程已具备下闸蓄水条件。

6 经验与建议

建议加强库区边坡的观测。

7 附件

(1) 监理机构的设置与主要工作人员情况表。

1) 项目监理部组织机构设置如图10.8.7.1所示。

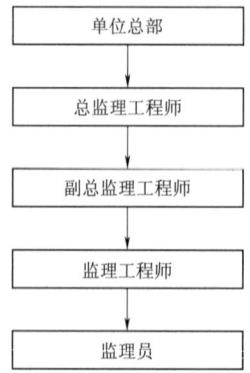

图10.8.7.1 项目监理部组织机构图

2）监理机构主要人员情况详见表 10.8.7.1

表 10.8.7.1　　　　　　　　监理机构主要监理人员情况表

序号	姓　名	性别	年龄	学历	专业	职称	主要职务
1	李××	男	47	硕士	水工建筑	高工	总监理工程师
2	余××	男	55	本科	地质勘察	高工	监理工程师
3	彭××	男	37	本科	水土保持	工程师	监理工程师
4	刘××	女	37	本科	工程造价	助工	监理员
5	项××	男	34	大专	水利水电建筑工程	助工	监理员

（2）工程建设监理大事记

1）20××年3月25日上午11：00时在工地现场举行破土动工仪式。

2）20××年4月13日在××水库工地业主办公室召开第一次工地例会。

3）20××年4月13日在××水库工地业主办公室召开设计交底会议。

4）20××年4月14日业主、监理、设计、施工单位一起到现场对取水隧洞的选址方案进行现场勘测和对比，并待设计相关负责人确定方案。

（3）施工照片

略。

10.9 签发类资料填写实例

10.9.1 总监理工程师任命文件实例

贵州××监理有限公司文件

龙源监〔2024〕01号

关于任命"××县××重点山洪沟防洪治理工程"总监理工程师的函

××县水务投资开发有限公司：

受贵单位的委托，我公司承担了××县××重点山洪沟防洪治理工程监理工作，经公司研究决定成立"贵州××监理有限公司××县××重点山洪沟防洪治理工程项目监理部"，任命赖××（身份证编号：4128231973100348××）同志担任该项目总监理工程师。

特此函告。

贵州××监理有限公司

二〇二四年三月十三日

贵州××监理有限公司　　　　　　　　　　　2024年3月13日印发

10.9.2 项目监理部组建（成立）文件实例

贵州××监理有限公司文件

龙源监〔2024〕02号

关于成立"××县××重点山洪沟防洪治理工程监理部"的函

××县水务投资开发有限公司：

受贵单位的委托，我公司承担了××县××重点山洪沟防洪治理工程监理工作，经公司研究决定成立"贵州××监理有限公司××县××重点山洪沟防洪治理工程项目监理部"，项目监理部人员组成如下：

总监理工程师：赖××（身份证号：4128231973100348××）
专业监理工程师：叶××（身份证号：4107241979102910××）
监理员：李××（身份证号：4113811996082448××）

特此函告。

贵州××监理有限公司

二〇二四年三月十三日

| 贵州××监理有限公司 | 2024年3月13日印发 |

10.9.3 监理项目部项目章启用文件实例

贵州××监理有限公司文件

龙源监〔2024〕03 号

关于启用"××县××重点山洪沟防洪治理工程监理部"印章的函

××县水务投资开发有限公司：

受贵单位的委托，我公司承担了××县××重点山洪沟防洪治理工程监理工作，为便于我公司开展××县××重点山洪沟防洪治理工程监理工作，经公司研究决定启用"贵州××监理有限公司××县××重点山洪沟防洪治理工程项目监理部印章"，该印章由总监理工程师授权的专人负责保管与使用，加盖印章的文件资料均合法有效（违规使用除外），印章样式如下。

特此函告！

样　章

贵州××监理有限公司

二〇二四年三月十三日

贵州××监理有限公司　　　　　　　　　　2024 年 3 月 13 日印发

10.9.4 监理机构的设置与监理人员构成实例

（1）监理机构的设置采用直线职能制监理组织机构形式，项目监理部监理组织机构详见图 10.9.4.1。

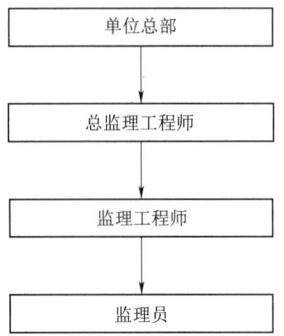

图 10.9.4.1　监理组织机构图

（2）监理人员构成详见表 10.9.4.1。

表 10.9.4.1　　　　　　　　项目监理部人员名单表

序号	姓名	性别	年龄	学历	专业	职称	监理证书编号	主要职务
1	赖××	男	38	专科	水利工程	高级工程师	××	总监理工程师
2	叶××	男	46	大专	水利工程	工程师	××	监理工程师
3	李××	男	24	专科	水利水电建筑工程	助理工程师	××	监理员

备注：本表后应附上表中所列监理人员的合法有效的身份证、毕业证、职称证、监理工程师资格证和注册证、监理员培训合格证。

10.9.5 变更总监理工程师申请实例

变更总监理工程师申请

工程名称：××水库工程　　　　　　　　　　　　　　　　编号：×××××××

致：（建设单位）贵州××水库工程管理所

因吴××总监理工程师身体健康原因（原因），我方申请变更石××担任贵单位×××项目总监理工程师，自授权之日起全权负责本项目的监理工作，基本情况如下表所示。

请予以批准。

附件：拟新任总监理工程师的身份证（复印件）、注册证（复印件）

工程监理单位：贵州××监理有限公司（盖章）
××××年××月××日

原总监理工程师基本信息	姓名	注册证号	注册专业
	吴××	××××××	水利工程施工监理
拟新任总监理工程师基本信息	姓名	注册证号	注册专业
	石××	××××××	水利工程施工监理
监理工作责任划分	总监理工程师吴××自××××年××月××日起不再担任××××××项目总监理工程师，承担自开工之日至××××年××月××日《建设工程监理合同》的约定责任； 总监理工程师石××自××××年××月××日起全权负责本项目的监理工作。		
建设单位意见	同意变更总监理工程师。 建设单位（盖章） 项目负责人：张×× ××××年××月××日		

注：本表一式三份，质量监督机构、项目监理机构、建设单位各保留一份。

10.9.6 法定代表人授权书实例

法定代表人授权书

兹任命（姓名） 吴×× 为我（建设□、勘察□、设计□、施工□、监理☑）单位名称： 贵州××监理有限公司 （工程名称） ××中型灌区续建配套与节水改造项目 监理项目负责人，代表我单位履行工程质量职责。

项目负责人基本情况

姓名： 吴×× 性别 男 出生年月 19××年××月

身份证号： ×××××××××

通讯地址： 贵州省贵阳市南明区××

电话号码： ×××××××× 手机号码： ××××××××

执业资格类别等级： 注册监理工程师

执业资格证书： ××

公司职务： 监理工程师 职称： 高级工程师

项目负责人（签字）：吴××

法定代表人（签字）：李××

单位（盖章）：

10.9.7 监理单位项目总监理工程师工程质量终身责任承诺书实例

贵州省水利工程项目负责人质量终身责任承诺书(监理单位范本)

本人承诺在(工程名称)××市中型灌区续建配套与节水改造项目监理建设过程中认真履行下列相应职责,并对监理原因造成的质量问题承担相应终身质量责任。

1. 不转让所承揽的监理业务,严格按照有关法律法规、规范标准、相关规章制度和监理合同组织开展监理工作,不弄虚作假降低工程质量。

2. 组织建立健全质量控制体系,组织成立符合规定并满足监理工作需要的现场管理机构,配备足够的、专业配套的合格监理人员,并确保到岗履职。

3. 合理确定监理人员岗位职责,科学编制监理规划、监理实施细则,认真审查分包单位资质和施工组织设计、专项施工方案,定期组织召开监理例会,严格按照法律法规、技术标准、设计文件和合同约定,对施工质量实施监理。

4. 组织监理人员按照监理规划、监理实施细则和规定程序开展监理工作,按规定采取旁站、巡视、跟踪检测和平行检测等多种形式,进行监督检查,及时发现制止违法违规和违反工程建设强制性标准的行为。

5. 与具备相应资质的检测单位签订书面检测合同(或由项目法人签订),在施工中按照设计和《水利工程施工监理规范》要求开展平行检测工作。

6. 组织现场监理人员,及时对工序和单元工程质量进行复核;不将质量检测或者检验不合格的建筑工程、建筑材料、建筑构配件和设备按照合格签字。

7. 协助项目法人组织法人验收工作,对工程质量等级提出复核意见并签字;主持编制监理工作报告并签字,参加竣工验收。

8. 确保工程资料收集真实、准确、完整,签章手续齐全,及时整理移交并归档。

9. 履行其他法律法规和规程规范中规定的职责。

本承诺书一式四份,一份在办理质量监督手续时提交质量监督机构;一份在竣工验收时提交竣工验收主持单位,与竣工验收鉴定书等资料一起作为永久档案保存;一份由项目法人作为工程建设永久档案进行归档保存;一份由承诺人自行保存。

承诺人签字:吴××
身份证号:××××××
注册执业资格:注册监理工程师
注册执业证号:××××
职称及专业:高级工程师、水工建筑
签字日期:××××年××月××日

工程质量终身责任承诺书

(式样)

本人　(姓名)　担任　(工程名称)　工程项目的（建设单位、勘察单位、设计单位、施工单位、监理单位）项目负责人，对该工程项目的（建设、勘察、设计、施工、监理）工作实施组织管理。本人承诺严格依据国家有关法律法规及标准规范履行职责，并对合理使用年限内的工程质量承担相应终身责任。

承诺人签字：×××
身份证号：××××××××
注册执业资格：　注册监理工程师　
注册执业证号：　×××××　
签字日期：××××年××月××日

10.9.8 副总监理工程师授权书实例

副总监理工程师授权书

工程名称：××工程　　　　　　　　　　　　　　　　　　　　　　编号：01

兹任命王××代表为工程项目副总监理工程师，授权其代表本人履行下列职责：
　□制定监理机构工作制度。
　□确定监理机构各部门职责及监理人员职责权限；协调监理机构内部工作；负责监理机构中监理人员的工作考核，调换不称职的监理人员；根据工程建设进展情况，调整监理人员。
　□签发或授权签发监理机构的文件。
　□审核承包人提交的文明施工组织机构和措施。
　□主持或授权监理工程师主持设计交底；组织核查施工图纸。
　□主持或授权监理工程师主持监理例会和监理专题会议。
　□组织审核已完成工程量和付款申请。
　□主持处理变更、索赔和违约等事宜。
　□主持施工合同实施中的协调工作，调解合同争议。
　□组织审核承包人提交的质量保证体系文件、安全生产管理机构和安全措施文件并监督其实施，发现安全隐患及时要求承包人整改或暂停施工。
　□审批承包人施工质量缺陷处理措施计划，组织施工质量缺陷处理情况的检查和施工质量缺陷备案表的填写；按相关规定参与工程质量及安全事故的调查和处理。
　□复核分部工程和单位工程的施工质量等级。
　□参加或受发包人委托主持分部工程验收，参加单位工程验收。

附件：副总监理工程师的身份证、注册证书、职称证书等证件复印件

　　　　　　　　　　　　　　　项目监理机构（盖章）贵州××监理有限公司××工程项目监理部
　　　　　　　　　　　　　　　被授权人（签字）×××
　　　　　　　　　　　　　　　总监理工程师（签字）×××
　　　　　　　　　　　　　　　××××年××月××日

注：本表一式三份，项目监理机构、建设单位、施工单位各保留一份。

10.9.9 监理工程师变更通知书实例

监理工程师变更通知书

工程名称：××工程　　　　　　　　　　　　　　　　　　　　　编号：02

致（建设单位）：贵州××水库工程管理所
　　由于　××××××　（原因），我部变更部分专业监理工程师，本次变更能满足履行合同义务的需要。

项目监理机构（盖章）贵州××监理有限公司××工程项目监理部
　　　　　　　　　　　　　　　　　　　　　总监理工程师（签字）吴××
　　　　　　　　　　　　　　　　　　　　　××××年××月××日

	姓名	岗位	专业	证书编号	本人签字
离场人员	叶××	监理工程师	水利工程施工监理	××	叶××
进场人员	余××	监理工程师	水利工程施工监理	××	余××

建设单位签收	同意变更。 建设单位：贵州××水库工程管理所 建设单位代表（签字）张×× ××××年××月××日

注：本表一式三份，建设单位、工程监理机构、项目监理机构各一份。

第 11 章 监理机构常用表格填写示例

JL01 　　　　　　　　　　　合同工程开工通知

（监理〔2024〕开工 001 号）

合同名称：施工合同名称　　　　　　　　　　　　　　　合同编号：施工合同编号

致（承包人）：贵州××工程有限公司

　　根据施工合同约定，现签发 ×××工程 合同工程开工通知。贵方在接到该通知后，及时调遣人员和施工设备、材料进场，完成各项施工准备工作，尽快提交《合同工程开工申请表》。

　　该合同工程的开工日期为××××年××月××日。

监　理　机　构：（名称及盖章）贵州××监理有限公司××工程项目监理部
总监理工程师：（签字）张××
日　　　　　　期：××××年××月××日

今已收到合同工程开工通知。

承包人：（名称及盖章）贵州××工程有限公司××工程项目部
签收人：（签名）×××
日　　　期：××××年××月××日

说明：本表一式 4 份，由监理机构填写。承包人签收后，发包人 1 份、设代机构 1 份、监理机构 1 份、承包人 1 份。

JL02　　　　　　　　　　　　　　**合同工程开工批复**

（监理〔2024〕合开工001号）

合同名称：施工合同名称　　　　　　　　　　　　　　合同编号：施工合同编号

致（承包人现场机构）：贵州××工程有限公司××工程项目部

贵方××××年××月××日报送的××××××工程合同工程开工申请（承包〔2024〕合开工001号）已经通过审核，同意贵方按施工进度计划组织施工。

批复意见：（可附页）

1. 发包人应提供的施工条件满足开工要求。
2. 承包人的施工准备情况满足开工要求。
3. 本合同工程开工批复确定合同工程的实际开工日期为××××年××月××日。

监　理　机　构：（名称及盖章）贵州××监理有限公司××工程项目监理部
总监理工程师：（签名）张××
日　　　　期：××××年××月××日

今已收到合同工程的开工批复。

承　包　人：（现场机构名称及盖章）贵州××工程有限公司××工程项目部
项目经理：（签名）×××
日　　　期：××××年××月××日

说明：本表一式 4 份，由监理机构填写。承包人签收后，发包人 1 份、设代机构 1 份、监理机构 1 份、承包人 1 份。

第 11 章 监理机构常用表格填写示例

JL03

分部工程开工批复

（监理〔2024〕分开工 001 号）

合同名称：施工合同名称　　　　　　　　　　　　　　合同编号：施工合同编号

致（承包人现场机构）：贵州××工程有限公司××工程项目部

贵方××××年××月××日报送的☑分部工程/□分部工程部分工作开工申请表（承包〔2024〕分开工 001 号）已经通过审核，同意开工。

批复意见：（可附页）

1. 发包人应提供的施工条件满足分部工程开工要求。
2. 承包人施工准备工作已完成，满足分部工程开工要求。
3. 本分部工程开工批复确定该分部工程的开工日期为××××年××月××日。

监 理 机 构：（名称及盖章）贵州××监理有限公司××工程项目监理部

监理工程师：（签名）×××

日　　　　期：××××年××月××日

今已收到☑分部工程/□分部工程部分工作的开工批复。

承 包 人：（现场机构名称及盖章）贵州××工程有限公司××工程项目部

项目经理：（签名）×××

日　　　　期：××××年××月××日

说明：本表一式 4 份，由监理机构填写。承包人签收后，发包人 1 份、设代机构 1 份、监理机构 1 份、承包人 1 份。

JL04 **工程预付款支付证书**

(监理〔2024〕工预付001号)

合同名称：施工合同名称　　　　　　　　　　　　　合同编号：施工合同编号

致（发包人）：贵州××水库工程管理所

　　鉴于☑工程预付款担保已获得贵方确认/☑合同约定的第 1 次工程预付款条件已具备。根据施工合同约定，贵方应向承包人支付第 1 次工程预付款，金额为（大写）×××××元（小写）×××××元。

监 理 机 构：（名称及盖章）贵州××监理有限公司××工程项目监理部
总监理工程师：（签名）张××
日　　　　期：××××年××月××日

发包人审批意见：

　　现已达到合同约定的预付款支付条件，同意支付第一次工程预付款，金额为（大写）×××××元。

发包人：（名称及盖章）贵州××水库工程管理所
负责人：（签名）×××
日　　期：××××年××月××日

说明：本证书一式 3 份，由监理机构填写，发包人 1 份，监理机构 1 份、承包人 1 份。

第 11 章 监理机构常用表格填写示例

JL05
批 复 表
（监理［2024］批复 001 号）

合同名称：××工程施工合同　　　　　　　　　　　　合同编号：SGHT2024-01

致（承包人现场机构）：贵州××工程有限公司××工程项目部

贵方于××××年××月××日报送的××工程施工组织设计报审表（文号承包［2024］技案001号），经监理机构审核，批复意见如下：

1. 施工组织设计内容完整，编制及自审工作符合相关规定要求。
2. 施工总进度计划满足施工合同要求，施工方案、工程质量保证措施合理可行，符合施工合同要求。
3. 资金、劳动力、材料、设备等资源供应计划满足工程施工需要。
4. 施工组织设计中的安全技术措施、施工现场临时用电方案，以及灾害应急预案、危险性较大的分部工程或单元工程专项施工方案符合水利工程建设标准强制性条文及相关规定的要求。
5. 施工总布置科学合理。
6. 同意按该施工组织设计组织施工，在施工过程中必须严格遵守施工规范、施工安全技术规程和安全操作规程，确保施工安全质量。

监理机构：（名称及盖章）贵州××监理有限公司××工程项目监理部
总监理工程师/监理工程师：（签名）张××
　　　　　　日　　期：××××年××月××日

今已收到监理［2024］批复001号。

承包人：（现场机构名称及盖章）贵州××工程有限公司××工程项目部
签收人：（签名）×××
　　　　　　日　　期：××××年××月××日

说明：1. 本表一式 3 份，由监理机构填写，承包人签收后，发包人 1 份、监理机构 1 份、承包人 1 份。
　　　2. 一般批复由监理工程师签发，重要批复由总监理工程师签发。

JL06

监 理 通 知

（监理［2024］通知001号）

合同名称：施工合同名称　　　　合同编号：施工合同编号

致（承包人现场机构）：贵州××工程有限公司××工程项目部

事由：关于××××年××月××日质量安全生产检查，施工现场存在问题的有关事宜

通知内容：××××年××月××日监理单位组织建设单位、施工单位，对××水库工程施工现场导流兼放空冲沙洞、大坝左右坝肩、上坝公路高边坡、料场施工区域内进行了现场检查，针对现场检查存在的问题，特通知如下：

1. 大坝左坝肩K0＋140～K0＋150段上坝公路外侧、导流兼放空冲沙洞的施工临时用电线路掉落在地上，要求施工单位按照施工用电规范及已批复的《施工临时用电方案》进行架空；

2. 大坝左坝肩K0＋140～K0＋1500段外侧高边坡支护施工现场，防护栏杆不稳固安全网已损坏，要求施工单位牢固固定防护栏杆及更换安全网；

3. 大坝右坝肩石方爆破开挖无警报器，要求施工单位增设警报器；

要求你部按上述要求及时进行整改，并于××××年××月××日前整改完成，整改完成后及时提交整改完成情况的回复报告报监理部复查。

附件：1. 质量安全生产现场检查记录表

2. 问题图片

贵州XX监理有限公司 XX工程项目监理部

监理机构：（名称及盖章）贵州××监理有限公司××工程项目监理部

总监理工程师/监理工程师：（签名）张××

日期：××××年××月××日

今已收到监理［2024］通知001号。

贵州XX工程有限公司 XX工程项目部

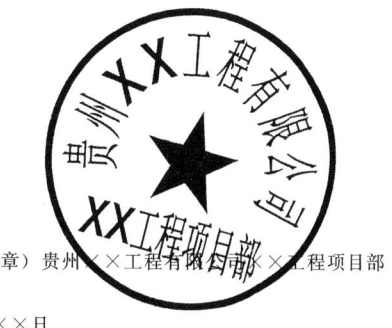

承包人：（现场机构名称及盖章）贵州××工程有限公司××工程项目部

签收人：（签名）×××

日　期：××××年××月××日

说明：本通知一式3份，由监理机构填写，发包人1份、监理机构1份、承包人1份。

第11章 监理机构常用表格填写示例

JL07

监 理 报 告

（监理［2024］报告001号）

合同名称：监理合同名称　　　　　　　　　　　　　　合同编号：监理合同编号

致（发包人）：贵州××水库工程管理所
　　事由：×××

　　报告内容：由×××公司（施工单位）施工的×××（工程部位），存在安全事故隐患。我方已于××××年××月××日发出文号为（监理［2024］停工001号）的暂停施工指示，但施工单位未停工整改。
　　特此报告。

　　附件：1. 暂停施工指示
　　　　　2. 其他：检测报告

　　　　　　　监 理 机 构：（名称及盖章）贵州××监理有限公司××工程项目监理部
　　　　　　　总监理工程师：（签名）张××
　　　　　　　日　　　　期：××××年××月××日

就贵方报告事宜答复如下：

今收到监理［2024］报告001号。

　　　　　　　发包人：（名称及盖章）贵州××水库工程管理所
　　　　　　　负责人：（签名）×××
　　　　　　　日　　期：××××年××月××日

说明：1. 本表一式 2 份，由监理机构填写，发包人批复后留 1 份，退回监理机构 1 份。
　　　2. 本表可用于监理机构认为需报请发包人批示的各项事宜。

JL08 计 日 工 工 作 通 知

(监理 [2024] 计通 001 号)

合同名称：施工合同名称　　　　　　　　　　　　　　　　合同编号：施工合同编号

致（承包人现场机构）：贵州××工程有限公司××工程项目部
　　依据合同约定，经发包人批准，现决定对下列工作按计日工予以安排，请据以执行。

序号	工作项目或内容	计划工作时间	计价及付款方式	备注
1	人工开挖井室	1天	执行合同计日工单价	
2	……	……	……	
3				
4				
5				

附件：

监 理 机 构：（名称及盖章）贵州××监理有限公司××工程项目监理部
总监理工程师：（签名）张××
日　　　　期：××××年××月××日

我方将按通知执行。

承 包 人：（现场机构名称及盖章）贵州××工程有限公司××工程项目部
项目经理：（签名）×××
日　　　期：××××年××月××日

说明：1. 本表一式 3 份，由监理机构填写，承包人签署后，发包人 1 份、监理机构 1 份、承包人 1 份。
　　　2. 本表计价及付款方式填写"按合同计日工单价支付"或"双方协商"。

JL09

工程现场书面通知

（监理［2024］现通 001 号）

合同名称：施工合同名称　　　　　　　　　　　　　　　　　　　　　　合同编号：施工合同编号

致（承包人现场机构）：贵州××工程有限公司××工程项目部 事由：应业主要求，要求贵部完成××营地场平及营地地基处理工作，监理部特发此工程现场书面通知。 通知内容： 1. 在接到本通知后，及时开始施工区原始地形测量，并组织机械进行场平作业。 2. 场平完成后使用洞渣铺筑地面并进行碾压。 3. 相应工作完成后，监理部进行验收，验收合格的按实际发生工程量进行计量、结算。 附件：营地场地平整及地基处理区域平面图及有关技术要求 贵州XX监理有限公司 XX工程项目监理部 监　理　机　构：（名称及盖章）贵州××监理有限公司××工程项目监理部 监理工程师/监理员：（签名）××× 日　　　　期：××××年××月××日
承包人意见： 今收到监理［2024］现通 001 号，我单位将按照通知要求执行。 贵州XX工程有限公司 XX工程项目部 承　包　人：（现场机构名称及盖章）贵州××工程有限公司××工程项目部 现场负责人：（签名）××× 日　　　期：××××年××月××日

说明：1. 本表一式 2 份，由监理机构填写，承包人签署意见后，监理机构 1 份、承包人 1 份。
　　2. 本表一般情况下应由监理工程师签发；对现场发现的施工人员违反操作规程的行为，监理员可以签发。

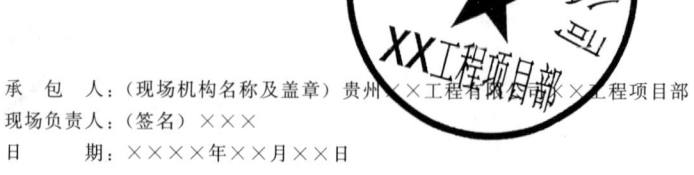

JL10 警 告 通 知

（监理［2024］警告001号）

合同名称：施工合同名称　　　　　　　　　　　　　合同编号：施工合同编号

致（承包人现场机构）：贵州××工程有限公司××工程项目部

鉴于你方在履行合同时，发生了下列所述的违约行为，依据合同约定，特发此警告通知。你方应立即采取措施，纠正违约行为后报我方确认。

违约行为情况描述：

1. 本工程于××××年××月××日正式举行破土动工仪式，至今已过去2周时间，项目技术负责人未到位履职。

2. 大坝坝肩开挖和导流洞开挖施工迟迟未开始，现场只有施工便道及营地场平一台挖机在施工。

合同的相关规定：

1. 施工合同专用条款第××条规定：项目技术负责人每月驻工地现场不少于22天。

2. 大坝坝肩开挖和导流洞开挖施工的批复时间为××××年××月××日，已经过去2周时间，现场仍未开始施工。

监理机构要求：

1. 要求你部必须在××××年××月××日前（三天时间内），按照投标文件承诺的主要管理人员到位履职。

2. 要求尽快组织大坝坝肩开挖和导流洞开挖施工。

　　　　　　　　　　　　　　　　　　监理机构：（名称及盖章）贵州××监理有限公司××工程项目监理部
　　　　　　　　　　　　　　　　　　总监理工程师：（签名）张××
　　　　　　　　　　　　　　　　　　日　　期：××××年××月××日

今收到监理［2024］警告001号，我单位将按照通知要求整改。

　　　　　　　　　　　　　　　　　　承包人：（现场机构名称及盖章）贵州××工程有限公司××工程项目部
　　　　　　　　　　　　　　　　　　签收人：（签名）卢××
　　　　　　　　　　　　　　　　　　日　　期：××××年××月××日

说明：本表一式 3 份，由监理机构填写，承包人签收后，发包人 1 份、监理机构 1 份、承包人 1 份。

第 11 章 监理机构常用表格填写示例

JL11 整 改 通 知

（监理 [2024] 整改 001 号）

合同名称：施工合同名称　　　　　　　　　　　　　　　　　　　合同编号：施工合同编号

致（承包人现场机构）：贵州××工程有限公司××工程项目部

　　由于本通知所述原因，通知你方对冲沙洞工程项目应按下述要求进行整改，并于××××年××月××日前提交整改措施报告，按要求进行整改。

整改原因：

　　你单位施工的××水库冲沙洞进口段桩号冲 0＋087.4～冲 0＋099.4 段侧墙及顶拱混凝土，于××××年××月××日 00：00 时浇筑结束。××××年××月××日 16：00 时即开始准备拆除承重模板，距离浇筑结束时间仅 16 小时，混凝土强度尚未达到强制性条文规定的 70%（拱跨度 2～8m 的钢筋混凝土结构承重模板应在混凝土到达设计标号的 70% 才能拆除），违反了强制性条文规定。

整改要求：

　　要求你单位立即停止模板拆除作业，待砼强度满足强制性条文规定后方可进行拆模。

　　涉及钢筋混凝土承重结构模板拆除的，模板拆除前，施工单位需向监理部提交模板拆除申请并附砼强度检测报告，报监理部复核，经复核满足拆模要求并经监理人员签字的，方可进行承重模板拆除。

　　　　　　　　　　　　　　　监 理 机 构：（名称及盖章）贵州××监理有限公司××工程项目监理部
　　　　　　　　　　　　　　　总监理工程师：（签名）张××
　　　　　　　　　　　　　　　日　　　　期：××××年××月××日

　　今收到监理 [2024] 整改 001 号，我单位将按照通知要求整改。

　　　　　　　　　　　　　　　承 包 人：（现场机构名称及盖章）贵州××工程有限公司××工程项目部
　　　　　　　　　　　　　　　签 收 人：（签名）×××
　　　　　　　　　　　　　　　日　　　　期：××××年××月××日

说明：本表一式 3 份，由监理机构填写，承包人签收后，发包人 1 份、监理机构 1 份、承包人 1 份。

JL12 变 更 指 示

（监理［2024］变指 001 号）

合同名称：施工合同名称　　　　　　　　　　　　　　　合同编号：施工合同编号

致（承包人现场机构）：贵州××工程有限公司××工程项目部

现决定对如下项目进行变更，贵方应根据本指示于<u>××××年××月××日</u>前提交相应的施工措施计划和变更报价。

变更项目名称：桩号 CSL2＋800.00～CSL2＋875.00

变更内容简述：桩号 CSL2＋800.00～CSL2＋875.00 左岸河堤原设计做法为格槟石笼挡墙，变更为浆砌大块石

变更工程量估计：浆砌大块石约 739.00m³。

变更技术要求：

1. 堤身基础置于基岩或稍密实砂卵石层上，地基承载力不小于 80kPa。基础置于稍密实砂卵石层上时，当开挖到设计高程进行地基承载力检测达不到设计要求时，采用块石换填处理；基础置于基岩上时，其嵌入基岩深度不小于 50cm；置于非基岩上时凹岸冲刷段基础埋深不低 1.5m，其余段不低于 1.0m；基础开挖后应处理平整，然后再进行堤身施工。

2. 堤身采用 M7.5 生态浆砌大块石河段，块石采用自然毛石不修边，毛石无风化、无裂纹，迎水面呈台阶砌筑，综合坡度为 1∶0.3，迎水面 15～20cm 不见砂浆。生态浆砌大块石堤段沿纵向每隔 12m 设一条伸缩缝，缝宽 20mm，缝内用沥青杉板填筑。

3. 生态浆砌大块石防洪堤需设 DN50PE（0.6MPa）排水管，排水管间距为 1.5m。底层排水管进口距河床高 0.5m，排水管比降为 10%；墙后需设反滤包，反滤包采用无纺布包裹碎石成半球状，反滤包直径 200mm。

4. 堤后采用土石回填，回填前应清除杂草及树根，回填压实密度不小于 0.91。若堤后现状为耕地，则堤后回填表层采用耕植土回填（厚 0.3m），下部采用土石回填。

5. 河道沿线设下河梯步，具体位置可根据房屋密集程度等因素适当调整。

变更进度要求：与原进度计划保持不变。

附件：1. 变更项目清单（含估算工程量）及说明
　　　2. 设计文件、施工图纸
　　　3. 其他变更依据

　　　　监 理 机 构：（名称及盖章）贵州××监理有限公司××工程项目监理部
　　　　总监理工程师：（签名）张××
　　　　日　　　　期：××××年××月××日

今收到监理［2024］变指 001 号，我单位将按照要求执行。

　　　　承包人：（现场机构名称及盖章）贵州××工程有限公司××工程项目部
　　　　签收人：（签名）×××
　　　　日　　　　期：××××年××月××日

说明：本表一式 <u>4</u> 份，由监理机构填写，承包人签收后，发包人 <u>1</u> 份、设代机构 <u>1</u> 份、监理机构 <u>1</u> 份、承包人 <u>1</u> 份。

JL13 变更项目价格审核表

(监理〔2024〕变价审001号)

合同名称:施工合同名称　　　　　　　　　　　合同编号:施工合同编号

致(发包人):贵州××水库工程管理所

根据有关规定和施工合同约定,承包人提出的变更项目价格申报表(承包〔2024〕变价001号),经我方审核,变更价格如下,请贵方审核。

序号	项目名称	单位	承包人申报价格 (单价或合价)	监理审核价格 (单价或合价)	备注
1	Φ28锚杆(L=8m)	元/根	308.88元	251.88元	见单价分析表1
2	趾墙C25膨胀混凝土 (膨胀剂掺量6%)	元/m³	480.20元	410.20元	见单价分析表2
3					
4					
5					
6					
7					
8					

附注:1. 变更项目价格申报表。
　　　2. 监理变更单价审核说明。
　　　3. 监理变更单价分析表。
　　　4. 变更项目价格变化汇总表。

监 理 机 构:(名称及盖章)贵州××监理有限公司××工程项目监理部
总监理工程师:(签名)张××
日　　　　期:××××年××月××日

今收到监理〔2024〕变价审001号,同意监理审核单价。

发包人:(名称及盖章)贵州××水库工程管理所
负责人:(签名)×××
日　　期:××××年××月××日

说明:本表一式 3 份,由监理机构填写,发包人签署后,发包人 1 份、监理机构 1 份、承包人 1 份。

JL14 变更项目价格/工期确认单

(监理［2024］变确001号)

合同名称：施工合同名称　　　　　　　　　　　　　　合同编号：施工合同编号

根据有关规定和施工合同约定，发包人和承包人就变更项目价格协商如下，同时变更项目工期协商意见：☑不延期/□延期＿＿＿天/□另行协商。

<table>
<tr><th rowspan="6">双方协商一致的</th><th>序号</th><th>项目名称</th><th>单位</th><th>确认价格（单价或合价）</th><th>备注</th></tr>
<tr><td>1</td><td>Φ28锚杆（L＝8m）</td><td>元/根</td><td>251.88元</td><td></td></tr>
<tr><td>2</td><td>趾墙C25膨胀混凝土
（膨胀剂掺量6％）</td><td>元/m³</td><td>410.20元</td><td></td></tr>
<tr><td>3</td><td></td><td></td><td></td><td></td></tr>
<tr><td>4</td><td></td><td></td><td></td><td></td></tr>
<tr><td></td><td></td><td></td><td></td><td></td></tr>
</table>

<table>
<tr><th rowspan="6">双方未协商一致的</th><th>序号</th><th>项目名称</th><th>单位</th><th>总监理工程师确定的暂定
价格（单价或合价）</th><th>备注</th></tr>
<tr><td>1</td><td>—</td><td>—</td><td>—</td><td>—</td></tr>
<tr><td>2</td><td></td><td></td><td></td><td></td></tr>
<tr><td>3</td><td></td><td></td><td></td><td></td></tr>
<tr><td>4</td><td></td><td></td><td></td><td></td></tr>
<tr><td></td><td></td><td></td><td></td><td></td></tr>
</table>

发　包　人：（名称及盖章）贵州××水库工程管理局　　　承　包　人：（现场机构名称及盖章）贵州××工
负　责　人：（签名）×××　　　　　　　　　　　　　　程有限公司××工程项目部
日　　　期：××××年××月××日　　　　　　　　　　项目经理：（签名）×××
　　　　　　　　　　　　　　　　　　　　　　　　　　　日　　　期：××××年××月××日

合同双方就上述协商一致的变更项目价格、工期，按确认的意见执行；合同双方未协商一致的，按总监理工程师确定的暂定价格随工程进度付款暂定支付。后续事宜按合同约定执行。

监　理　机　构：（名称及盖章）贵州××监理有限公司××工程项目监理部
总监理工程师：（签名）张××
日　　　　　期：××××年××月××日

说明：本表一式 3 份，由监理机构填写，各方签字后，发包人 1 份、监理机构 1 份、承包人 1 份，办理结算时使用。

JL15 暂 停 施 工 指 示

（监理［2024］停工 001 号）

合同名称：施工合同名称　　　　　　　　　　　　　　　　合同编号：施工合同编号

致（承包人现场机构）：贵州××工程有限公司××工程项目部

由于下述原因，现通知你方于××××年××月××日××时对干渠土方填筑工程项目暂停施工。

暂停施工范围说明：干渠土方填筑工程

暂停施工原因：日间气温降至－1℃以下，土料填筑无法保证施工质量。依据施工技术要求，当堤基冻结后有明显冰夹层和冻胀现象时，未经处理，不得在其上施工；土堤不宜在负温下施工，负温施工时应取正温填料；装土、覆土、碾压、取样等工序，都应采取快速连续作业；填料压实时的气温必须在－1℃以上；填土中不得夹冰雪。

引用合同条款或法规依据：施工技术要求和 SL 260《堤防工程施工规范》

暂停施工期间要求：机械设备做好防护，各临边、基坑等警示牌设置必须醒目。主要路段临时便道做到能够保证平安通车，警示牌醒目。

　　　　　　　　　　　　监 理 机 构：（名称及盖章）贵州××监理有限公司××工程项目监理部
　　　　　　　　　　　　总监理工程师：（签名）张××
　　　　　　　　　　　　日　　　　期：××××年××月××日

今收到监理［2024］停工 001 号暂停施工指示，我单位将按照要求停工。

　　　　　　　　　　　　承包人：（现场机构名称及盖章）贵州××工程有限公司××工程项目部
　　　　　　　　　　　　签收人：（签名）×××
　　　　　　　　　　　　日　　　期：××××年××月××日

说明：本表一式 4 份，由监理机构填写，承包人签收后，发包人 1 份、设代机构 1 份、监理机构 1 份、承包人 1 份。

JL16　　　　　　　　　　　　复 工 通 知

（监理〔2024〕复工 001 号）

合同名称：施工合同名称　　　　　　　　　　　　　　　合同编号：施工合同编号

致（承包人现场机构）：贵州××工程有限公司××工程项目部

鉴于暂停施工通知（监理〔2024〕停工 001 号）所述原因已经☑全部/□部分消除，你方可于××××年××月××日××时起对干渠土方填筑工程工程下列范围恢复施工。

复工范围：☑监理〔2024〕停工 001 号指示的全部暂停施工项目。
　　　　　□监理〔　〕停工　号指示的下列暂停施工项目

监 理 机 构：（名称及盖章）贵州××监理有限公司××工程项目监理部
总监理工程师：（签名）张××
日　　　　期：××××年××月××日

今收到监理〔2024〕复工 001 号复工通知，我单位将按照要求复工。

承 包 人：（名称及盖章）贵州××工程有限公司××工程项目部
签 收 人：（签名）×××
日　　　期：××××年××月××日

说明：本表一式 4 份，由监理机构填写，承包人签收后，发包人 1 份、设代机构 1 份、监理机构 1 份、承包人 1 份。

第11章 监理机构常用表格填写示例

JL17 索 赔 审 核 表

（监理〔2024〕索赔审 001 号）

合同名称：施工合同名称　　　　　　　　　　　　　　　合同编号：施工合同编号

致（发包人）：贵州××水库工程管理所

根据有关规定和施工合同约定，承包人提出的索赔申请报告（承包〔2024〕赔报 001 号），索赔金额（大写）××××××元（小写××××××元），索赔工期 7 天，经我方审核：

☐ 不同意此项索赔

☑ 同意此项索赔，核准索赔金额为（大写）××××××元（小写××××××元）。工期顺延 2 天。

附件：索赔审核意见。

监　理　机　构：（名称及盖章）贵州××监理有限公司××工程项目监理部
总监理工程师：（签名）张××
日　　　　期：××××年××月××日

同意监理单位审核意见。

发包人：（名称及盖章）贵州××水库工程管理所
负责人：（签名）×××
日　　期：××××年××月××日

说明：本表一式 3 份，由监理机构填写，发包人签署后，发包人 1 份、监理机构 1 份、承包人 1 份。

JL18　　　　　　　　　　索 赔 确 认 单

（监理［2024］索赔确001号）

合同名称：施工合同名称　　　　　　　　　　　　　　　　合同编号：施工合同编号

根据有关规定和施工合同约定，经友好协商，发包人、承包人同意索赔申请报告（承包［2024］赔报001号）的最终核定索赔金额为：（大写）××××××元（小写××××××元），顺延工期2天。

同意以上索赔确认金额××元，同意顺延工期2天。  发包人：（名称及盖章）贵州××水库工程管理所 负责人：（签名）××× 日　　期：××××年××月××日	同意以上索赔确认金额××元，同意顺延工期2天。 承包人：（现场机构名称及盖章）贵州××工程有限公司××工程项目部 项目经理：（签名）××× 日　　期：××××年××月××日

同意以上索赔确认金额××元，同意顺延工期2天。  　　　　　监 理 机 构：（名称及盖章）贵州××监理有限公司××工程项目监理部 　　　　　总监理工程师：（签名）张×× 　　　　　日　　　　期：××××年××月××日

说明：本表一式3份，由监理机构填写，各方签字后，发包人1份、监理机构1份、承包人1份，办理结算时使用。

第 11 章 监理机构常用表格填写示例

JL19

工程进度付款证书

（监理〔2024〕进度付 001 号）

合同名称：施工合同名称　　　　　　　　　　　　　合同编号：施工合同编号

致（发包人）：贵州××水库工程管理所

　　经审核承包人的工程进度付款申请单（承包〔2024〕进度付 001 号），本月应支付给承包人的工程价款金额共计为（大写）壹佰柒拾柒万肆仟肆佰零拾零元（小写 1774400.00 元）。

　　根据施工合同约定，请贵方在收到此证书后的 28（合同约定的时间）天之内完成审批，将上述工程价款支付给承包人。

　　附件：1. 工程进度付款审核汇总表。
　　　　　2. 其他。

　　　　　　　　　　监　理　机　构：（名称及盖章）贵州××监理有限公司××工程项目监理部
　　　　　　　　　　总监理工程师：（签名）张××
　　　　　　　　　　日　　　　　　期：××××年××月××日

发包人审批意见：

　　现已达到合同约定的支付条件，同意支付第一期工程进度款，金额为（大写）壹佰柒拾柒万肆仟肆佰零拾零元。

　　　　　　　　　　发包人：（名称及盖章）贵州××水库工程管理所
　　　　　　　　　　负责人：（签名）×××
　　　　　　　　　　日　　期：××××年××月××日

说明：本证书一式 3 份，由监理机构填写，发包人审批后，发包人 1 份、监理机构 1 份，承包人 1 份。办理结算时使用。

JL19 附表 1   **工程进度付款审核汇总表**

（监理［2024］付款审 001 号）

合同名称：施工合同名称   合同编号：施工合同编号

项 目		截至上期末累计完成额/元	本期承包人申请金额/元	本期监理人审核金额/元	截至本期末累计完成额/元	备注
应支付金额	合同分类分项项目		1800000.00	1800000.00	1800000.00	
	合同措施项目		20000.00	20000.00	20000.00	
	变更项目		0	0	0	
	计日工项目		0	0	0	
	索赔项目		0	0	0	
	小计		1820000.00	1820000.00	1820000.00	
	工程预付款		0	0	0	
	材料预付款		0	0	0	
	小计		0	0	0	
	价格调整		0	0	0	
	延期付款利息		0	0	0	
	小计		0	0	0	
	其他		0	0	0	
应支付金额合计			1820000.00	1820000.00	1820000.00	
扣除金额	工程预付款		0	0	0	
	材料预付款		0	0	0	
	小计		0	0	0	
	质量保证金		45600.00	45600.00	45600.00	
	违约赔偿		0	0	0	
	其 他		0	0	0	
扣除金额合计			45600.00	45600.00	45600.00	
本期工程进度付款总金额			1774400.00	1774400.00	1774400.00	
本期工程进度付款总金额：壹佰柒拾柒万肆仟肆佰零拾零元（小写：1774400.00 元）						
监 理 机 构：（名称及盖章）贵州××监理有限公司××工程项目监理部 总监理工程师：（签名）张×× 日　　　　期：××××年××月××日						

说明：本表一式 3 份，由监理机构填写，发包人 1 份、监理机构 1 份、承包人 1 份，作为月报及工程进度付款证书的附件。

第 11 章 监理机构常用表格填写示例

JL20　　合同解除后付款证书

（监理［2024］解付 001 号）

合同名称：施工合同名称　　　　　　　　　　　　　　合同编号：施工合同编号

致（发包人）：贵州××水库工程管理所

　　根据施工合同约定，经审核，合同解除后承包人应获得工程付款金额为（大写）××（小写××），已得到各项付款总金额为（大写）××（小写××），现应□支付/□退还的工程款金额为（大写）××（小写××）。

　　附件：1. 合同解除相关文件。
　　　　　2. 计算资料。
　　　　　3. 证明文件（包含承包人已得到各项付款的证明文件）。

监　理　机　构：（名称及盖章）贵州××监理有限公司××工程项目监理部
总监理工程师：（签名）张××
日　　　　　期：××××年××月××日

同意支付合同解除后付款金额为（大写）××元。

发包人：（名称及盖章）贵州××水库工程管理所
负责人：（签名）×××
日　　期：××××年××月××日

说明：本证书一式 3 份，由监理机构填写，发包人 1 份、监理机构 1 份、承包人 1 份。办理结算的附件。

JL21　　　　　　完工付款/最终结清证书

（监理〔2024〕付结001号）

合同名称：施工合同名称　　　　　　　　　　　　　合同编号：施工合同编号

致（发包人）：贵州××水库工程管理所

　　经审核承包人的☑完工付款申请/□最终结清申请/□临时付款申请（承包〔2024〕付结001号），应支付给承包人的金额共计（大写）×××××××元（小写×××××××元）。

　　请贵方在收到☑完工付款证书/□最终结清证书/□临时付款证书后按合同约定完成审批，并将上述工程价款支付给承包人。

附件：1. 完工付款/最终结清申请单。
　　　2. 审核计算资料

监　理　机　构：（名称及盖章）贵州××监理有限公司××工程项目监理部
总监理工程师：（签名）张××
日　　　　期：××××年××月××日

发包人审批意见：
同意支付完工付款×××××××元。

发包人：（名称及盖章）贵州××水库工程管理所
负责人：（签名）×××
日　　　期：××××年××月××日

说明：本证书一式 3 份，由监理机构填写，发包人 1 份、监理机构 1 份、承包人 1 份。

第 11 章 监理机构常用表格填写示例

JL22　质量保证金退还证书

（监理〔2024〕保退 001 号）

合同名称：施工合同名称　　　　　　　　　　　　合同编号：施工合同编号

致（发包人）：贵州××水库工程管理所 　　经审核承包人的质量保证金退还申请表（承包〔2024〕保退 001 号），本次应退还给承包人的质量保证金金额为（大写）××××××元（小写××××××元）。 　　请贵方在收到该质量保证金退还证书后按合同约定完成审批，并将上述质量保证金退还给承包人。		
退还质量保证金已具备的条件	☑ 于××××年××月××日签发合同工程完工证书 ☑ 于××××年××月××日签发保修缺陷责任期终止证书 ☐	
质量保证金退还金额	质量保证金总金额	仟 佰 拾 万 仟 佰 拾 元（小写：　　　元）
	已退还金额	仟 佰 拾 万 仟 佰 拾 元（小写：　　　元）
	尚应扣留的金额	仟 佰 拾 万 仟 佰 拾 元（小写：　　　元） 扣留的原因： ☐ 施工合同约定 ☐ 遗留问题 ☐
	本次应退还金额	仟 佰 拾 万 仟 佰 拾 元（小写：　　　元）
监　理　机　构：（名称及盖章）贵州××监理有限公司××工程项目监理部 　　　　　　　　　　　　　　　　　　　总监理工程师：（签名）张×× 　　　　　　　　　　　　　　　　　　　日　　　　　期：××××年××月××日		
发包人审批意见： 同意退还质量保证金×××元。 　　　　　　　　　　　　　　　　　　　发包人：（名称及盖章）贵州××水库工程管理所 　　　　　　　　　　　　　　　　　　　负责人：（签名）××× 　　　　　　　　　　　　　　　　　　　日　　期：××××年××月××日		

说明：本证书一式 3 份，由监理机构填写，监理机构、发包人签发后，发包人 1 份，监理机构 1 份、承包人 1 份。

JL23 施工图纸核查意见单

(监理〔2024〕图核001号)

合同名称：施工合同名称　　　　　　　　　　　　　合同编号：施工合同编号

经对以下图纸（共 8 张）核查意见如下：

序号	施工图纸名称	图号	核查人员	备注
1	导流洞开挖结构设计图	××水库工程-S-施工-01	石××	
2	导流洞隧洞钢筋设计图	××水库工程-S-施工-02	叶××	
3	……			
4				
5				
6				
7				
8				
9				
10				
11				
12				

附件：施工图纸核查意见（应由核查监理人员签字）。

监　理　机　构：（名称及盖章）贵州××监理有限公司××工程项目监理部
总监理工程师：（签名）张××
日　　　　　期：××××年××月××日

说明：1. 本表一式 1 份，由监理机构填写并存档。
　　　2. 各图号可以是单张号、连续号或区间号。

第11章 监理机构常用表格填写示例

JL24 　　　　　　　　　　施 工 图 纸 签 发 表

（监理〔2024〕图发 001 号）

合同名称：施工合同名称　　　　　　　　　　　　　　合同编号：施工合同编号

致（承包人现场机构）：贵州××工程有限公司××工程项目部
　　本批签发下表所列施工图纸 44 张，其他设计文件 0 份。

序号	施工图纸/其他设计文件名称	文图号	份数	备注
1	导流洞开挖结构设计图	××水库工程-S-施工-01	4份	
2	导流洞隧洞钢筋设计图	××水库工程-S-施工-02	4份	
3	取水隧洞、冲沙兼放空隧洞进口明渠及闸门井结构设计图（1/4～4/4）	××水库工程-SG-水工-洞-01～04	各4份	
4	取水隧洞、冲沙兼放空隧洞进口交通桥设计图	××水库工程-SG-水工-洞-05	4份	
5	冲沙兼放空隧洞洞身结构设计图（1/2～2/2）	××水库工程-SG-水工-洞-06～07	各4份	
6	冲沙兼放空隧洞洞身开挖支护设计图	××水库工程-SG-水工-洞-08	4份	
7	冲沙兼放空隧洞出口结构及支护设计图	××水库工程-SG-水工-洞-09	4份	
8				

　　监 理 机 构：（名称及盖章）贵州××监理有限公司××工程项目监理部
　　总监理工程师：（签名）张××
　　日　　　　期：××××年××月××日

今已收到经监理机构签发的施工图纸 44 张，其他设计文件 0 份。

　　承包人：（现场机构名称及盖章）贵州××工程有限公司××工程项目部
　　签收人：（签名）×××
　　日　　期：××××年××月××日

说明：本表一式 4 份，由监理机构填写，发包人 1 份、设代机构 1 份、监理机构 1 份、承包人 1 份。

JL25 监 理 月 报

监理月报填写示例详见第 10 章第 7 节监理月报实例。

JL26 旁 站 监 理 值 班 记 录

（监理〔2024〕旁站 001 号）

合同名称：施工合同名称　　　　　　　　　　　　　　　　合同编号：施工合同编号

工程部位	冲沙洞 0+010～0+012 洞身衬砌 C35 砼浇筑		日期	××××年××月××日
时间	11：30～15：30	天气　阴	温度	10～22℃
人员情况	施工技术员：周某某　　施工班组长：李某某 质 检 员：胡某某			
	现场人员数量及分类人员数量			
	管理人员	1 人	技术人员	1 人
	特种作业人员	2 人	普通作业人员	5 人
	其他辅助人员	0 人	合计	9 人
主要施工设备及运转情况	现场主要施工设备有输送泵车 1 台，混凝土罐车 8m³ 两辆，振动棒 2 台，拌和系统设备 1 套，所有施工设备运行正常。			
主要材料使用情况	混凝土用砂石骨料为外购砂石料，水泥为云南亚鑫 PO42.5 水泥，设计混凝土强度等级为 C35，混凝土实际浇筑量为 89m³。			
施工过程描述	1. 11：30 开始混凝土浇筑，15：30 混凝土浇筑结束。 2. 拌和系统拌制混凝土，11：30 混凝土罐车运输混凝土至洞口，用混凝土泵车输送入仓，人工进行振捣，施工过程为连续浇筑，施工过程监理全程旁站。施工过程中未发生爆模。			
监理现场检查、检测情况	冲沙洞 0+010～0+012 洞身衬砌 C35 混凝土浇筑，现场取样 C35 混凝土一组进行标准养护。			
承包人提出的问题	无			
监理人答复或指示	无			
当班监理员：（签名）　姚某某　　施工技术员：（签名）　周某某				

说明：本表单独汇编成册。

第 11 章 监理机构常用表格填写示例

JL27

监 理 巡 视 记 录

（监理［2024］巡视 001 号）

合同名称：施工合同名称　　　　　　　　　　　　　　合同编号：施工合同编号

巡视范围	1. 取水洞 2. 冲沙洞 3. 大坝
巡视情况	1. 取水洞 0+060～0+072 洞身二衬立模，作业人员 5 人。 2. 冲沙洞 0+039～0+027 洞身二衬立模，0+010～0+027 洞身二衬安装钢筋，作业人员 9 人。 3. 大坝主堆区纵上 0+011～纵下 0+011 高程 1744.17～1744.91m 挤压边墙，垫层料、过滤料高程 1745～1745.4m，填筑作业人员 6 人，挖机 5 台，推土机 1 台，压路机 1 台，洒水车 1 辆，装载机 1 台，挤压变强机 1 台，运输车 15 辆。
发现问题及处理意见	1. 对冲沙洞 0+027～0+039 段洞身衬砌模板及溢洪道 0+277～0+299 段边墙衬砌模板进行现场验收，经检查模板安装均不合格，监理工程师王某口头要求施工单位重新进行加固处理，处理好后再报监理部检查验收。 2. 实验室对大坝过滤料、垫层料进行挖坑检测，经检测过滤料、垫层料原始数据不合格高程 1745.1～1745m，监理部签发监理通知（监理［2024］通知×××号）要求停止大坝填筑作业，进行返工处理；处理好后再进行检测，检测合格后才能继续填筑作业。
	巡视人：（签名）王×× 日　　期：××××年××月××日

说明：1. 本表可用于监理人员质量、安全、进度等的巡视记录。
　　　2. 本表按月装订成册。

JL28　　工程质量平行检测记录

（监理〔2024〕平行001号）

合同名称：施工合同名称　　　　　　　　　　　　　合同编号：施工合同编号

单位工程名称及编号			\\multicolumn{9}{c}{取水工程（编号：A2）}							
承包人			贵州××工程有限公司								

序号	检测项目	对应单元工程编号	取样部位 桩号	取样部位 高程	代表数量	组数	取样人	送样人	送样时间	检测机构	检测结果	检测报告编号
01	导流洞洞身衬砌C20混凝土	A2-B3-C35	0+036~0+048	××	××	1	××	××	××××年××月××日	××检测单位	合格	××××××

备注：委托单、平行检测送样台账、平行检测报告台账要相互对应。

JL29　　　工程质量跟踪检测记录

（监理［2024］跟踪001号）

合同名称：施工合同名称　　　　　　　　　　　　　　　　合同编号：施工合同编号

单位工程名称及编号			取水工程（编号：A2）									
承包人			贵州××工程有限公司									

序号	检测项目	对应单元工程编号	取样部位		代表数量	组数	取样人	送样人	送样时间	检测机构	检测结果	检测报告编号	跟踪监理人员
			桩号	高程									
01	水泥P.O 42.5	A2-B3-C35	0+036～0+048	××	400t	1	×××	×××	××××年××月××日	××检测单位	合格	×××××××	×××

说明：本表按月装订成册。

JL30　见证取样跟踪记录

（监理〔2024〕见证001号）

合同名称：施工合同名称　　　　　　　　　　　　　　　　合同编号：施工合同编号

单位工程名称及编号			取水工程（编号：A2）									
承包人			贵州××工程有限公司									
序号	检测项目	对应单元工程编号	取样部位		代表数量	组数	取样人	送样人	送样时间	检测机构	检测结果	检测报告编号	跟踪（见证）监理人员
			桩号	高程									
01	导流洞洞身衬砌C20混凝土	A2-B3-C35	0+036～0+048	××	××	××	××	××	××	××	合格	××	××

说明：本表按月装订成册。

第 11 章 监理机构常用表格填写示例

JL31 安 全 检 查 记 录

（监理［2024］安检 001 号）

合同名称：施工合同名称　　　　　　　　　　　　　　　　合同编号：施工合同编号

日期	××××年××月××日	检查人	×××、×××、×××		
时间	9：00—11：30	天气	多云	温度	17~23℃
检查部位	1. 取水洞 2. 冲沙洞 3. 大坝				
人员、设备、施工作业及环境和条件等	1. 取水洞 0+060~0+072 洞身二衬立模，作业人员 5 人。 2. 冲沙洞 0+039~0+027 洞身二衬立模，0+010~0+027 洞身二衬安装钢筋，作业人员 9 人。 3. 大坝主堆区纵上 0+011~纵下 0+011 高程 1744.17~1744.91m 挤压边墙，垫层料、过滤料高程 1745~1745.4m，填筑作业人员 6 人，挖机 5 台，推土机 1 台，压路机 1 台，洒水车 1 辆，装载机 1 台，挤压变强机 1 台，运输车 15 辆。 4. 安全管理人员×××在岗，现场作业人员全部规范佩戴安全帽。施工机械运转正常，施工现场设置了安全警示标志。				
危险品及危险源安全情况	1. 未发现危险品。 2. 施工现场设置了安全警示标志，形成的高临边已经设置防护栏杆。				
发现的安全隐患及消除隐患的监理指示	对冲沙洞 0+027~0+039 段洞身衬砌模板及溢洪道 0+277~0+299 段边墙衬砌模板进行现场检查，经检查模板支撑不牢固，监理工程师王某口头要求施工单位重新进行加固处理，处理好后再报监理部复查。				
承包人的安全措施及隐患消除情况 （安全隐患未消除的，检查人必须上报）	对冲沙洞 0+027~0+039 段洞身衬砌模板及溢洪道 0+277~0+299 段边墙衬砌模板进行现场检查，经检查模板支撑不牢固，监理工程师王某口头要求施工单位重新进行加固处理，处理好后再报监理部复查。				

　　　　　　　　　　　　　　　　　　　　　　　　　　　　　检查人：（签名）×××
　　　　　　　　　　　　　　　　　　　　　　　　　　　　　日　　期：××××年××月××日

说明：1. 本表可用于监理人员安全检查的记录。
　　　2. 本表单独汇编成册。

JL32 工程设备进场开箱验收单

(监理 [2024] 设备 001 号)

合同名称：施工合同名称　　　　　　　　　　　　　　合同编号：施工合同编号

序号	名称	规格/型号	单位/数量	检查							开箱日期
				外包装情况（是否完好）	开箱后设备外观质量（有无磨损、撞击）	备品备件检查情况	设备合格证	产品检验证	产品说明书	备注	
1	暗杆铸铁镶铜闸门	3.0m×3.0m	2扇	外包装完好，开箱后设备外观质量无磨损、撞击，合格证2份，产品检验报告1份，产品说明书1份，无备品备件							××
2	直联双吊点启闭	2×10-SD	2台	外包装完好，开箱后设备外观质量无磨损、撞击，合格证2份，产品检验报告1份，产品说明书1份，无备品备件							××
3	启闭机螺杆	φ75 7100mm	4根	外包装完好，开箱后设备外观质量无磨损、撞击，合格证2份，产品检验报告1份，产品说明书1份，无备品备件							××

备注：经发包人、监理机构、承包人和供货单位四方现场开箱，进行设备的数量及外观检查，符合设备移交条件，自开箱验收之日起移交承包人保管。

承包人：（现场机构名称及盖章）贵州××工程有限公司××工程项目部	供货单位：（名称及盖章）河北××水利机械有限公司	监理机构：（名称及盖章）贵州××监理有限公司××工程项目监理部	发包人：（名称及盖章）贵州××水库工程管理所
代表：卢×× 日期：××××年××月××日	代表：黄×× 日期：××××年××月××日	代表：张×× 日期：××××年××月××日	代表：郑×× 日期：××××年××月××日

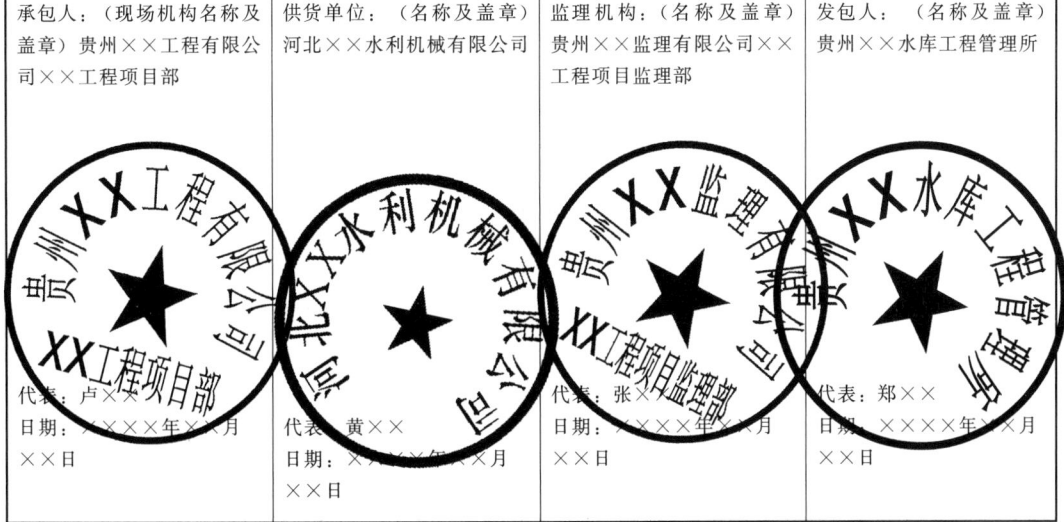

说明：本表一式 4 份，由监理机构填写，发包人 1 份、监理机构 1 份、承包人 1 份、供货单位 1 份。

第11章 监理机构常用表格填写示例

JL33 监 理 日 记

（监理［2024］日记001号）

合同名称：施工合同名称　　　　　　　　　　　　　　合同编号：施工合同编号

天气：	多云	气温	17～23℃	风力	2级	风向	南风
施工部位、施工内容（包括隐蔽部位施工时的地质编录情况）、施工形象及资源投入情况	1. 取水洞0＋060～0＋072洞身二衬立模，作业人员5人。 2. 冲沙洞0＋039～0＋027洞身二衬立模，0＋010～0＋027洞身二衬安装钢筋，作业人员9人。 3. 大坝主堆区纵上0＋011～纵下0＋011高程1744.17～1744.91m挤压边墙，垫层料、过滤料高程1745～1745.4m，填筑作业人员6人，挖机5台，推土机1台，压路机1台，洒水车1辆，装载机1台，挤压变强机1台，运输车15辆。						
承包人质量检验和安全作业情况	1. 施工单位组织监理单位共同对冲沙洞0＋027～0＋039段洞身衬砌模板及溢洪道0＋277～0＋299段边墙衬砌模板进行现场验收，经检查模板安装均不合格。 2. 现场施工人员均规范佩戴安全帽，安全作业未发现异常。						
监理机构的检查巡视、检验情况	1. 监理人员对大坝、溢洪道、冲沙洞、取水洞进行了巡视。 2. 对冲沙洞0＋027～0＋039段洞身衬砌模板及溢洪道0＋277～0＋299段边墙衬砌模板进行现场验收，经检查模板安装均不合格，要求重新加固。						
施工作业存在的问题，现场监理人员提出的处理意见以及承包人对处理意见的落实情况	1. 对冲沙洞0＋027～0＋039段洞身衬砌模板及溢洪道0＋277～0＋299段边墙衬砌模板进行现场验收，经检查模板安装均不合格，口头要求施工单位重新进行加固处理，处理好后再报监理部检查验收。 2. 实验室对大坝过滤料、垫层料进行挖坑检测，经检测过滤料、垫层料原始数据不合格高程1745.1～1745m，监理部签发监理通知（监理［2024］通知×××号）要求停止大坝填筑作业，进行返工处理；处理好后再进行检测，检测合格后才能继续填筑作业。						
汇报事项和监理机构指示	1. 签发监理通知（监理［2024］通知×××号） 2. 对大坝监测［2024］联系单×××号进行审批						
其他事项	溢洪道控制段0＋000～0＋015基础埋石混凝土经设计到现场确定改为素混凝土，埋石混凝土高程到1736m。						

　　　　　　　　　　　　　　　　　　　　　　　　　　　监理人员：（签名）王××
　　　　　　　　　　　　　　　　　　　　　　　　　　　日　　　期：××××年××月××日

说明：本表由监理机构填写，按月装订成册。

JL34 监 理 日 志

　　2024 年 01 月 01 日至 2024 年 01 月 31 日

合 同 名 称：××水库工程

合 同 编 号：JLHT2024-01

发 包 人：贵州××水库工程管理所

承 包 人：贵州××工程有限公司

监 理 机 构：贵州××监理有限公司××工程项目监理部

监理工程师：张××

第 11 章 监理机构常用表格填写示例

JL34 监　理　日　志

（监理〔2024〕日志 236 号）

填写人：杨××　　　　　　　　　　　　　　　　　　　　　日期：××××年××月××日

天气	多云	气温	17～23℃	风力	2级	风向	南风
施工部位、施工内容、施工形象及资源投入（人员、原材料、中间产品、工程设备和施工设备动态）	\multicolumn{7}{l}{1. 取水洞 0＋060～0＋072 洞身二衬立模，作业人员 5 人。 2. 冲沙洞 0＋039～0＋027 洞身二衬立模，0＋010～0＋027 洞身二衬安装钢筋，作业人员 9 人。 3. 大坝主堆区纵上 0＋011～纵下 0＋011 高程 1744.17～1744.91m 挤压边墙，垫层料、过滤料高程 1745～1745.4m，填筑作业人员 6 人，挖机 5 台，推土机 1 台，压路机 1 台，洒水车 1 辆，装载机 1 台，挤压变强机 1 台，运输车 15 辆。}
承包人质量检验和安全作业情况	\multicolumn{7}{l}{1. 施工单位组织监理单位共同对冲沙洞 0＋027～0＋039 段洞身衬砌模板及溢洪道 0＋277～0＋299 段边墙衬砌模板进行现场验收，经检查模板安装均不合格。 2. 现场施工人员均规范佩戴安全帽，安全作业未发现异常。}
监理机构的检查、巡视、检验情况	\multicolumn{7}{l}{1. 监理人员对大坝、溢洪道、冲沙洞、取水洞进行了巡视。 2. 对冲沙洞 0＋027～0＋039 段洞身衬砌模板及溢洪道 0＋277～0＋299 段边墙衬砌模板进行现场验收，经检查模板安装均不合格，要求重新加固。}
施工作业存在的问题，现场监理提出的处理意见以及承包人对处理意见的落实情况	\multicolumn{7}{l}{1. 对冲沙洞 0＋027～0＋039 段洞身衬砌模板及溢洪道 0＋277～0＋299 段边墙衬砌模板进行现场验收，经检查模板安装均不合格，监理工程师王某口头要求施工单位重新进行加固处理，处理好后再报监理部检查验收。 2. 实验室对大坝过滤料、垫层料进行挖坑检测，经检测过滤料、垫层料原始数据不合格高程 1745.1～1745m，监理部签发监理通知（监理〔2024〕通知×××号）要求停止大坝填筑作业，进行返工处理；处理好后再进行检测，检测合格后才能继续填筑作业。}
监理机构签发的意见	\multicolumn{7}{l}{对大坝监测〔2024〕联系单×××号进行审批}
其他事项	\multicolumn{7}{l}{溢洪道控制段 0＋000～0＋015 基础埋石混凝土经设计到现场确定改为素混凝土，埋石混凝土高程到 1736m。}

说明：1. 本表由监理机构指定专人填写，按月装订成册。
　　　2. 本表栏内的内容可另附页，并标注日期，与日志一并存档。

JL35　　　　　　　　　　**监理机构内部会签单**

（监理〔2024〕内签001号）

合同名称：施工合同名称　　　　　　　　　　　　合同编号：施工合同编号

事由	××		
会签内容	××		
依据、参考文件	××		
会签部门	部门意见	负责人签名	日期
1	××	××	××
2			
3			

会签意见：
同意。

总监理工程师：（签名）张××
日　　　期：××××年××月××日

说明：在监理机构作出决定之前需内部会签时，可用此表。

JL36 监 理 发 文 登 记 表

（监理［2024］监发001号）

合同名称：施工合同名称　　　　　　　　　　　　　　　　合同编号：施工合同编号

序号	文号	文件名称	发送单位	抄送单位	发文时间	收文时间	签收人
1	龙源［2024］007号	监理报告（监理月报）	××县水投公司	××县水务局	2024年1月5日	2024年1月6日	陈××
2							
3							
4							
5							

说明：本表应妥善保存。

JL37 监 理 收 文 登 记 表

（监理［2024］监收001号）

合同名称：施工合同名称　　　　　　　　　　　　　　　　合同编号：施工合同编号

序号	文号	文件名称	发件单位	发文时间	收文时间	签收人	处理记录 文号	处理记录 回文时间	处理记录 处理内容	处理记录 文件处理责任人
1	［2024］回复001	回复单	贵州××工程有限公司	2024年10月10日	2024年10月11日	李四	××	××	××	张××
2										
3										
4										
5										

说明：本表应妥善保存。

JL38　　　　　　　　　　会　议　纪　要

（监理〔2024〕纪要 001 号）

合同名称：监理合同名称　　　　　　　　　　　　　合同编号：JLHT2024－01

会议名称	第一次监理工地会议		
会议主要议题	第一次监理工地会议有关事宜		
会议时间	××××年××月××日	会议地点	工地业主办会议室
会议组织单位	贵州××监理有限公司	会议主持人	张××
会议主要内容及结论	1. 介绍各方组织机构及其负责人 建设单位的现场组织机构已经成立，并报主管部门批准了，明确了人员及分工。监理单位的现场组织机构已经成立，明确了人员及分工。施工单位的现场组织机构基本成立，明确了一部分人员及分工。 2. 沟通相关信息 各参建单位驻现场的组织机构主要负责人互留联系电话。 3. 首次监理工作交底 （1）在施工过程中，必须坚持工序报验制度，严禁未经监理工程师检验而擅自进行下一道工序施工，特别是隐蔽工程。 （2）开挖前，留下影像照片资料，原始地貌、原始地面标高等资料需注意收集，供结算时作为结算依据。 （3）严格把好材料关，控制原材料质量，所有进场原材料必须具有有效质量证明文件，并经检测合格后方可使用。 （4）做好对施工工人的三级安全教育培训、安全技术交底工作。特殊工种必须持有效证件上岗。并将相关资料及证件报监理部审核。 （5）要求确保内业资料与现场施工进度同步进行。 …… 4. 合同工程开工准备检查情况 各参建单位开工准备工作已完成，已具备开工条件。 5. 研究确定各方在施工过程中参加监理例会的主要人员，召开监理例会周期、地点及主要议题。 （1）施工单位参会人员：项目经理、技术负责人、专职安全负责人、专职质量负责人、其他相关人员。 （2）监理单位参会人员：总监（或副总监）、监理工程师、监理员。 （3）业主单位参会人员：项目法人代表、技术负责人、现场负责人、现场工程师、其他相关人员。 （4）每月的第一周周五 14：30 准时召开监理月例会，会议地点定在工地业主办会议室。月例会的主要议题是通报工程进展情况，检查上次监理例会中有关决定的执行情况，分析当前存在的问题（包括本月施工过程中的进度、投资、质量、安全等方面的问题的解决方案或建议，明确会后应完成的任务及其责任方和完成时限）。 监 理 机 构：（名称及盖章）贵州××监理有限公司××工程项目监理部 会议主持人：（签名）张×× 日　　　　期：××××年××月××日		
附件：会议签到表			

说明：1. 本表由监理机构填写，会议主持人签字后送达参会各方。
　　　2. 参会各方收到本会议纪要后，持不同意见者应于 3 日内书面回复监理机构；超 3 日未书面回复的，视为同意本会议纪要。

第11章 监理机构常用表格填写示例

附表：会议签到表

会 议 签 名 单

会议名称：第一次监理工地会议

会议时间： 2024 年 3 月 10 日 15：00—18：00　　地点：工地业主办公会议室

序号	姓名	单 位	职务/职称	电话号码	备注
1	李××	贵州××监理有限公司	总监	×××	
2	吴××	贵州××监理有限公司	监理工程师	×××	
3	张××	贵州××水库工程管理所	所长	×××	
4	陈××	贵州××水库工程管理所	技术负责人	×××	
5	卢××	贵州××工程有限公司	项目经理	×××	
6	杜××	贵州××工程有限公司	项目技术负责人	×××	
7	王××	贵州××水利水电勘测设计研究院	项目负责人	×××	
8	赵××	××工程检测有限公司	项目负责人	×××	

JL39 **监 理 机 构 联 系 单**

(监理［2024］联系001号)

合同名称：施工合同名称　　　　　　　　　　　合同编号：施工合同编号

致：×××××设计院

事由：为了配合××××年××月××日完成水下部分混凝土，并具备安全度汛条件，现将承包人上报的施工图计划报告转交贵单位。

附件：施工用图计划报告（承包［2024］图计001号）

监 理 机 构：(名称及盖章) 贵州××监理有限公司××工程项目监理部
总监理工程师：(签名) 张××
日　　　　期：××××年××月××日

今收到施工用图计划报告。

被联系单位签收人：(签名) ×××
日　　　　期：××××年××月××日

说明：本表用于监理机构与监理工作有关单位的联系，监理机构、被联系单位各1份。

JL40 监理机构备忘录

（监理〔2024〕备忘001号）

合同名称：施工合同名称　　　　　　　　　　　　　　合同编号：施工合同编号

致：贵州××工程有限公司

事由：××××年××月××日，监理组织召开了关于基坑安全、土方开挖、钢支撑施工的工作安排专题会议。

会上要求贵公司立即采取措施对北侧渗水问题、西北角居民楼沉降问题进行处理，但贵公司在是否实施及如何实施问题上未采纳业主和监理的意见。具体如下：

1. 关于西北角居民楼沉降问题

居民楼的最大沉降量已达17.25mm，业主和监理要求贵公司应立即编制措施方案并组织实施。贵公司认为根据河西地区的土质情况，目前尚不需要考虑控制沉降措施。

2. 关于北侧渗漏问题

目前，基坑内渗入的水夹砂，且水是热水、有异味。初步判断是周边的污水管道接头断裂而导致的渗水。业主和监理要求贵公司立即采取开挖的方案，将污水管道处理好，从根本上解决渗水问题。如不及时处理好，地表有出现大面积塌陷的可能性，将严重影响过往人员安全。但贵公司坚持仅采取深层压密注浆的方法解决基坑渗水。业主和监理认为这一方法不能有效解决上述问题。

会议经充分讨论，贵公司仍未能接受业主和监理的意见。业主和监理书面提醒贵公司，应充分认识到上述问题可能导致的严重后果，并承担由此产生的一切责任。

特此备忘。

附件：关于基坑安全、土方开挖、钢支撑施工的专题会议纪要

　　　　监 理 机 构：（名称及盖章）贵州××监理有限公司××工程项目监理部
　　　　总监理工程师：（签名）张××
　　　　日　　　　期：××××年××月××日

说明：本表用于监理机构认为由于施工合同当事人原因导致监理职责履行受阻，或参建各方经协商未达成一致意见时应作出的书面记录。

参 考 文 献

[1] 中华人民共和国水利部. 水利工程施工监理规范：SL 288—2014［S］. 北京：中国水利水电出版社，2014.

[2] 中华人民共和国水利部. 水利工程建设项目文件收集与归档规范：SL/T 824—2024［S］. 北京：中国水利水电出版社，2024.

[3] 中华人民共和国水利部. 水利水电工程施工质量检验与评定规程：SL 176—2007［S］. 北京：中国水利水电出版社，2007.

[4] 中华人民共和国水利部. 水利水电建设工程验收规程：SL/T 223—2025［S］. 北京：中国水利水电出版社，2025.

[5] 中华人民共和国水利部. 水利水电工程单元工程施工质量验收标准：SL/T 631.1～631.3—2025［S］. 北京：中国水利水电出版社，2025.

[6] 贵州省建设监理协会. 建设工程监理文件资料编制与管理指南［M］. 北京：中国建筑工业出版社，2018.

[7] 贵州省水利工程协会. 水利工程建设监理要务［M］. 北京：中国水利水电出版社，2021.

[8] 土立权. 水利工程建设项目施工监理实用手册［M］. 北京：中国水利水电出版社，2004.